KB133777

범죄 과학, 그날의 진실을 밝혀라

BLOOD, BULLETS, AND BONES:
the Story of Forensic Science from Sherlock Holmes to DNA

셜록보다 똑똑하고 CSI보다 짜릿한 **과학수사 이야기**

범죄 과학,
그날의 진실을 밝혀라

BLOOD, BULLETS, AND BONES:
the Story of Forensic Science from Sherlock Holmes to DNA

브리짓 허스 지음
조윤경 옮김

동아엠앤비

내 인생의 공범자 저스틴에게

서론:

어둠에서 빛으로

　　1888년 8월 31일 오전 3시 45분, 메리 앤 '폴리' 니콜스Mary Ann 'Polly' Nichols가 런던 입구에서 숨진 채 발견되었다. 다섯 명을 살해한 잭 더 리퍼Jack the Ripper의 첫 번째 희생자였다. 고작 30분 전 경찰이 그곳을 지날 때만 해도 아무것도 없었다. 따라서 살인은 시신이 발견되기 직전에 일어난 것이다. 그렇다면 살인자는 지금 어디에 있을까?

　　처음 경찰은 니콜스의 전남편 등 주변 인물을 조사했다. 하지만 그에게는 동기가 없었다. 당시 그와 폴리는 헤어져 각자의 삶을 살고 있었다. 폴리의 전남편은 사우스 런던South London의 올드 켄트 로드Old Kent Road 근처에서 그들의 다섯 자녀 가운데 네 명을 돌보며 지내고 있었다. 같은 해 9월, 모두 매춘부이며 비슷한 외상을 입은 세 구의 시신

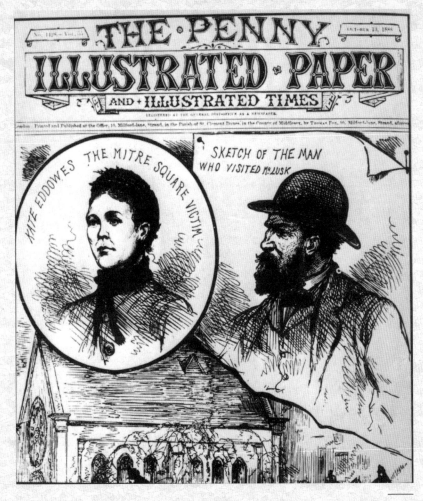

1888년 발행된 『페니 일러스트레이티드 페이퍼Penny Illustrated Paper』에는
잭 더 리퍼의 희생자 한 명과 살해 용의자의 스케치가 담겨 있다.

이 더 발견된 뒤 경찰은 살인자가 피해자들과 아무 관련이 없는 사람이
라는 사실을 알았다. 아직까지도 생면부지인 사람이 저지른 살인은 해
결하기 어려운 사건이다. 범죄 과학이 초기 단계에 있었던 당시에는 더

욱 해결하기 어려웠다. 이 사건을 생각하면 이런 의문이 든다. "만일 런던의 형사들에게 현대 범죄 과학의 도구가 주어졌다면 잭 더 리퍼를 검거했을까? 희생자 가운데 목숨을 잃지 않은 사람도 있었을까?"

그럴지도 모른다. 하지만 사실 오늘날의 범죄 과학은 과거 방식의 혁신을 바탕으로 쌓아 올린 것이다. 다시 말해, 잭 더 리퍼가 살인을 저지르고 다니던 당시에도 나름대로의 '첨단' 기술이 있었다는 이야기다. 이때도 형사들은 범죄 현장 사진, 범죄자 프로파일링 등의 수사 기법을 동원해 사건을 해결하려 했다. 나중에 수사관들이 위험한 범죄자 검거에 도움을 줄 과학적 도구라는 무기를 만들어 내면서 이런 기술과 기법은 더욱 풍부해졌다. 이제 미세 증거물trace evidence 수집, 독극물 검사, 사체 부검, 부패 사체 연구, 혈액 증거 검사, 범죄자 프로파일링, DNA 증거 검사, 뼈·지문·탄흔 분석 등이 수사에 활용되고 있다.

범죄 과학이란 간단히 말해서 범죄를 해결하기 위해 과학을 이용하는 것이다. 이제 소개할 미스터리들은 범죄 소설의 일부를 그대로 가져온 것처럼 보이지만 실제로 벌어진 사건들이다. 각 사건들은 누군가의 생명을 앗아간 비극적이고 충격적인 이야기를 담고 있다. 그래서 범죄 과학이 그토록 중요한 것이다. 희생자를 위해 정의를 구현하고 사회에 평안을 가져오며, 죄가 있는 사람은 정의의 심판을 받게 하고 죄가 없는 사람에게는 자유를 준다.

하지만 범죄 과학이 결코 완벽한 것은 아니다. DNA 검사를 이용할 수 있게 된 덕에, 유죄를 선고받은 죄수들 중 수백 명의 무고함이 밝혀지기도 했다. 많은 경우 애초에 바이트마크bite mark, 교흔 분석 등 상대적으로 정확도가 떨어지는 범죄 과학 기법을 근거로 판결을 받은 사람들이었다. 범죄 과학 분야는 현재 재평가의 과정에 있다. 그 유효성을 판단하고 전문가들이 범죄 과학이 할 수 있는 것과 없는 것을 명확히 인식하도록 하기 위해서다.

　DNA 증거의 시대가 밝은 뒤 범죄 과학은 곧 대중문화 속으로 침투했다. 이는 TV 드라마 「CSI: 과학수사대Crime Scene Investigation」의 인기에 힘입어 가속화되었다. 2000년, 「CSI」가 처음 전파를 탄 뒤 이와 유사한 드라마들이 끊임없이 방영되었다. 하지만 범죄 과학의 역사는 사람들이 생각하는 것보다 더 오래되었으며, 사실 고대로 거슬러 올라간다. 오래된 기록 중에는 서기 270년경 중국 삼국시대에 쓰인『사건록A Book of Criminal Cases』이 있다. 그 책에는 장주Zhang Ju라는 사람의 이야기가 나온다. 그는 검시관으로서 희생자의 사체를 정밀하게 검사하여 살인사건을 해결한 인물이다. 한 사건에서 그는 남성 희생자가 실제로 화재로 사망했는지 아니면 누군가 그를 살해한 뒤 범행을 은폐하기 위해 불을 지른 것인지 밝혀야 했다. 장주는 돼지 두 마리를 준비해 한 마리는 산 채로, 다른 한 마리는 죽인 후에 불에 태웠다. 산 채로 불에 타 죽은 돼지의 경우 입 안에서 재가 나온 반면, 이미 죽은 상태였던 돼지는 그렇지 않았다. 희생된 남성 역시 입 안에서 재가 발견되지 않았으므로 불에 타기 전에 살해당한 것이 분명했다. 장주가 이를 증명해 낸 것이다. 훗날 송나라 시대에 이르러서는『잘못을 씻어내다The Washing Away of Wrongs』(검시관 출신의 송자가 선대의 법의학 지식을 체계적으로 정리하여 펴낸 책으로 우리에게는『세원집록洗冤集錄』으로 알려져 있다.—편집자)라는 책이 나왔는데, 이 책은 세상에 나온 뒤 다른 검시관들을 위한 교과서가 되었다.『잘못을 씻어내다』는 검시와 사망 원인 판별에 대한 풍부

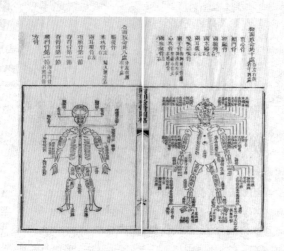

13세기 중국 범죄 해결 설명서인
『잘못을 씻어내다』에서 발췌한 해부 도해

한 지식을 전하고 있는데, 여기에는 사망자가 익사했는지 사후 물에 유기됐는지를 밝히는 방법 등도 포함된다.

안타깝게도 이런 독창적인 범죄 과학은 전 세계로 퍼져 나가지 못했다. 중세 시대 영국에서는 크라우너crowner(현재는 영국 방언에서 검시관이라는 의미를 지니지만 일반적인 검시관coroner과 구분하기 위해 임의로 사용한다—옮긴이)가 범죄를 조사했다. 검시관 역할을 하는 이들에게 크라우너라는 명칭이 사용된 것은 이들이 군주, 즉 왕에 의해 임명되었고 왕을 위해 범죄자의 재산을 압류했기 때문이다. 크라우너는 살인사건에서 사체 검사는 물론 범죄 수사의 책임까지 맡았다. (그 명칭은 점차 현대와 같은 검시관coroner으로 바뀌었다.) 하지만 근본적으로 의사도 형사도 아닌 수금업자에 불과했으므로 성과는 거의 없었다. 범죄 수사도 전혀 과학적으로 이루어지지 않았고 처벌에 중점을 두었다. 크라우너가 지목하는 사람은 누구든 체포되어 고문당하거나 살해당했다. 1800년대를 훌쩍 지나서도 살인을 저지른 사람은 물론이고 소매치기 같은 경범죄를 지은 사람도 공개적으로 교수형을 당했다. 이렇게 하면 범죄가 줄어들 것이라고 여겼지만 교수형장에서까지

윌리엄 호가스William Hogarth의 판화 「근면과 나태Industry and Idleness」 11판 가운데 '나태로 타이번에서 처형되는 도제The Idle Prentice Executed at Tyburn'에는 1700년대 교수형장에서 빈번하게 발생하던 소매치기의 모습이 담겨 있다.

소매치기가 만연했다. 잔인하고 비상식적인 형벌을 폐지하려면, 또 중범죄가 발생했을 때 벌받아 마땅한 자에게 제대로 처벌을 내리려면 확실히 새로운 체계가 필요했다. 범죄와 싸우려면 두려움이 아닌 과학을 이용해야 했다.

1장

언뜻 스치는 마늘 향:
최초의 독극물 검사

살인사건과 관련하여 최초로 시행된 과학적 검사는 독극물, 그 가운데서도 비소 검사였다. 탐욕 때문에 범행을 저지르는 사람들이 자주 사용한 탓에 비소는 '상속의 가루inheritance powder', 또는 '과부 제조기widow-maker'라고 불려 왔다. 자연사처럼 보이게 만들 수 있어 살인자들이 애용한 무기였다. 현대식 수도설비가 갖춰지고 안전한 식품 관리가 이루어지기 전에는 이질과 장티푸스처럼 심각한 위장 질환이 흔한 질병이었고 건강한 사람조차 이로 인해 갑자기 사망하기도 했다. 그래서 누군가 구토와 설사 증상을 보여도 질병 때문이라고 여겼으며, 혹시 의심이 생기더라도 독극물에 대한 검사는 존재하지 않았다. 하지만 1751년, 잉글랜드 여성 메리 블랜디Mary Blandy가 자신의 아버지를 독살한 혐의로 기소되며 새로운 전기를 맞게 된다.

　메리의 아버지 프랜시스 블랜디Francis Blandy는 딸을 귀족과 결혼시키려고 사윗감을 찾고 있었다. 최고의 청혼자를 끌어모으기 위해 프랜시스는 딸의 지참금이 1만 파운드, 오늘날의 가치로 1백만 달러 이상이라고 거짓 소문을 냈다. 하지만 실제로 그에게는 돈이 별로 없었다. 메리가 관심을 보인 신랑감이 몇 명 있었지만 모두 아버지 프랜시스의 성에 차지 않았다. 그러다가 메리는 스코틀랜드 출신의 대위 윌리엄 헨리 크랜스타운William Henry Cranstoun을 만나 사랑에 빠졌다. 메리의 아버지 역시 그가 마음에 쏙 들었다. 윌리엄은 크랜스타운 영주 부부의 아들이었기 때문이다. 하지만 블랜디가의 부녀는 그 기품 있는 젊은이가 자신들을 파멸로 이끌 것이라는 사실은 전혀 알지 못했다.

　만난 지 1년 뒤인 1747년, 윌리엄은 메리에게 청혼하며 골치 아픈 사실을 털어놓았다. 스코틀랜드에 자신의 아내라고 주장하는 여자가 있다는 것이었다. 메리는 사실이 아니라는 윌리엄의 말을 믿었지만 아버지에게는 말하지 않았다. 하지만 프랜시스도 윌리엄의 종조부가 보낸 편지를 통해 이 사실을 알게 되었다. 처음에는 그도 윌리엄의 해명을 믿었다. 설사 미심쩍었다 하더라도 명망 있는 가문의 이름에 눈이 멀어 믿을 수밖에 없었다. 프랜시스가 언젠가는 영주의 외할아버지가 되고 싶다고 말하는 것을 우연히 들었다는 사람도 있었다. 그래서 잠시 동안이지만 메리와 윌리엄의 약혼은 유지되었다. 하지만 1년이라는 시간이 또 지나도 윌리엄이 결혼 문제를 확실히 해결 짓지 않자 프랜시스는 조급해졌다. 결국 메리에게 윌리엄이 결혼할 수 있는 몸이 될 때까지 그와의 관계를 모두 끊으라고 명령했다. 실은 윌리엄은 결코 메리와 결혼할 수 없는 형편이었다. 블랜디 일가에게는 알리지 않은 사실이었지만, 법원으로부터 스코틀랜드의 아내와 혼인 상태를 유지해야 한다는 판결을 받았던 것이다.

프란시스가 완고하게 버티자 상황은 살인을 모의하는 방향으로 흘러갔다. 윌리엄은 메리에게 '사랑의 묘약'이라며 약을 보냈다. 그리고 그 약이 자신들의 결혼에 대한 프란시스의 생각을 바꿔 줄 것이라고 설명했다. 메리는 먼저 차에 약을 섞었지만 아버지는 손도 대지 않았고, 결국 가정부 수전 거넬Susan Gunnell과 앤 에밋Ann Emmet 두 사람이 고스란히 남아 있던 차를 마시고 심각한 병을 앓게 되었다. 이렇게 되자 메리는 아버지의 오트밀에 독을 섞었다. 프란시스는 하루에 두 번 오트밀을 먹었고 그때마다 심각한 구토 증세를 보였다. 그런데도 메리가 고집스럽게 오트밀을 새로 만들지 말라고 하자 의심을 품은 수전은 프란시스에게 메리가 그를 독살하려는 것이 분명하다고 말했다. 프란시스는 딸에게 사실대로 털어놓으라고 종용했지만 아무 소용이 없었다.

하지만 증거는 점점 쌓여 갔다. 벽난로 안의 타다 남은 장작 사이에서 메리의 약갑을 발견한 하인들도 있었다. 그러던 중에 프란시스의 진료를 위해 앤서니 애딩턴Anthony Addington 박사가 왕진을 왔다. 그는 프란시스가 독극물 때문에 발병한 것 같다는 하인들의 의견에 동의했다. 박사는 간단하게 냄새로 이 사실을 증명해 보이겠다고 했다. 비소는 가열하면 마늘 같은 향을 내뿜는다. 박사가 작은 약갑 안의 물질을 뜨겁게 달군 다리미 위에 뿌리자 정말로 희미하게 마늘 냄새가 났다. 이 검사법은 물론 오늘날에는 정확하다고 인정되지 않지만 당시로서는 획기적인 방법이었다.

포위망이 점점 좁혀진다고 느낀 메리는 윌리엄에게 주의를 당부하는 편지를 보냈다.

사랑하는 윌리,

아버지의 상태가 많이 안 좋아요. 시간이 없어서 이 말밖에 할 수 없군요. 곧 내가 다시 소식을 전하지 못하더라도 걱정할 필요 없어요. 나는 잘 지내고 있어요. 누군가 중간에서 가로채 읽을 수도 있으니 나에게 편지를 쓸 때는 내용에 유의하세요. 진심을 담아 보냅니다. _영원한 당신의 친구가[1]

하지만 이 편지는 발송 전에 발각되어 프란시스의 손에 전해졌다. 이를 읽은 프란시스는 화를 내기는커녕 너그럽게 말했다. "불쌍한 것, 사랑에 빠졌구나! 사랑하는 남자를 위해 여자가 못 할 일이 뭐가 있겠느냐?"[2]

마침내 심경의 변화를 일으킨 메리는 아버지를 죽음에 이를 정도로 병들게 만든 데 대해 사죄했지만, 그 가루약이 어떤 영향을 미칠지는 몰랐다고 주장했다. 프란시스는 딸을 용서했고 사흘 뒤 사망했다. 하지만 법원은 그렇게 이해심이 많지 않았다. 애딩턴 박사는 그 가루가 비소였다고 증언했

메리 블랜디의 사형 장면을 그린 삽화

고 메리는 유죄 판결을 받았다. 1752년 4월 6일, 마침내 교수형 집행자 앞에 선 메리는 구경꾼들이 자신의 치마 속을 들여다볼지 모르므로 너무 높이 매달지 말아 달라고 부탁했다. 아버지를 죽이기는 했지만 메리는 정숙한 살인자였던 것이다.

시간이 지남에 따라 비소를 검출하는 검사는 점점 정확해졌다. 1806년, 베를린 의과대학의 발렌티네 로제Valentine Rose 교수가 독성 물질로 의심되는 표본 없이도 가능한 검사법을 개발했다. 사체를 대상으로 검사하는 방법이었다. 먼저 위 조직을 떼 내 형태가 없어질 때까지 가열한다. 그런 다음 이 용액을 걸러 내서 질산으로 처리하면 비소는 삼산화이비소로 변화한다. 이 검사법 덕분에 검거된 인물이 바로 독일에서 가장 악명 높은 연쇄살인범 안나 츠반치거Anna Zwanziger이다.

다섯 살에 부모를 잃은 안나는 고향인 바바리아Bavaria에서 이 집 저 집을 전전했다. (바바리아는 현재 독일의 영토다.) 그녀는 열다섯 살이 되던 해 나이도 훨씬 많은 데다 알코올 중독에 걸린 변호사와 결혼했다. 그리고 남편이 자신과 두 자녀를 부양할 수 없게 되자 고급 창녀가 되었다. 남편이 사망한 뒤에는 매춘의 과정에서 임신을 하고 그 아이를 입양 보내야 했다. 이런 시련을 겪은 안나는 매춘을 그만두고 하녀로 일하기 시작했다. 고용주에게 접근하여 결혼하려는 심산이었다.

처음 일한 곳은 최근 아내와 별거에 들어간 볼프강 글라서Wolfgang Glaser 판사의 집이었다. 하지만 곧 아내가 돌아오자 질투심에 사로잡힌 안나는 그녀에게 독을 먹이기 시작했다. 글라서 부인은 한 달 뒤에 사망했지만 안나가 바라던 행복한 결말이 되지는 않았다. 판사가 안나에게 결코 청혼하지 않았던 것이다. 결국 안나는 그로만Grohmann 판사의 집으로 자리를 옮겼다. 안나가 일을 시작할 당시 그는 이미 병석에 있었고 곧 심각한 위장병으로 사망했다. 그다음 안나가 하녀 일을 맡은 곳은 게브하르트Gebhard 판사 부부의 집이었다. 판사의 부인은 임신 중이었는데 출산한 뒤에 곧바로 앓기 시작했다. 임종 직전 그녀는 안나가 자신을 독극물에 중독시켰다고 말했지만, 그런 비난은 남편의 의심을 불러일으키기에는 부족했던 것으로 보인다. 하지만 집에 방문한 친구들까지 머무는 동안 앓아눕게 되었고 역시 안나를 탓했다. 결국 게브하르트 판사는 안나를 집에서 내보냈다.

떠나기 전 안나는 하녀 두 명을 위해 커피를 끓이고, 갓 태어난 아기를 위해 분유를 준비했다. 너무도 이상한 일이지만 음식에 독을 넣었다는 의혹을 받고 쫓겨나는 안나가 만들었는데도 커피와 분유가 안전한지 의심한 사람이 한 명도 없었고, 결국 세 명 모두 심각하게 앓았다. 다행히 이들은 회복했지만, 안나는 이 치명적인 마지막 인사 때문에 자신이 세상과 작별하게 되었다. 신고를 받고 판사의 집으로 출동한 경찰이 소금 상자에서 비소를 발견했던 것이다. 경찰은 커피와 분유에 섞인 독이 그 비소라고 생각했다. 이들은 안나를 추적하였고, 안나는 독 두 봉지를 지닌 채 체포되었다. 수사관들은 글라서 판사 부인의 시신을 무덤에서 꺼내 로제 검사법으로 그녀의 위에서 비소를 찾아냈다. 안나는 범행을 자백하고 1811년 참수되었다.

독극물 검사는 점차 정확도가 높아지고 더욱 자주 사용되었지만, 독극물은 19세기 전반에 걸쳐 여전히 살인 무기로 흔하게 사용되었다. 이에 잉글랜드에서는 1851년 독극물의 사용을 예방하기 위해 비소법 Arsenic Act을 제정하기에 이른다. 새로 제정된 이 법에 따라 약제사는 처방전이 있을 때나 구매자를 개인적으로 잘 알 때만 비소를 판매할 수 있게 되었다. 판매 시에도 반드시 독극물 명부에 기록을 남기고, 비소는 밀가루나 설탕과 혼동하지 않게 검은색이나 쪽빛으로 만들어야 했다.

하지만 이러한 법도 메리 앤 코튼Mary Ann Cotton의 범행을 막지는 못했다. 그녀는 영국 최악의 연쇄살인범, 또는 세계에서 가장 불운한 여인이라고 일컬어진다. 메리 앤의 세 남편, 열 명의 자녀, 다섯 명의 의붓자녀, 어머니와 시누, 그리고 연인까지 모두 질병으로 사망했다. 그 대부분은 그녀의 간호를 받았는데, 자연사일 가능성이 있는 일부를 제외한 다른 사람들은 모두 메리 앤에게 살해당한 것이 틀림없었다. 1871년, 짧은 기간 동안 최후의 살인 행각이 벌어졌고, 그 과정에서 그녀의 남편과 친자식, 의붓자식, 연인 모두 위장 질환으로 사망했다. 남은 것은 단 한 명, 의붓아들 찰스뿐이었다. 다시 결혼하기를 바란 메리 앤은 공무원 토마스 라일리Thomas Riley에게 찰스를 구빈원에 보낼 수 있는지 문의했다. 구빈원은 빈민을 수용하는 곳으로 작업 환경은 물론 주거 환경까지 형편없는 시설이었다. 라일리는 찰스를 수용할 수는 있지만 메리 앤도 함께 가야 한다고 말했다. 그러자 메리 앤은 주저하며 대꾸했다. "아니에요, 곧 해결될 거예요. 다른 코튼가 가족처럼 이 아이도 갈 거예요."³ 찰스가 너무나 건강해 보였으므로 라일리는 그 말을 듣고 충격을 받았다. 그리고 일주일이 채 지나지 않아 찰스는 메리 앤이 곁을 지키는 자리에서 사망했다. 그녀는 의붓아들이 회복되기를 바라며 간호하고 있었던 것처럼 보였다.

하지만 라일리에게서 메리 앤과 나눈 대화를 전해 들은 경찰은 검시관에게 찰스의 사체를 부검하라고 명령했다. 일은 다소 급박하게 진행되었다. 부검을 맡은 킬번Kilburn 박사와 조수 차머스Chalmers 박사는 조사가 시작되기 한 시간 전에, 그것도 메리 앤 집의 테이블 위에서 사체를 검사했다. 처음에는 자연사 판정이 내려져 찰스의 시신이 매장되었다. 하지만 그걸로 끝이 아니었다. 킬번 박사가 찰스의 위장 조직을 집으로 가져와 찬장에 보관했던 것이다. 한편 신문들은 메리 앤이 찰스를 독살했다고 보도하기 시작했다. 이에 킬번 박사는 보관 중이던 위장 조직을 검사하기로 결심했다. 검사 결과 찰스의 위는 온통 비소로 오염되어 있었다. 결국 메리 앤은 체포되었다.

코튼가의 다른 사망자들의 시신이 발굴되었고, 검사를 해 보니 역시 비소가 검출되었다. 하지만 메리 앤은 유죄가 가장 확실한 찰스의 살인에 대한 재판만 받았다. 그 과정에서 메리 앤이 비소 구매자 장부에 이름을 올리지 않으려고 아이나 이웃을 보내 서명하게 한 사실도 드러났다. 그녀의 변호사는 당시 일반적으로 비소를 함유하던 벽지에서 나온 증기 때문에 찰스가 사망했다고 주장했다. 하지만 배심원들은 그 말을 믿지 않았다. 단 한 시간의 심의만으로 배심원단은 메리 앤의 살인 혐의에 대해 유죄 평결을 내렸다. 그녀는 1873년 3월 24일에 교수형에 처해졌다.

때로 사람들은 전혀 뜻밖의 방법으로 악과 비극에 대처한다. 메리 앤이 교수형을 당했을 때 아이들은 그녀에 대한 노래를 만들어 냈다.

메리 앤 코튼

그녀는 죽었네, 그녀는 썩어 가네.

이제 자기 무덤에 누웠네.

눈을 시퍼렇게 뜬 채로.

노래하라, 노래하라, 오, 무슨 노래를 할 수 있을까?

메리 앤 코튼은 줄로 묶여 있네.

어디에? 어디에? 허공 저 높이.

1페니에 블랙 푸딩 한 쌍을 팔면서.[4]

(블랙 푸딩은 영국에서 인기 있는 종류의 소시지다.)

범죄 과학 덕분에 메리 앤의 살인 행각은 중단되었다. 하지만 찰스가 그녀의 스물한 번째 희생자일 수도 있으며 언론이 메리 앤에 대한 보도를 쏟아낸 뒤에야 찰스의 죽음에 대한 진상이 드러났다는 사실은 범죄를 감지하는 시스템이 제대로 작동하지 않고 있었음을 보여 준다. 유럽뿐 아니라 미국도 사정은 비슷했다. 이 점을 가장 잘 드러내는 사건이 1895년에 있었던 이벨리나 블리스Evelina Bliss의 죽음이다. 친딸의 손에 의해 자행된 것으로 알려진 이 살인사건은 오로지 친구의 우연한 방문을 계기로 조사가 시작되었다.

메리 앨리스 리빙스턴Mary Alice Livingston의 인생은 계획대로 흘러가지 않았다. 그녀는 부유한 가정에서 태어나 고등 교육을 받았고 성격도 활발했다. 하지만 결혼 잘하는 것이 사회적으로 또 재정적으로 자리 잡는 방법이던 시대에, 생애 처음 진지하게 사귄 남자의 아이를 임신하고도 혼인에 이르지 못했다. 다른 남자와도 이런 일이 일어났다. 그리고 세 번째 남자와의 관계에서도 임신만 하고 결혼에는 실패했다. 그렇게 10년의 세월이 지난 뒤 메리 앨리스는 네 번째 아이를 임신했다. 그녀는 한 번도 결혼한 적이 없었지만, 미혼모라는 낙인을 피하기 위해

성을 바꾸어 자신을 메리 앨리스 플레밍Mary Alice Fleming이라고 하고 다녔다.

엎친 데 덮친 격으로 어머니가 잔소리를 해 댔다. "남편은 한 명도 없는데 네 번째 아이를 임신하다니! 어떻게 애들을 부양할 거니?" 사실 메리 앨리스는 이미 낳은 세 아이도 먹여 살릴 능력이 없었다. 그녀는 당시 어머니와 헤어진 상태였던 의붓아버지 헨리 블리스Henry Bliss의 지원을 받아 할렘Harlem의 한 호텔에 살고 있었다. 부유한 지주였던 메리 앨리스의 친부 로버트 스위프트 리빙스턴Robert Swift Livingston은 여든한 살의 나이에 십 대였던 블리스 부인과 결혼했다. 그는 숨을 거두며 아내와 딸에게 유산을 남겼지만, 메리 앨리스는 어머니가 살아 있는 한 자신의 몫인 8만 달러(현재 약 2백만 달러 상당의 돈)를 손에 넣을 수 없었다. 당시 모녀는 가까이에 살았다. 1895년 8월 30일 금요일, 메리 앨리스는 어머니에게 클램 차우더를 보냈다. 그 음식을 호의로 보냈는지 살해할 의도로 보냈는지가 이 사건의 관건이었다.

사건 당일 메리 앨리스의 열 살짜리 딸 그레이시Gracie는 생후 14개월 된 여동생을 데리고 친구 플로렌스Florence의 집으로 갔다. 십 대인 아들 월터Walter는 친구들과 번화가에서 어울리고 있었다. 메리 앨리스는 콜로니언 호텔Colonial Hotel 레스토랑에서 룸서비스로 클램 차우더와 레몬 머랭 파이를 주문했다. 그레이시가 플로렌스, 여동생과 함께 호텔 방으로 돌아오자 메리 앨리스는 이들에게 클램 차우더를 한 가득 담은 양철 냄비와 파이 몇 개를 들려 외할머니의 집으로 심부름을 보냈다. 블리스 부인은 아이들을 반갑게 맞아 집 안으로 들였고 클램 차우더를 주전자에 옮겨 담은 뒤 아이들 편에 냄비를 돌려보냈다.

심부름을 갔던 아이들이 호텔로 돌아오자 메리 앨리스는 이렇게 말했다. "너희는 먹지 않았어야 하는데." 이에 그레이시가 대답했다. "안 먹었어요, 엄마."[5]

그런 다음 메리 앨리스는 룸서비스를 다시 주문해서 아이들에게 저녁을 먹였다. 그 뒤 그레이시와 플로렌스는 아기를 데리고 공원으로 놀러 나갔다. 아이들은 해가 진 다음 돌아왔고 플로렌스는 걸어서 집으로 돌아갔다.

그 사이 블리스 부인은 갑자기 몸 상태가 안 좋아졌다. 가족의 친구인 어거스투스 튜브너Augustus Teubner가 우연히 블리스 부인의 아파트에 들렀다가 즉시 의사를 불렀다.

윌리엄 불먼William Bullman 박사가 도착하자 블리스 부인은 이렇게 말했다. "난 죽을 거예요. 혈연관계인 누군가가 돈을 노리고 나에게 독을 먹였어요."[6]

블리스 부인은 클램 차우더에 독이 들었다고 말했다. 그리고 계속 상태가 악화되다가 밤 11시에 숨을 거두었다. 불먼 박사는 클램 차우더가 들어 있던 주전자를 살펴보고 바닥에 남아 있는 흰색 물질을 발견했다. 그는 분석을 위해 이 주전자와 블리스 부인의 토사물 일부를 보관하고 경찰에 독살의 가능성을 알렸다. 친구가 우연히 방문하지 않았다면 블리스 부인은 홀로 죽음을 맞았을 테고, 당시는 부검이 일상화되지 않은 시대였으므로 자연사로 결론이 났을 것이다.

검사 결과, 주전자는 물론 사체에서도 독극물이 검출되었다. 하지만 메리 앨리스는 한결같은 입장을 고수했다. "나는 전적으로 결백합니다. 어머니는 나의 가장 좋은 친구였습니다."[7]

형사들은 그 말을 믿지 않았다. 이들은 블리스 부인의 장례식이 끝난 뒤 메리 앨리스를 체포했다. 메리 앨리스의 이름은 곧 신문 제1면을 장식하게 되었다. 기자들은 그녀에 대해 캐기 시작했다. 메리 앨리스는 메리 앨리스 플레밍이라고 불렸지만 플레밍은 물론 그 누구와도 결혼한 적이 없으며, 결혼을 약속했다가 취소한 남자가 두 명이나 된다는 것도 밝혀냈다. 신문은 메리 앨리스를 타락한 여자라 부르며 비난했다.

하지만 재판이 시작될 무렵 언론은 완전히 태도를 바꿨다. 그 즈음 메리 앨리스가 출산을 한 것이다. 언론은 이제 그녀를 어머니를 죽인 딸이 아니라 혼자 아이들을 키우는 미혼모로 그리며, 그녀가 전기의자에 앉게 된다면 네 명의 아이들이 고아가 될 것이라고 보도했다. 법정에서 얼굴을 붉히고 미소를 지으며 속삭이는 메리 앨리스의 일거수일투족이 마치 연애소설 주인공의 묘사처럼 상세하게 기사에 실렸다. 그녀가 셋째와 넷째 자녀의 아버지가 되는 남자에게 쓴 연애편지까지 기사화되었고, 심지어 법정에서 낭독되기도 했다. 검사는 편지를 통해 메리 앨리스가 어머니를 미워했다는 사실이 드러나기를 기대했다. 그 바람대로 그녀는 자신의 사랑을 방해한 어머니와 연인의 가족을 향한 분노를 드러냈다. 하지만 동시에 사랑에 빠진 여인의 모습도 보여 주었다. 신문들은 쉴 새 없이 이 모든 것을 보도했다.

검사는 메리 앨리스가 독을 섞은 클램 차우더를 어린 딸을 시켜 어머니에게 보냈다고 주장했다. 이들이 내세운 전문가 증인인 화학자 월터 쉴레Walter Scheele 박사는 블리스 부인의 위, 주전자의 침전물, 그리고 차 쟁반과 일본식 항아리를 검사했다. 그 가운데 차 쟁반과 일본식 항아리는 메리 앨리스의 물건과 함께 블리스 부인의 아파트 건물에서 발견되었지만 그녀는 자신의 것이 아니라고 주장했다. 쉴레 박사는 그 모든 것에 비소가 함유되어 있었다고 증언했다. 검찰 측 다른 전문가들도 블리스 부인이 전형적인 비소 중독 증상을 보였다고 증언했다.

어머니의 사망 후 받은 유산으로 메리 앨리스는 일류 변호사 찰스 브룩Charles Brooke을 고용했다. 그는 모든 면에서 쉴레 박사를 공격했다. 박사가 하는 말이라면 단 한 마디도 믿지 않겠다는 성격 증인들을 불러 모으고, 박사가 메리 앨리스의 유죄를 증명하기 위해 증거를 조작하겠다는 말을 했다고 주장하는 증인을 데려오기도 했다. 또 브룩은 메리 앨리스가 클램 차우더에 독을 섞었다면 딸이 먹을지 모른다는 두려움 때문에 딸에게 심부름을 보내지 않았을 것이라고 주장했다.

브룩은 블리스 부인의 체내에서 비소가 검출된 데 대한 다른 원인을 제시했다. 바로 스타이리아 건강 유지법이었다. 이 말은 곧 블리스 부인이 비소를 복용했다는 뜻이었다. 너무나도 이상하게 들리지만 오스트리아와 헝가리 사이 국경 지대인 스타이리안 알프스Styrian Alps 지역 사람들은 일부러 비소를 섭취했다. 이런 행위는 불법이었지만 밀주업자들은 버터처럼 빵에 발라 먹는 페이스트 형태로 산화비소를 판매했다. 스타이리아 사람들은 어릴 때부터 1주일에 2~3회 비소를 섭취하며 비소에 대한 내성을 키웠다. 처음에는 한 번에 30밀리그램을 섭취하다가 나중에는 300밀리그램, 또는 그 이상까지 섭취했다. 300밀리그램은 웬만한 사람이 먹으면 사망하고도 남을 만한 양이었다. 영화 「프린세스 브라이드The Princess Bride」의 등장인물 드레드 파이레이트 로버츠Dread Pirate Roberts는 독살될 것에 대비해서 비소를 복용하기도 했다. 하지만 스타이리아 사람들이 비소를 복용하는 목적은 이와 좀 달랐다.

이들은 비소가 건강과 미를 증진한다고 믿었다. 여성의 경우 보기 좋게 몸매가 풍만해지고 남성의 경우 정력이 강해진다는 것이었다. 하지만 비소는 요오드의 체내 흡수를 방해하기 때문에 갑상선종과 선천적 결손증을 유발하며 암을 일으킬 수도 있다. 즉, 독을 섭취하는 것은 실제로 스타이리아 사람들의 건강에 전혀 도움이 되지 않았다.

그런데도 독극물을 섭취하는 건강법은 아메리카 대륙까지 번졌다. 스타이리아식 비소 복용자에 대한 내용은 인기 있는 신문은 물론 의학 학술지에도 등장했다. 비소는 화장품 재료로 각광을 받아서 페이스 파우더, 헤어 파우더에 쓰였고, 심지어 혈색 개선제에까지 쓰였다. '아름다운 혈색을 만들어 주는 캠벨 박사의 안전한 비소 웨이퍼 Dr. Campbell's Safe Arsenic Complexion Wafers'는 몇 가지 이름으로 처방전 없이 판매되었다. 이런 제품의 비소 함량은 낮았지만 과다 복용으로 사망한 여성을 다룬 기사가 신문에 실리기도 했다. 아무리 '안전한' 알약이라지만 건강을 위해 비소를 섭취한다는 생각 자체가 너무나도 위험한 발상이었다.

게다가 때로 독살 혐의로 기소된 사람들은 희생자가 건강을 위해, 즉 스타이리아 건강 유지법에 따라 습관적으로 비소를 섭취했다고 변명하기도 했다.

열두 시간의 심의 끝에 배심원단은 메리 앨리스에게 무죄를 평결했다. 그 이

아름다운 혈색을 만들어 주는
캠벨 박사의 안전한 비소 웨이퍼 광고

유는 정확히 알 수 없다. 이들이 전문가 증인의 정직성에 의문을 품었을 수도 있고, 희생자가 스타이리아 건강 유지법을 실천했다는 주장을 받아들였을 수도 있으며, 친어머니를 죽인 사악한 살인자라고 믿지 못할 정도로 메리 앨리스에게 호감을 느꼈거나, 아니면 그저 네 아이의 어머니가 사형당하는 것이 보기 싫었을 수도 있다.

당시 배심원들은 사실 과학적 증언의 신빙성에 대해 회의적이었다. 그런데 이들뿐만 아니라 법원도 과학적 증언을 경계했다. 독극물이 사용된 또 다른 유명한 살인사건의 재판이 그 단면을 잘 보여 준다. 이 사건의 경우 배심원단은 용의자에게 유죄를 평결했지만, 주 대법원은 범죄 과학 증거를 판단의 근거로 사용할 수 없다며 이를 뒤집었다. 스워프 대령이라는 별칭으로 알려진 토마스 스워프Thomas Swope는 유산으로 부동산을 물려받아 미주리Missouri주 캔자스시티Kansas City의 최대 부동산 소유주가 되었다. 미혼이었던 그는 조카들과 가깝게 지냈고, 그 가운데 몇 명은 인디펜던스Independence 인근에 있는 그의 저택에서 함께 살았다. 그가 사망하면 조카들은 누구 하나 빠지지 않고 3천 5백만 달러(현재 약 9천 4백만 달러 상당)에 달하는 부동산 가운데 일부라도 물려받기로 되어 있었다.

1909년 가을, 스워프는 경미한 부상을 당했다. 이에 베네트 클라크 하이드Bennett Clark Hyde 박사가 왕진을 왔는데, 그는 스워프의 조카 프란시스의 남편임에도 가족의 일원으로서 열렬한 환영을 받지는 못하는 사람이었다. 하이드에게는 잭슨 카운티 의사회Dackson County Medical Society의 회장이라는 지위가 있는 반면, 도굴과 환자 학대라는 수치스러운 과거도 있었다. 하이드는 스워프를 치료하기 위해 경구 복용 약을 처방했다. 그런데 약을 복용한 지 20분 뒤, 스워프는 경련을 일으켰다. 간호사의 보고에 따르면 그때 그는 "오, 이런! 차라리 죽는 게 낫겠어. 그 약을 먹지 않았더라면!"이

미주리주 인디펜던스에 위치한 스워프 저택의 외관

라고 말했다.[8] 그리고 몇 시간 뒤 사망했다.

이후 스워프 저택에 살던 몇 사람이 장티푸스로 쓰러졌고, 이번에도 하이드가 저택에 머물며 이들을 돌보았다. 11월 초, 스워프 대령의 조카인 크리스먼 스워프가 삼촌처럼 경련을 일으키다 사망했다. 그 뒤로도 하이드는 다른 가족을 돌보기 위해 저택에 머무르겠다고 고집을 피웠지만 뜻한 바를 이루지는 못했다. 간호사 몇 명이 프란시스의 어머니 로건 스워프Logan Swope 부인에게 "하이드가 계속해서 가족을 돌본다면 이곳을 떠나겠다"라고 최후통첩을 한 것이다. 홀리언Houlehan이라는 간호사는 단도직입적으로 이렇게 말했다. "이 집에서 살인이 일어나고 있어요."[9]

다른 스워프 가족들은 12월 18일, 하이드에게 집에서 나가라고 요구하는 동시에 대령과 크리스먼의 사체를 파내 부검을 위해 시카고로 보냈다. 그러는 동안 하이드의 아내 프란시스는 대규모 변호인단을 꾸렸다. (공교롭게도, 그 가운데는 내 종조부이자 내가 태어나기 몇십 년 전에 돌아가신 브루스터R. R. Brewster도 있었다.) 재판은 1910년 4월 16일에 시작되었다. 검

스워프 가문의 주치의이자 프란시스 스워프의
남편인 베네트 클라크 하이드 박사

찰 측은 스워프가 유언을 바꿔 조카들이 아닌 자선 단체에 유산을 물려주려 했으며, 하이드가 이 사실을 알고 프란시스에게 돌아올 돈을 지키기 위해 대령을 살해했다고 주장했다.

검찰 측은 수많은 전문가 증인을 소환했고 이들은 한결같이 증거가 독살을 가리킨다는 의견을 내놓았다. 그 가운데는 시카고의 병리학자 월터 하인스Walter Haines 박사와 빅터 본Vaughan 박사도 있었다. 이들은 스워프 대령의 간에서 스트리크닌과 청산가리의 흔적을 발견했다고 증언했다. 그에 버금가는 결정적인 증거도 제시되었다. 하이드가 캡슐로 된 청산가리와 소화제를 구입한 일이 드러난 것이다. 그는 바퀴벌레를 잡기 위해서였다고 했지만 검사는 반문했다. "바퀴벌레를 죽일 때 독이 든 캡슐을 사용하는 사람이 어디 있습니까?"10

검사들은 하이드가 청산가리와 소화제의 캡슐을 열어 안의 내용물을 바꿨다고 주장했다. 더욱이 하이드는 장티푸스균이 들어 있는 캡슐도 구입했다. 그는 실험을 위해서였다고 해명했지만 실제로 가족 몇 명이 장티푸스에 걸렸었다는 사실을 생각하면 누가 봐도 의심스러울 수밖에 없었다. 그리고 5월 16일, 배심원단은 하이드에게 유죄를 평결했다.

하이드의 변호사들은 미주리주 대법원에 항소했고, 대법원은 사건을 환송했다. 하이드는 새로 재판을 받게 되었다. 이렇게 된 가장 큰 원인은 판사들이 전문가 증언이 유죄를 입증할 증거로서 불충분하다고 보았기 때문이다. 치사량의 스트리크닌을 복용하면 건강한 남성도 두어 시간 안에 사망하며 청산가리는 그보다 더 빨리 사망한다. 하지만 팔십 대의 고령에 건강까지 나빴던 스워프가 약을 복용한 뒤 열 시간이나 생존했다. 판사들은 이 두 가지 독극물을 한데 혼합하면 상호 작용이 발생해 사망 시간이 늦춰진다는 검찰 측 주장에도 이의를 제기했다. 검사가 내세운 전문가들조차 이를 뒷받침할 실제 사례를 제시하지 못했고, 이 가설은 그냥 듣기에도 말이 되지 않았다. 더욱이 하이드가 구입한 것으로 드러난 청산가리는 스워프 대령의 사체에 흔적만 남아 있는 반면, 사체에서 훨씬 많은 양이 검출된 스트리크닌의 경우 하이드가 구입했다는 증거가 없었다. (크리스먼의 경우 스트리크닌의 흔적만 발견되고 청산가리는 흔적조차 없었다.)

부검에 대해서도 판사들은 이의를 제기했다. 검찰 측 병리학자가 부검을 실시하는 동안 관련 증인이 자리를 비운 순간이 있었고, 피고인 측 전문가들은 스워프의 장기를 검사할 기회를 갖지 못했기 때문이다. 재판부는 2심을 불허한 채 평결을 뒤집을 수 있었지만 검사들에게 두 번째 기회를 주기로 했다. 하지만 곧 두 번의 기회만으로는 부족했음이 드러난다.

2심은 무효 심리로 끝이 났다. 배심원 가운데 한 명이 격리되어 있던 호텔에서 무단이탈한 것이다. 그는 기차를 타고 교외로 나가 이틀이나 돌아다닌 다음 아내가 있는 집으로 돌아갔다. 아내는 남편을 다시 재판정으로 보냈다. 그는 머리를 좀 식히고 재판정에서 자신을 지켜보는 사람들의 눈으로부터 자유로워지고 싶었다고 변명했다. 밖으로 나간 사이 재판에 대해 누구와도 논의한 적이 없다고 주장했지만 판사는 확신할 수 없었다. 판사는 그가 정신질환을 앓고 있는 것이 틀림없다고 생각했다. 이 모든 상황을 고려하여 판사는 미종결 심리를 선언했다.

3심은 불일치 배심으로 막을 내렸다. 그리고 4심이 시작되기 전 하이드의 변호인단은 누구도 같은 범죄 혐의로 세 번 이상 재판을 받을 수 없다는 법률적 사실을 지적했다. 결국 하이드는 석방되었다. 프란시스 스워프는 재판정에서 이 모든 과정을 겪는 하이드의 곁을 계속해서 지켰다. 그리고 남편에게 이렇게 말하라고 부추겼다. "내 아내처럼 남편을 신뢰하고 지지해 주는 아내를 둔 남자라면 그 어떤 시련도 견딜 수 있다는 사실을 깨달았습니다."[11] 어디 그뿐인가. 변호사 비용까지 아내가 지불하지 않았는가.

20세기 초반에 이르러서야 공신력 있는 독극물 검사가 개발되었다. 하지만 앞서 소개한 사건들은 과거 범죄 과학으로 찾은 증거가 아무리 확실해도 유죄 판결을 받기에 부족했다는 사실을 보여 준다. 증거는 판사와 배심원의 치밀한 검증을 견뎌 낼 정도로 확실해야 했다. 검찰 측은 사망 원인을 규명하고 그것이 독살이라면 희생자의 시신에서 발견된 독극물이 무엇인지 찾아낸 다음, 다시 피고인이 그 독극물을 입수했다는 사실을 밝혀내야 했다. 그렇게 모든 사실을 연결시킨다 해도 설득력 있는 변호사의 말솜씨, 증인에 대한 평판, 피고인에 대한 호감이나 반감, 배심원의 직감, 치밀하게 계산된 항소 등 비과학적인 요소들이 영향을 미쳤다. 그리고 이러한 상황은 오늘날까지 변하지 않았다.

하지만 변한 것도 있다. 사인이 명확하지 않을 경우 이제 반드시 법의관이 조사를 해야 한다. 누군가 의심을 품거나 이벨리나 블리스 부인의 사건처럼 우연히 친구가 방문하지 않더라도 범죄 행위가 드러나게 된 것이다. 수사가 결정되면 법의학 당국은 최고의 독극물 전문가를 고용하므로 이제 전문가 증언은 더욱 정확해졌고 변호인 측이 쉽게 신빙성을 떨어뜨릴 수 없다. 다음 장의 주제는 법의학자의 출현, 그리고 살인을 저지르고도 달아날 수 있었던 범죄자들의 몰락이다.

음독 사건

옛날에는 독극물 검사가 존재하지 않았던 탓에 살인자들이 방면되고 뒤이어 부당한 유죄 판결이 내려지기도 했다. 이 사실을 가장 잘 보여 주는 것이 바로 프랑스에서 발생한 한 음독 사건이다. 이 사건은 1672년, 브랭빌리에르 후작부인Marquise de Brinvilliers 마리 마들렌 도브레Marie Madeleine D'Aubray가 유산을 상속받기 위해 자신의 아버지와 남자 형제 두 명을 독살한 혐의로 기소되며 시작되었다.

그녀는 유부녀였지만 고댕 드 상−크루아Gaudin de Sainte-Croix라는 남성과 바람을 피우고 있었다. 이들의 관계를 중단시키기 위해 그녀의 아버지는 고댕을 바스티유Bastille 감옥에 6주 동안 수감할 것을 선고했다. 파렴치한 인물인 고댕은 그곳에서 엑실리Exili라고만 알려진 이탈리아 독 전문가를 만났다. 석방된 뒤 고댕은 직접 독극물 실험실을 만들고 마리에게 독을 제공했다. 그렇게 마리는 1666년 아버지를, 1670년 두 형제를 살해했다. 그런데 어느 날 고댕이 갑자기 자신의 실험실에서 사망했다. 자기 자신에게 독극물 실험을 하던 중이었을 가능성이 높았는데, 수사를 하던 경찰은 실험실에서 마리가 보낸 편지들

19세기 마리 마들렌 도브레의 참수형을 담은 판화

을 발견했다. 여기에는 그녀가 자신의 가족을 죽이기 위해 사용할 독의 비용을 지불하겠다는 내용이 담겨 있었다. 마리는 일단 국외로 달아났다가 돌아와 살인을 자백했다. 그녀는 이렇게 주장하며 자신을 변호했다. "죄를 지은 사람이 저렇게 많은데 나만 사형에 처해져야 하나요? 도시 사람 가운데 절반이 나쁜 의도로 독을 사용하고 있어요. 내가 입을 열기만 하면 그들 모두 끝장낼 수도 있다고요."[12]

하지만 '누구나 가족을 독살하고 있다'는 식의 변명은 동정심을 유발하지 못했고, 마리는 1676년 참수되었다.

그럼에도 마리의 주장은 경각심을 일으키기에 충분했고, 프랑스 당국은 이를 간과하지 않았다. 마리의 처형 후 루이 14세는 곧 파리 경찰서장으로 니콜라 드 라 레이니Nicolas de la Reynie를 임명하여 파리에서 범행을 벌이고 있는 독살 용의자가 있는지 수사하게 했다. 레이니는 파리 전역을 조사해 연금술사들의 실험실에서 비소, 질산염, 수은을 발견했다. 또한 흑마술에 사용되는 물건과 폭력적인 방법으로 취득했을 가능성이 높아 독극물처럼 범죄에 쓰일 만하다고 여겨지는 물건들을 발견했다. 그 가운데 몇 가지만 언급하자면 손톱 조각, 인간의 피, 그리고 교수형당한 남성의 것으로 추정되는 살점 등이다.

용의자들은 일단 체포되면 자백을 할 때까지 고문을 당했다. 고문을 멈추기 위해 수감자들은 자신이 저지르지 않은 범죄를 자백하고 무고한 사람들을 고발했다. 그렇게 혐의를 받은 사람의 수는 모두 442명, 체포된 사람이 319명이었다. 물론 그러한 고발 가운데 과학적으로 혐의가 증명된 것은 없었다. 당시에는 소위 독극물 검사가 오로지 희생자가 마지막에 먹은 음식을 동물에게 먹여 죽는지 확인하는 수준이었다. 그마저도 음식이 오래전에 상한 상태였다. 하지만 그런 증거로도 재판이 열렸고, 재판은 '불타는 방burning chamber'이라고 불리는 비밀스런 법정에서 진행되었다. 이런 이름이 붙은 것은 법정이 사람들의 엿보는 눈을 피하기 위해 모든 창문을 가리고 횃불로만 조명을 밝혔기 때문이다. 이곳에서 36명이 사형 선고를 받았고 그보다 훨씬 많은 사람이 추방되거나 감옥에 갇히는 운명을 맞았다.

하지만 잇따른 검거와 처벌은 갑자기 멈추게 되었다. '라부아쟁La Voisin(이웃이라는 뜻)'으로 알려진 카트린느 데예Catherine Deshayes가 지체 높은 고객들을 독살한 혐의로 기소된 것이 시초였다. 그녀는 고객에 대한 정보를 공유하기를 거부했지만 경찰은 그녀의 연인인 르 사쥬Le Sage를 검거하여 자백하도록 설득했다. 르 사쥬는 라부아쟁의 고객 가운데 루이 14세의 총애를 받던 몽테스팡 부인Madame de Montespan도 있다고 주장했다. 라부아쟁의 딸마저 몽테스팡이 왕이 자신을 더 사랑하게 만들기 위해 사랑의 묘약을 구입하고 인간 제물을 바쳤다고 고발했다.

몽테스팡이 질투심에 사로잡힐 만한 이유가 있었다. 왕과의 사이에 자식이 일곱이나 되고 많은 사람이 '실제 프랑스 여왕'이라고 부를 정도로 오랜 세월 가장 총애받는 정부였지만, 루이 14세의 인생에 그녀가 유일한 여인은 아니었다. 정식 아내인 마리-테레즈Maria-Therese 여왕도 있었고, 그 외에도 끊임없이 정부가 있었다. 실제로 당시만 해도 왕은 자신의

몽테스팡 부인(1640-1707)의 초상화

아이들을 돌보는 유모 드 맹트농de Maintenon 부인, 그리고 귀족 출신의 마리 앙젤리크 드 스코랠르Marie Angelique de Scorailles 등과 막 사랑에 빠진 상태였다. 마리 앙젤리크는 왕의 아이를 임신했지만 안타깝게도 유산했고, 그 뒤 몸져 눕고는 이내 숨을 거두었다.

라부아쟁의 딸은 몽테스팡에게 불리한 증언을 이어 나갔다. 사랑의 묘약으로 효과를 보지 못한 몽테스팡이 마리 앙젤리크를 독살했고, 왕까지 독살하려 했다는 것이었다. 하지만 이는 '고문을 받지 않으려면 뭐든 시키는 대로 말하라'는 명령에 따른 증언의 전형적인 예에 불과한 듯하다. 그래도 부검이 실시되었다. 하지만 당시 신체 조직에 대한 유효한 독극물 검사가 제대로 존재하지

않았던 만큼, 부검으로 얻은 증거로는 마리 앙젤리크가 독살되었다는 주장을 뒷받침할 수 없었다. 결국 그녀는 폐 감염으로 사망한 것으로 결론이 났다. 어찌되었든 루이 14세는 몽테스팡의 혐의를 시종일관 믿지 않았고, 총애하든 아니든 자신의 정부가 심한 비난을 받게 내버려 둘 생각이 없었다. 그는 공식적인 방식으로 이 문제를 다루는 대신 불타는 방을 해산시켜 버렸다. 결국, 수백 명의 백성이 근거 없는 혐의를 받는 일에는 전혀 신경 쓰지 않던 왕도 자기가 사랑하는 사람이 그런 일을 당하자 마음이 약해진 것이다.

2장

시신에 남은 증거:
부검과 법의학자의 부상

과거 미 서부에서는 총기가 일상적으로 사용되었다. 그런 만큼 술집에서 술에 취해 싸움을 하거나 재산을 두고 다투다가도 살인이 발생했다. 하지만 제아무리 개척 시대 서부라 해도 무법지대는 아니었다. 일단 총격에 의한 살인사건이 일어나면 시신은 형사가 아닌 검시관에게 보내졌고, 검시관이 사건을 수사했다. 선출직 공직자인 검시관은 심리를 위해 남성 시민들로 구성된 배심원단을 소환했다. 검시관은 보통 의사가 아니었지만 의사를 배심원으로 선택할 때도 있었다. 검시관과 배심원단은 사체를 조사했고, 배심원 가운데 의사가 있을 경우 그는 사체를 조사하는 것은 물론 때로 부검까지 실시했다. 배심원단은 증인의 진술도 들었다. 증인이 존재한다면 이들의 증언은 고스란히 받아들여졌다. 그들이 보았을 때 먼저 총을 뽑은 사람에게 모든 책임이 있고 나중에 뽑은 사람은 정당방위로 판단되었다. 유죄를 확실히 판명할 수 없을 때 사건은 재판으로 넘어갔다.

1877년, 와이오밍 술집에서 포커 게임을 즐기는 사람들의 모습을 담은 신문의 삽화

1800년대 후반 와이오밍 검시관이 묘사한 엘리 시그노Eli Signor 바의 찰스 데이비스Charles Davis 사망 사건은 당시 심리가 어떻게 진행되었는지 잘 보여 준다. 증언에 따르면 찰스는 오전 10시 바에 들어와 술을 몇 잔 마신 뒤 점심을 먹기 위해 바에서 테이블로 자리를 옮겼다. 당시 많은 술집에서 술을 한 잔 마시면 무료로 점심을 제공했는데, 찰스는 벌써 여러 잔을 마신 상태였다. 찰스가 바로 돌아왔을 때 주인인 엘리 시그노는 자리를 비우고 없었다. 찰스는 술을 주문하기 위해 '빌어먹을 놈'[1]을 불렀고, 시그노가 바로 나오지 않자 시그노의 고양이를 향해 총을 발사했다. 그리고 의자를 던져 산처럼 쌓은 다음 당구대로 올라가 발을 질질 끌며 이리저리 걸어 다니고 당구공을 사방으로 던졌다.

시그노는 무슨 소란인가 싶어 나와 보았다. 당시에는 사람들이 주로 독한 위스키를 마셨으므로 술집에서 어느 정도의 소란은 으레 있는 일로 치부되었다. 집과 가족에게서 멀리 떨어져 텍사스주Texas에서 몬

태나주Montana로 소떼를 몰고 가는 카우보이들은 대부분 거친 족속들이었다. 술집에서는 도박이 허용되었고 이는 종종 총싸움으로 번졌다. 술집 주인들은 만취한 사람들을 상대로 도박판을 벌여 돈을 뜯어냈고 위스키와 돈이 오가는 한 어느 정도의 불쾌함을 감수했다. 하지만 찰스의 행동은 도를 넘었고 시그노도 이를 지적했다. 이에 굴하지 않고 찰스는 시그노에게 술을 한 잔 더 내놓으라고 했다. 시그노는 의자를 바로 세워 놓아야 술을 주겠다고 했지만 찰스는 당장 술을 달라고 대꾸했다. 그러고는 시그노의 멱살을 잡고 총을 들이댄 채 이렇게 말했다. "시그노, 이 눈만 동그란 자식아. 내가 버릇을 고쳐 주지!"[2]

하지만 찰스의 말과는 반대의 상황이 벌어졌다. 몸을 숙여 의자를 일으키던 시그노가 왼손으로 찰스의 총을 잡고 오른손으로 자신의 총을 주머니에서 꺼내 찰스를 네 번 쏜 것이다. 증인들은 찰스가 갖고 있던 다른 총을 향해 손을 뻗는 순간 시그노가 재차 총격을 가했다고 말했다. 이 술집 주인은 소란스러운 손님을 쏴 죽임으로써 공짜 점심을 먹으려면 망나니처럼 굴어서는 안 된다는 것을 증명한 셈이다.

증인의 증언에 근거하여 배심원단은 이 총격 사건을 정당방위에 의한 살인으로 결론 냈다. 지금이라면 증인들의 말을 확인해 보기 위해 철저한 부검과 현장 감식이 이루어지기는 했을 것이다. 하지만 현재도 일부 증언과 의견의 만장일치가 법정에서 큰 영향력을 갖는다.

위 사건과 반대로 증인이 없을 경우 살인사건은 종종 미해결로 남았다. 1889년에 발생한 한 사건이 이를 잘 보여 준다. 검시관과 배심원단은 와이오밍주 벌판으로 한 남성의 시신을 조사하러 갔다. 당시 직접 현장에 나가는 것은 흔한 일이었다. 나중에 검시관은 이 시신이 서른다섯 살에서 마흔다섯 살 사이의 연한 갈색머리 남성으로 추정되며, 심하게 부패된 상태였고 주머니가 비어 있었다는 보고서를 썼다. 그리고 사인은 불명이라고 단언했고 결국 수사는 종결되었다. 주머니가 비었다면 이 남성은 강도를 만나 살해당한 것이었을까? 아니면 그저 탈수로 사망한 것이었을까? 그리고 무엇보다 이 남성은 누구였을까? 이 모든 질문은 해답을 찾지 못한 상태로 남았다. 황량한 서부에서만 이런 일이 벌어지는 것은 아니었다. 뉴욕주 이스트강East River에서 시신이 떠올랐더라도 검시관의 배심원단은 양손을 허공에 던지며 이렇게 말할 가능성이 높았다. "무슨 일이 있었는지 누가 알겠어?"

이것은 희생자와 그 가족에게 부당하고 범죄가 해결되지 않는 사회에 좌절감을 안기는 일이었다. 총을 맞고 사망한 한 남성의 시신이 길가에서 발견된 뒤『래러미 데일리 부메랑Laramie Daily Boomerang』지에서는 이렇게 말했다. "이제 사람이 죽은 채 발견되고 한 가족 전체가 몰살당해도 범죄를 저지른 사람을 체포하고 처벌하기 위한 조치가 아무것도 이루어지지 않는 일이 일상화되었다."[3]

미국 전역이 범죄 과학을 이용한 철저한 살인사건 수사를 필요로 했다. 하지만 그러한 변화는 서기 1000년부터 크라우너, 즉 검시관 제도가 실행되었던 영국과 다른 유럽 지역에서 먼저 일어났다. 당시 영국 왕은 유죄 선고를 받은 사람의 재산 일부를 가질 권리가 있었다. 검시관은 왕의 몫을 징수하기 위해 임명된 고위 관리였다. 물론 검시관은 먼저 누가 범죄를 저질렀는지 규명해야 했다. 주州 장관이 검시관을 소환하면 검시관은 수사에 착수했다.

1300년에 이르러 검시관은 심문을 도와줄 배심원단을 소환하게 되었다. 이들은 합동으로 사체를 '관찰'했는데, 이는 부검과는 전혀 다른 사체 검사 방식이었다. 검시관은 의사가 아니었으니 어쩔 수 없는 일이었다. 그럼에도 검시관과 그가 소환한 배심원단은 사인을 규명하고 증인을 심문했고, 책임이 있는 자가 있다면 그것이 누구인지를 판단했다. 그러고 나면 주 장관은 피의자를 체포했다. 제도가 바뀌어 더 이상 왕이 범죄자의 재산을 징수하지 못하게 되자 검시관의 지위는 추락하여 평범한 공무원이 되었다. 하지만 이때에도 여전히 검시관으로 의사가 고용되지는 않았다.

토마스 웨이클리Thomas Wakley 박사는 이러한 현실을 바꾸고자 했다. 명망 있는 영국 의학지 『란셋Lancet』의 창간인인 그는 이 잡지의 지면을 할애해서 검시는 모두 의사가 맡아야 한다는 운동을 벌였다. 웨이클리는 자기가 살고 있던 잉글랜드 미들섹스Middlesex에서 검시관 후보로 등록했지만 다른 검시관들은 자신들의 자리를 유지하고자 그에 반대했다. 몇 번의 시도 끝에 웨이클리는 검시관으로 선출되었고, 1800년대 중반에 이르러 잉글랜드 전역에서 의사를 검시관으로 선출하게 되었다. 원래 그렇게 되었어야 하는 일이었다. 1800년대 후반, 검시관들은 원인이 불분명하거나 폭력적이거나 자연사가 아닌 모든 사망 사건을 수사했다. 어쩌다가 누군가 의심을 품거나 피해자에게 운이 따라 철저한 수사가 이루어지던 시대는 끝났다. 적어도 잉글랜드에서는 제대로 된 수사가 정해진 절차가 된 것이다.

그와 동시에 의사들은 부검에 대해 더 많은 지식을 갖추게 되었다. 유럽 전역의 의대에서 법의병리학, 사체 연구, 사망 원인과 관련한 강의를 제공했다. 알렉상드르 라까사뉴Alexandre Lancassgne는 이 분야의

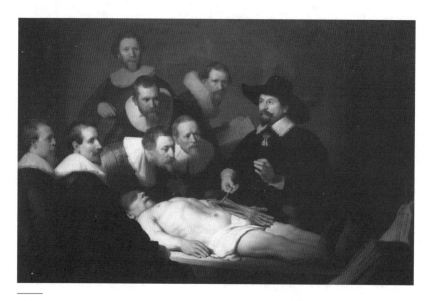

렘브란트Rembrandt의 1632년 작품 「니콜라스 튈프Nicolaes Tulp 박사의 해부학 강의」

선구자였다. 그는 1881년 프랑스 리옹Lyon의 법의학 연구소Institute of Legal Medicine에 합류한 뒤 학생들을 이끌고 매년 수십 건의 범죄사건에서 부검을 맡았다. 학생들은 교살의 경우 범인이 맨손으로 희생자의 목을 졸랐는지 줄을 이용했는지, 자상의 경우 어떤 각도로 찔렸는지 등의 세부적인 내용을 사체에서 읽어 내는 법을 배웠다. 부검을 공부할 수 있는 최첨단 실험실을 세운 것 외에도 라까사뉴는 리옹대학에 범죄 박물관을 만들었다. 여기에는 골절상을 입은 두개골, 총기와 총알, 교수형에 사용되는 다양한 종류의 줄, 혈흔이 있는 천, 인간 및 동물의 털, 상처가 난 신체 부위, 그리고 그 상처에 상응하는 손도끼, 칼, 검, 망치, 총 등의 무기가 전시되었다.

처음 대중은 라까사뉴에게 훈련받은 법의병리학자 같은 이들이 사건 해결에 도움이 되리라는 생각에 대해 회의적이었다. 하지만 그러한 병리학자가 영국에서 발생한 코라 크리펜Cora Crippen 사건을 해결하는 데 공을 세우자 의구심은 모두 수그러들었다. 미국인인 헐리 하비 크리펜Hawley Harvey Crippen과 아내 코라는 런던에 거주하고 있었다. 헐리는 우편 주문으로 제품을 판매하는

법의병리학의 선구자 알렉상드르 라까사뉴 박사

동종요법 의료회사에 근무했다. 신문에 광고를 내고 널리 인기를 얻고 있던 동종의학은 인체에 위험한 영향을 미쳤고, 아무리 좋게 봐줘도 미미한 도움이 되는 정도였다. 안색을 좋게 만들어 준다는 캠벨 박사의 비소 웨이퍼가 이 점을 잘 보여 주는 좋은 예였다.

코라는 벨 엘모어Belle Elmore라는 이름으로 배우이자 가수로 활동했다. 헐리는 열심히 외조를 했지만 직장에서는 업무 유기를 이유로 해고당했다. 그 뒤 헐리는 치과의사가 되었고, 무대 안팎에서 재능을 발휘하며 높은 인기를 구가하던 코라는 '뮤직 홀 레이디스 길드Music Hall Ladie's Guild'의 회계 담당으로 선출되었다. (뮤직 홀 레이디스 길드는 코라와 같이 연예업계에 종사하던 여성들의 단체였다.—편집자) 하지만 부부 사이는 점점 멀어져서 둘은 각자 바람을 피우게 되었다. 코라는 집에 들인 하숙생과, 헐리는 열여덟 살짜리 비서 에델 르 네브Ethel Le Neve와 만났다.

이들의 결혼 생활은 에델이 임신했다는 소문이 코라의 귀에 들어

코라 크리펜(예명: 벨 엘모어)

갔을 때 결정적으로 악화되었다. 코라는 불륜을 폭로하여 헐리의 평판을 땅에 떨어뜨리겠다고 위협했다. 하지만 이 비밀은 세상에 드러나지 않았다. 1910년 1월 31일, 저녁 식사 파티를 마친 뒤 코라가 두 번 다시 나타나지 않았던 것이다. 에델은 코라가 작성한 것으로 보이는 쪽지 한 장을 레이디스 길드에 전했다. 거기에는 회계 담당을 그만두고 병에 걸린 친척을 돌보기 위해 미국으로 돌아간다고 적혀 있었다.

길드 여배우들의 눈에 이 쪽지는 의심스럽기 짝이 없었다. 이 내용이 사실이라면 코라가 진작에 아픈 친척에 대해 언급했을 것이기 때문이다. 이들은 서로 모든 것을 의논하던 사이였다. 더군다나 에델은 코라의 보석을 착용하고 있었다. 이 모습을 보자 의심은 더욱 커졌다. 길드의 여배우들이 몰려가 추궁을 하자 헐리는 결국 코라가 죽었다고 털어놓았다. 하지만 이들은 의심의 눈길을 거두지 않으며 장례식이 어디에서 열릴 것인지 물었다. 헐리는 이미 코라의 시신을 화장했다고 답했지만, 여배우들은 화장이 코라의 가톨릭적 정서에 어긋난다는 사실을 알고 있었다. (당시 가톨릭교회는 화장을 금했다.) 추적을 계속한 끝에 이들은 코라가 미국을 떠나기로 했던 날 출항한 배가 없다는 사실을 알아냈다. 더욱이 캘리포니아에 코라의 사망 신고 기록이 없었다.

여배우들은 쌓여 가는 증거를 런던 경시청Scotland Yard의 월터 듀
Walter Dew 경감에게 가져갔다. 그는 1910년 7월 8일, 크리펜 부부의 집
을 방문하여 헐리에게 아내가 어디 있는지 물었다. 헐리는 여배우들의
의심이 일부 사실이라고 고백했다. 사실 코라는 죽지 않았고, 그러기는
커녕 다른 남자와 사랑의 도피를 했다는 것이었다. 그는 수치심 때문에
아내가 죽었다는 이야기를 꾸며냈다고 했다. 헐리는 경찰의 질문을 교
활하게 빠져나갔지만 경찰이 집으로 직접 찾아오자 크게 흔들렸다. 그
리고 경찰의 수사가 진행되고 있다는 두려움에 바로 다음 날 에델과 캐
나다로 달아났다. 이들이 런던을 떴다는 사실을 안 듀는 크리펜 부부의
집을 샅샅이 수색했다.

형사들은 지하실 바닥 밑에서 부패한 인간의 상반신을 발견했다.
살인사건을 뒷받침하는 증거가 발견되자 경찰은 대서양을 건너 헐리
와 에델을 추적했고 캐나다에서 이들을 체포했다. 헐리는 문제의 상반
신이 자신이 그 집으로 이사 오기 전에 지하실에 매장되었을 것이라고
주장했다. 런던 경시청은 버나드 스필스베리Bernard Spilsbury를 불러 그
시신이 코라인지 조사하게 했다. 스필스베리는 당시 법의학 분야에서
런던 최고라고 정평이 나 있던 세인트메리 병원St. Mary's Hospital의 명
망 있는 병리학자였다. 그는 상반신에서 흉터를 찾아냈는데, 이것이 코
라가 받았던 수술의 흔적이라고 생각했다. 체조직에서는 진정제인 스
코폴라민을 발견할 수 있었다.

재판에서 검사는 다음과 같은 주장을 펼쳤다. 헐리는 아내가 아프
다는 말을 하려고 의사에게 전화를 했다. 미리 증인을 만들어 놓기 위
해서였다. 그다음 과다복용을 바라며 아내에게 스코폴라민을 건넸다.

헐리 하비 크리펜의 재판이 진행되던 당시 레이디스 길드 회원들의 모습

아내가 이미 아프다고 했으니 죽는다 해도 자연사로 보일 것이었다. 하지만 스코폴라민으로 아내를 살해하는 데 실패하자 헐리는 총으로 아내를 쏘고, 사체를 절단해서 일부는 운하에 유기하거나 불에 태우고 상반신은 묻었다. 검사는 이런 가설을 내세워 헐리에게 사형을 구형했고 판사 역시 사형을 선고했다. 에델은 종범 혐의에 대해 무죄를 판결받았다. 스필스베리가 이 사건에서 거둔 성과 덕분에 대중은 부검이 살인 사건에서 중요한 역할을 할 수 있다는 사실을 인정하게 되었다. 하지만 스필스베리는 과연 옳았던 것일까?

최근 미시건 주립대학Michigan State University의 법의생물학자 데이비드 포란David Foran은 DNA 증거를 사용해서 이 사건을 다시 조사하기로 결심했다. 그는 검사의 주장에 회의적이었다. 독극물을 사용하는 범죄자는 대부분 살인을 자연사처럼 보이게 만들기 위해 계획을 세우고 이를 철저히 따르기 때문이다. 포란은 스필스베리가 코라의 것이라고 설명한 흉터 조직의 슬라이드를 검사했다. 그런 다음 생존해 있는 코라 크리펜의 친척에게서 DNA 샘플을 채취해 검사했다. 결과는 불일치였다. 그뿐 아니라 흉터 조직 샘플의 DNA는 남성의 것이었다. 포란의 검사에 오류가 있지 않았다면 헐리는 잘못된 증거를 바탕으로 유죄를 선고받은 것이다. 포란의 검사는 『법과학 저널Journal of Forensic Sciences』에 실렸는데, 여기서 충분한 동료 평가를 거쳤으므로 오류의 가능성은 낮다.

그렇다면 그 시신은 누구의 것이었을까? 그리고 코라는 어디로 갔을까? 발견된 상반신은 다른 살인사건의 희생자일 수도 있고, 조금 냉소적으로 보자면 경찰이 심은 증거일 수도 있다. 코라의 경우 살해당해서 다른 방식으로 유기되었을 수도 있지만 헐리가 말한 대로 그저 집을 나갔을 수도 있다.

스필스베리는 논란을 몰고 다니기는 했어도 법의병리학자로서 명성을 더해 갔다. 그가 담당한 사건들 가운데 가장 흥미로운 것은 이른바 '욕조 속의 신부들Brides in the Bath'이다. 1800년대 후반과 1900년대 초반, 영국 남성 중에는 일확천금을 기대하고 미국으로 이주한 사람이 많았다. 1910년에 이르자 영국은 남성보다 여성이 5십만 명 더 많은 상황이 되었다. 여성들은 결혼하고 싶어도 남편감을 찾기가 너무 힘들었다. 상황이 이러하니 베시 먼디Bessie Mundy는 자신을 행운아라고 여겼을 것이다. 고작 몇 주간 데이트한 뒤 헨리 윌리엄스Henry Williams라는 매력적인 사내에게서 청혼을 받았기 때문이다. 문제는 그의 이름이

첫 번째 희생자 베시 먼디와 포즈를 취하고 있는
욕조 속의 신부들 사건의 범인 조지 조세프 스미스

헨리가 아니며 그에게 이미 적어도 다섯 명의 아내가 있다는 사실이었다. 본명이 조지 조세프 스미스George Joseph Smith인 이 남자는 다른 아내들을 빈털터리로 만든 채 버렸고, 베시로부터도 돈을 뜯어낼 작정이었다.

결혼한 뒤 조지는 베시에게 상속의 수혜자를 자신으로 하는 유언장을 작성해 달라고 요구했다. 베시는 은행가인 아버지로부터 상당한 돈을 물려받은 상태였다. 1912년 5월, 부부는 잉글랜드 동부 해안, 켄트Kent주의 헌 베이Herne Bay로 이사했다. 조지는 철 욕조를 새로 주문 제작하고 베시를 상점에 보내 가격을 흥정하게 했다. 사실 그 욕조는 곧 베시가 죽을 자리였다. 실제로는 아무 일도 일어나지 않았음에도, 조지는 베시가 발작을 일으키고도 스스로 그 사실을 기억하지 못한다고 믿게 만들었다. 7월 12일, 베시는 의사를 찾아가 조지에게 들은 대로 자신의 '증상'에 대해 설명했다. 그리고 다음 날 조지가 그 의사에게 전갈을 보냈다. "즉시 와 주시오. 내 아내가 죽었소."[4]

집에 도착한 의사는 얼굴을 위로 한 채 욕조 안에 잠겨 있는 베시를 발견했다. 끔찍한 사고처럼 보였지만 의사가 남긴 세부 기록에는 이상한 내용이 있었다. 베시가 오른손으로 비누를 꽉 쥔 채 죽었다는 것이었다. 하지만 검시관의 배심원들은 베시가 발작을 일으켜 익사했다고 결론 내렸다. 조지는 베시를 싸구려 관에 넣어 공동묘지에 매장하고 욕조를 환불받은 뒤 유산을 챙겼다.

1년 뒤, 조지는 앨리스 버냄Alice Burnham이라는 간호사와 결혼했다. 결혼식 당일 그는 '낭만적으로' 5백 파운드짜리 보험 증권을 구입했다. 그리고 두 달 뒤, 조지와 앨리스는 북동부 해안의 블랙풀Blackpool로 휴가를 떠났다. (블랙풀은 첫 번째 살인이 일어난 곳에서 최대한 멀리 떨어진 곳이다.) 조지는 베시에게 그랬던 것처럼 앨리스를 설득해 의사에게 진료를 받게 만들었다. 이번에는 발작이 아니라 두통을 핑계로 삼았다. 그리고 앨리스가 숙소 욕조에서 죽어 가던 것으로 추정되는 시간 동안 집주인과 이야기를 나누며 알리바이를 만들었다. 그런 다음 조지는 아내가 죽은 것을 발견했다고 주장했고 그 어떤 의심도 사지 않았다. 블랙풀 거주민 가운데 베시의 죽음에 대해 아는 사람이 아무도 없었기 때문이다. 검시관의 배심원단은 앨리스가 정신을 잃은 상태에서 익사했다고 결론을 내렸다.

1914년 12월 18일, 조지는 이번에는 존 로이드John Lloyd라는 이름으로 마거릿 로프티Margaret Lofty와 결혼하여 노스런던North London으로 신혼여행을 갔다. 그리고 마거릿 역시 두통 때문에 의사에게 진료받은 당일에 욕조에서 죽은 채 조지에게 발견되었다. 이번에도 사인은 익사로 결론이 났다. 하지만 조지의 살인 행각에 흔히 말하는 '삼세번의 행운'은 따르지 않았다. 신문을 보던 앨리스 버냄의 아버지가 마거릿 로프티의 사망사건이 딸의 죽음과 기묘할 정도로 유사하다는 점을 발견한 것이다. 그는 경찰에게 이러한 의구심을 피력했고, 결국 1915년 2

월 조지는 체포되었다.

켄트 경찰은 베시 먼디의 죽음 역시 연관된 사건일 수 있다고 생각했다. 마침내 무덤에서 발굴한 베시의 시신을 스필스베리가 부검했다. 막 결혼한 신부 세 명이 욕조에서 사망했으므로 누군가 의도적으로 그들을 익사시켰을 가능성이 높아 보였다. 또한 베시 먼디가 비누를 손에 쥔 채 사망했다는 사실은 더 많은 단서를 제공했다. 발작을 일으켰다면 손에 쥐고 있던 비누를 놓쳤을 것이기 때문이다. 그녀는 분명 갑자기 사망한 것이 틀림없었다. 하지만 살인자가 베시를 기절시킨 다음에 익사시켰다면 베시의 머리나 목에 외상이 있어야 했다. 그렇지 않다면 베시에게 저항흔이 남아야 한다. 하지만 스필스베리는 의심스러운 외상을 발견하지 못했고 독살의 증거도 찾을 수 없었다. 그는 무슨 일이 벌어졌는지 밝히기 위해 수영 실력이 매우 뛰어난 여성을 대상으로 실험을 실시했다.[5] 그리고 이 실험을 바탕으로 조지가 베시의 다리를 욕조 밖으로 높이 잡아당겨 머리가 수면 아래에 잠기게 만들었을 것이라는 가설을 세웠다. 이런 자세에서는 물이 식도로 넘어가 미주 신경을 압박하여 심장 박동이 느려질 수 있다. 그래서 피해자들이 정신을 잃거나 사망에 이르게 되었다는 것이다.

스필스베리는 법정에서 자신의 이론을 증언했

저명한 병리학자 베르나르 헨리 스필스베리 경

다. 키가 훤칠한 미남에 잘 차려입은 그는 보통 배심원들을 쉽게 설득할 수 있었다. 하지만 이 사건에서는 그다지 설득이 필요하지도 않았다. 살해당하지 않은 조지의 다섯 아내들이 증언에 나섰던 것이다. 그 중 한 명은 조지가 자신에게 도둑질을 시켜 결국 감옥까지 갔다 왔다고 말했다. 나머지 가운데 세 명은 그가 자신들에게서 현금과 보석, 의류를 훔쳐 달아났다고 증언했다. 그리고 다섯 번째 아내는 자신이 아직도 조지와 혼인 상태인 줄 알았다고 말했다. 조지는 그녀와 동거했다가 별거하는 생활을 7년이나 지속해 왔다. 결국 조지는 유죄를 선고받아 1915년 교수형에 처해졌다.

욕조 속의 신부들 사건은 해결이 확실한 경우라고 할 수 있었다. 조지 스미스는 살인사건에서 매우 유력한 용의자였다. 거짓된 모습으로 결혼하고, 결혼을 할 때마다 금전적 이득을 취한 남자의 아내 세 명이 모두 우연히 욕조에서 사고로 죽을 확률이 얼마나 되겠는가? 그 남자가 이미 다섯 명의 아내를 둔 상태이고 그들 대부분을 빈털터리로 만든 전력이 있다면 더 말할 것도 없었다. 크리펜 사건 역시 매우 명백해 보였다. 지하실의 상반신 시신은 다른 사람의 것일 수도 있었지만, 크리펜의 아내가 그때 자취를 감추고 없는 상황이었다. 더구나 크리펜이 아내의 친구들에게 자초지종에 대해 거짓말을 했으며, 경찰이 조사를 시작하자 국외로 달아났던 점을 생각하면 그럴 가능성은 낮아 보였다. 물론 DNA 덕분에 이제 우리는 크리펜이 무고한 사람이었을지도 모른다고 생각하게 되었다. 그는 자신이 저지르지도 않은 범죄 때문에 감옥에 갈 위기에서 벗어나기 위해 도주했을 수도 있는 것이다.

석연치 않은 점이 있는 사건의 경우 스필스베리는 종종 비난을 받았다. 몇 번이나 대중은 그가 과학이 아니라 자신의 추측에 근거하여 증언을 한다고 비난했다. 1925년, 스물다섯 살의 노먼 쏜Norman Thorne 은 여자친구 엘시 캐머런Elsie Cameron을 살해한 혐의로 기소되었다. 엘시의 시신은 토막 난 채 노먼의 양계장에서 발견되었다. 처음 노먼은 경찰에 실종 당일 엘시는 자신의 농장에 오지 않았다고 했다. 하지만 자기 소유지에서 그녀의 시신이 발견되자 말을 바꿨다. 엘시가 농장으로 찾아와 임신을 했다며 결혼할 것을 요구해서 그녀와 말다툼을 벌이다가 발끈하여 자리를 떴다는 것이다. 그리고 돌아왔을 때는 이미 엘시가 목을 매 죽은 뒤였다. 노먼은 자신이 기소될 것이라고 생각한 순간 이성을 완전히 잃고 시신을 토막 내 땅에 묻었다.

스필스베리는 부검 결과가 이런 노먼의 주장과 다르다고 했다. 그

엘시 캐머런 살인사건의 증거를 파내고 있는 경찰

가 보기에, 엘시는 목에 교살의 흔적이 없을 뿐만 아니라 곤봉처럼 뭉툭한 물체로 구타당해 사망한 것으로 추정되었다. 그런데 여기에서 스필스베리의 증언이 이상해진다. 겉으로는 보이지 않지만 엘시의 피부 아래에 멍 자국이 있다는 것이다. 변호인 측 전문가들은 터무니없는 주장이라고 비난했다. 희생자가 곤봉으로 맞았다면 피부 아래 말고 다른 곳에도 멍 자국이 남았을 것이기 때문이었다. 또한 엘시가 사망할 만큼 심하게 구타당했다면 뼈와 두개골에 골절이 있었어야 했다. 그들은 또한 실제로 목을 매서 생긴 교살 흔적이 있다고 말했다. 그러면서 현미경이 아니라 육안에 의존하는 스필스베리의 부검 방법이 구식이라고 했다. 변호인 측 전문가들은 멍 자국 역시 스필스베리의 주장보다 심하지 않으며, 노먼이 엘시가 목을 맨 밧줄을 잘랐을 때 시신이 바닥에 떨어지며 생긴 것에 불과하다는 설명을 내놓았다. 그리고 엘시는 노먼이 그녀를 구하기 위해 밧줄을 자른 직후 쇼크로 사망했다고 주장했다.

배심원단은 두 가지 상충하는 의학적 소견에 직면했다. 그럼에도 단 30분의 토론 끝에 노먼이 유죄라고 결론을 내렸다. 하지만 평결이 정말 과학적 증거에 근거한 것이었을까? 아니면 두 병리학자의 지명도에 좌우되었던 것일까? 변호인 측의 병리학자는 배심원들에게 생소한 사람인 반면 스필스베리는 유명 인사였다. 그는 병리학 분야의 명성 덕분에 작위까지 받은 인물이었다. 게다가 판사는 재판 도중 몇 번이나 스필스베리를 '현존하는 최고의 병리학자'라고 불렀다.[6]

배심원들은 스필스베리의 말을 받아들였지만, 반대로 그의 결론에 회의적 태도를 보이며 평결에 분노한 사람들도 있었다. 아서 코난 도일 Arthur Conan Doyle 경은 이 사건에 대해 '의학적 증거의 측면에서' 노먼

쏜의 유죄가 입증되지 않았다고 논평했다.[7] 처형되기 전 노먼은 아버지에게 보낸 편지에서 이렇게 말했다. "아버지, 너무 신경 쓰지 마세요. 전 스필스베리에게 희생당하는 순교자입니다."[8]

이제 적어도 세간이 보기에 스필스베리는 더 이상 무결점, 무오류의 권위자가 아니었다. 병리학자 두 팀이 하나의 죽음을 두고 각기 다른 사인을 주장하자 범죄 과학 자체가 내포한 결점과 오류의 가능성이 드러난 것이다. 답은 정해져 있는 것이 아니었다. 해석하기 나름이었고 병리학자가 지닌 지식과 기술의 한계에 따라 달라졌다. 결국 병리학자들도 그저 인간일 뿐이었다.

한편 미국에서는 과학적 부검 시스템이 막 정착되고 있었다. 영국 검시관 시스템은 1600년대에 미국으로 전파되었는데, 이는 의사가 검시관 역할을 맡아야 한다는 웨이클리 박사의 운동이 전개되기 전이었다. 20세기가 무르익어갈 때까지도 시장이 임명하는 검시관은 과학적 교육을 받은 사람이 아니었다. 검시관과 배심원단은 사체를 형식적으로만 검사했고 사인도 엉터리로 판정했다. 누군가가 희생자의 사인을 질병으로 위장한다면, 검시관은 위를 검사해 독극물이 검출되는지 알아보지도 않고 그냥 보이는 대로 병으로 사망했다고 진단할 수도 있는 상황이었다. 때로 더 자세히 검사하기 위해 의사들이 소환되기도 했지만 부검까지 하는 경우는 드물었다. 부검이 필요한지 판단할 정해진 절차도 없었고, 희생자의 가족은 종종 죽은 자에 대한 모욕이라는 생각에 부검에 반대했다. 또한 부검이 실행된다 해도 오늘날의 것과는 전혀 차원이 달라 범죄 해결에 거의 도움이 되지 않았다.

1900년대 초반에 이르자 미국 대도시에서 검시관들이 외면받기 시작했다. 『뉴욕 타임스New York Times』는 검시관들이 뇌물을 받고 공식 사인에 대해 거짓말을 한다는 기사를 보도했다. 사랑하는 사람이 자살했을 때 가족은 사인을 사고로 위장하기 위해 검시관에게 돈을 주기도 했다. 검시관이 시의 돈을 사취하는 일도 있었다. 이들은 시신 한 구당 돈을 받았으므로 실제보다 사망자의 수를 부풀려 보고하곤 했다. 한번은 이스트강에서 각기 다른 시기에 시신 몇 구가 떠오른 적이 있었다. 그 가운데 부검을 위해 시신 보관소로 옮겨진 경우는 없었다. 그런데 실제로 발견된 시신은 한 구인데 검시관이 강을 따라 다른 장소에 옮겨 놓았다는 사실이 나중에 밝혀졌다. 이런 식으로 그는 1만 달러를 챙겼다.

이러한 은밀한 행위는 접어 두더라도 대부분의 검시관들은 자신이 무슨 일을 하고 있는지조차 몰랐다. 이러한 실태는 1900년, 살인 혐의로 기소된 변호사 앨버트 패트릭Albert Patrick의 재판에서 드러났다. 그는 여든네 살의 부유한 고객 윌리엄 마시 라이스William Marsh Rice를 살해하기 위해 집사를 고용한 혐의로 기소되었다. 검시관이 지명한 외과의사는 처음에는 사인이 자연사라고 증언했지만 나중에 클로로포름에 의한 독살이라고 말을 바꿨다. 결국 앨버트는 유죄를 선고받았다. 하지만 클로로포름에 의한 다른 살인사건이 발생했을 때 희생자의 폐가 사망 당시 윌리엄의 폐와 전혀 다르다는 사실이 밝혀졌다. 결국 내과의사와 다른 분야 전문가 오백 명이 재심을 촉구하는 탄원서에 서명했고 앨버트는 1912년 마침내 석방되었다.

뉴욕시의 검시관 시스템이 비효율적이라는 사실은 명확했다. 매사추세츠주가 1877년 법의관 제도를 개발했지만 이 제도는 다른 지역에는 정착되지 못했다. 하지만 1915년, 뉴욕시는 매사추세츠주의 법의관

제도를 도입하기로 결정했다. 물론 검시관들은 밥줄을 빼앗길까 봐 이에 반대했다. 심지어, 앞으로 시에서 부검을 더 많이 실시할 것을 근거로 삼아 이 제도가 의과대학에 장기를 공급하기 위한 책략이라는 가증스러운 주장까지 펼쳤다.

그럼에도 1918년, 유럽에서 최첨단 법의병리학을 공부한 찰스 노리스Charles Norris가 뉴욕시 최초의 수석 법의관이 되었다. 이제 새로운 제도에 따라 사인이 명확하지 않은 죽음이 발생하면 반드시 법의관실에 신고하게 되었다. 그리고 부검이 필요할 경우 시신을 맨해튼Manhattan, 스태튼 아일랜드Staten Island, 퀸스Queens, 브루클린Brooklyn, 브롱크스Bronx 등 다섯 자치구에 설치된 시신 안치소 가운데 한 곳으로 보냈다. 실제로 1918년, 뉴욕시에서 부검한 사체의 수는 전체 검사 대상 중 8퍼센트에서 20퍼센트로 증가하여 총 1천 4백 건에 달했다. 이는 묻힐 수 있었던 살인사건이 드러났다는 의미였다.

뉴욕 최초의 수석 법의관 찰스 노리스

살인사건 가운데 다수는 독살이었다. 유럽처럼 미국에서도 도처에서 독살이 일어나고 있었다. 독살이 극히 드문 반면 총격에 의한 사망은 너무나도 흔한 지금으로서는 믿기 힘든 일이지만, 1922년 뉴욕에서는 997건의 독살이 발생한 반면 총기에 의한 살인은 237건밖에 없었다. 당시 독극물은 사방에 존재했다. 화장품,

일반 의약품에도 독극물이 들어 있었다. 경고 스티커나 안전 뚜껑도 없었으므로 실수로 독극물을 섭취하는 경우도 있었다. 그리고 독극물은 살인 무기로도 사용되었다.

이 때문에 노리스는 화학자 알렉산더 게틀러Alexander Gettler를 고용하여 미국 최초로 독극물 실험실을 설립했다. 게틀러는 독살 가능성을 대비해서 시신을 조사한 다음 어떤 검사를 실시할지 결정했다. 예를 들어 입술과 피부가 푸른색을 띠면 시안화합물, 즉 청산가리로 독살되었다는 의미다. 시안화합물은 인체가 산소를 흡수하지 못하게 만들기 때문이다. 또한 시안화합물로 독살된 희생자의 시신에서는 씁쓸한 아몬드 향이 난다. 많은 식물이 그러하듯 아몬드도 시안화합물을 함유하고 있는데, 이는 곤충 포식자를 쫓기 위한 방어 기제다. (우리가 간식으로 먹는 스위트 아몬드sweet almond는 예외다.) 게틀러는 위벽을 갈아 얻은 침전물을 증류한 다음 특정한 독극물에 대한 검사를 실시했다. 또 더 많은 지식을 얻기 위해 독살 희생자일 가능성이 없는 시신을 대상으로도 검사를 했다. 자연 상태에서 인체 내에 얼마나 많은 독성 물질이 존재하는지 등도 연구한 것이다. 실제로 인체는 소량의 독극물을 함유하고 있으며, 때로 매장 시 시신으로 토양의 독극물이 흡수되기도 한다.

게틀러는 피고인 측 변호사들이 법정에서 그가 내린 결론에 대해 반박하기 어려울 정도로 뛰어난 독극물 전문가가 되었다. 과거 클램 차우더 사건이나 하이드 살인사건 항소심에서는 화학자가 전문가 증인으로서 제대로 평가받지 못했다. 하지만 이제 독살을 자연사로 속이기 어려워진 것은 물론 사건이 재판까지 갔을 때 피고인의 죄를 입증하기도 쉬워졌다.

1923년, 열여덟 살의 찰스 에버리Charles Avery가 사망한 사건이 발생했다. 그는 뉴저지New Jersey주 뉴어크Newark에 살다가 최근 누나 패니와 매형, 조카들과 함께 살기 위해 뉴욕으로 이주한 상태였다. 질병으로 사망한 것처럼 보였지만 찰스의 누나 패니 크레이턴Fannie Creighton이 그의 죽음과 관련이 있을지 모른다는 이웃의 제보가 있었다. 결국 경찰은 사체를 발굴해서 법의관실로 보냈다. 부검을 마친 결과 찰스의 사체에서 높은 수치의 비소가 검출되었다. 또한 경찰은 패니가 동생과 한마디 상의도 없이 그의 이름으로 생명보험에 가입한 사실을 알아냈고, 패니의 집에서 비소를 함유한 화장품인 파울러스 솔루션 Foulder's Solution도 발견했다. 검찰 당국은 이를 근거로 패니와 남편을 법정에 세웠다. 이들의 변호인은 찰스의 사체에서 비소가 발견되었다는 검사 결과의 진위 여부에는 반론을 제기하지 않았다. 대신 비소 함량이 낮은 파울러스 솔루션으로 누군가가 죽지는 않았을 것이라고 했다. 또 찰리가 일하던 상점에서 쥐약에 의해 독극물에 노출되었을 가능성이 높다고 주장했다. 당시 쥐약에는 고농도의 비소가 함유되어 있었다. 변호인은 왜 독극물 중독 사실은 받아들이면서도 이 같은 주장을 했을까? 스타이리아 건강 유지법을 내세워 찰스가 비소 복용자였을 가능성을 제시하기 위해서였다. 또한 우연히 중독된 것이 아니라면 짝사랑 때문에 우울해하던 찰스가 자살했을 수도 있다고 주장했다. 이러한 가능성을 근거로 패니는 무죄 판결을 받았다.

하지만 다른 이웃 주민들도 경찰에 제보를 해 왔다. 패니와 함께 살던 시댁 식구들이 알 수 없는 이유로 사망했다는 것이었다. 하지만 이 사건은 게틀러의 관할 밖인 에식스 카운티Essex County에서 일어난 사건이었다. 검찰 측 전문가들은 시어머니의 사체에서 비소를 발견했고 패니는 두 번째로 재판정에 섰다. 게틀러는 패니의 변호인으로부터 직접 사체를 검사해 달라는 요청을 받았다. 게틀러의 검사에서도 비소가 검출되었다. 하지만 그는 이 젊은 엄마가 결백하다는 느낌이 들었다. 검출된 것이 순수한 비소가 아니라면? 패니의 시어머니는 몇 가지 약을 복용하고 있었는데, 그 가운데 비스무트를 함유한 것이 있을 수도 있는 일이었다. 게틀러는 비스무트가 비소보다 높은 온도에서 용해된다는 사실에 착안해서 시신에서 검출된 물질을 비소의 용해점까지 가열했다. 그러자 소량만 녹고 나머지는 고체 상태를 유지했다. 이는 검사 측이 비소라고 생각한 것이 대부분 비스무트라는 의미였다. 사체에서 실제로 발견된 비소의 양은 시어머니를 죽이지 못할 정도의 소량이

독물학자 알렉산더 게틀러

었다. 즉, 시어머니는 독살된 것이 아니라 그저 소량의 비소가 함유된 약을 복용한 것이다. (당시에는 비소가 함유된 의약품이 많았다.) 게틀러는 시어머니가 독살당했을 리가 없다고 배심원들을 납득시켰고 패니는 또 무죄로 풀려났다. 하지만 게틀러는 패니가 이 사건에서는 무죄지만 실제로는 살인자였다는 사실을 몰랐다.

1935년, 롱아일랜드Long Island에 거주하던 에이더 애플게이트Ada Applegate가 사망했다. 의사는 그녀가 심장마비로 사망했다고 판명했다. 하지만 곧 경찰은 익명의 제보자가 보낸 봉투를 받았다. 거기에는 이전에 발생한 패니 크레이턴의 살인사건 재판에 대한 신문 기사가 들어 있었다. 에이더와 그녀의 남편은 월세를 분담하기 위해 얼마 전부터 크레이턴 가족과 함께 살기 시작했었다. (대공황 시대에는 이런 일이 흔했다.) 소속 독극물 전문가가 없었기 때문에 롱아일랜드 경찰은 시신을 게틀러에게 보냈다. 게틀러는 사체에서 다량의 비소를 발견했다. 용의자는 바로 패니였다. 그녀는 이번 살인은 인정하지 않았지만 오래전 찰스를 죽인 것이 바로 자신이라고 자백했다. 1천 달러의 생명보험을 타 내기 위해 몇 주에 걸쳐 남동생에게 독이 든 초콜릿 푸딩을 먹여 살해한 것이다. 또한 실제로 살인에 파울러스 솔루션을 사용했다. 그녀는 이미 그 사건에서 무죄 판결을 받았고, 헌법에는 확정 판결을 받은 이상 누구도 같은 범죄로 두 번 기소될 수 없다는 일사부재리의 조항이 있었다. 그래서 패니는 동생을 살해하고도 문제없이 처벌을 피했다.

경찰은 현재 사건에만 집중해야 했다. 이들은 에이더 애플게이트의 남편 에버렛Everett이 패니의 열다섯 살짜리 딸 루스와 연인 관계에 있었고, 어머니인 패니가 이상하게도 에버렛을 부추겼다는 사실을 알

아냈다. 실제로 패니는 둘
이 결혼해서 더 이상 딸을
부양하지 않아도 되기를
바랐다. 검찰 측은 패니가
딸과 에버렛의 결혼을 추
진하기 위해 에이더를 살
해했다고 주장하는 한편,
에버렛을 루스의 법정 강
간 및 에이더의 살해 혐의

전기의자 사형을 선고받은 뒤 재판정을 떠나는 패니 크레이턴

로 기소했다. 패니와 에버렛은 결국 법정에 섰고, 다시 게틀러가 증인
으로 나섰다. 하지만 이번에 게틀러는 패니에게 불리한 증언을 했다.
그는 에이더의 사체에서 치사량의 네 배에 달하는 비소가 검출되었고
그 유형은 최근 패니가 구입한 쥐약에 포함된 것과 같다고 말했다. 이
번에도 배심원단은 게틀러의 증언을 신뢰했다. 마침내 패니와 에버렛
은 유죄를 선고받고 전기의자에서 생을 마감했다.

　　노리스와 게틀러가 경찰이 유죄로 판단한 용의자의 무고함을 밝힌
사건도 있었다. 1926년 11월의 어느 날, 한 남성이 커다란 보따리를 발
로 차서 뉴욕항New York Harbor으로 빠뜨리는 모습이 경찰관의 눈에 띄
었다. 이를 수상하게 여긴 경찰관이 심문을 하자 이 남자는 가짜 이름
과 주소를 댔다. 나중에 한 택시 기사가 차를 세우고 경찰에게 무슨 이
유로 프란시스코 트라비아Francesco Travia와 이야기를 나누었는지 물
었다. 이것이 그의 진짜 이름이었던 것이다. 택시 기사는 프란시스코의
주소도 알고 있었다. 뉴욕항 하적 부두 옆에 있는 새킷가Sackett Street

56번지였다. 경찰은 프란시스코의 집에서 피로 얼룩진 살인의 현장을 발견했다. 그곳에는 여성의 상반신이 잘린 머리와 나란히 놓여 있었다. 프란시스코의 이웃인 안나 프레데릭슨Anna Fredericksen의 것이었다.

당시 뉴욕시 브루클린의 법의관 에드워드 마틴M. Edward Marten 박사의 회고록에 따르면 프란시스코는 지체 없이 살인을 자백했다. "그래요, 그래! 내가 그녀를 죽였어요. 그리고 강에 팔과 다리를 버렸고 나머지는 오늘밤 처리하려고 했어요."[9] 사건은 종결되었다. 적어도 경찰이 생각하기에는 그랬다.

마틴은 노리스, 그리고 찰리라는 이름만 알려진 노리스의 운전사와 함께 현장에 도착했다. 노리스는 경찰에게 사인이 무엇인지 감도 못 잡고 있지 않느냐고 물었다. 경찰은 물론 사인을 안다고 했다. 목이 잘려 사망했다는 것이었다. 마틴에 따르면, 감춰진 진실을 추측한 건 바로 찰리였다. 노리스와 함께 다니는 동안 찰리는 아마추어 탐정이 되어 있었다. 그는 살해된 여성의 얼굴이 아주 붉은데, 이는 일산화탄소 중독을 의미한다고 지적했다. 실험실에서 검사한 결과 실제로 사망 원인은 신체 절단이 아니라 일산화탄소 중독이라는 사실이 드러났다. 또한 그녀의 뇌에서는 만취 상태일 때 축적되는 물질이 검출되었다.

마침내 프란시스코는 정말로 무슨 일이 있었는지 설명했다. 그와 안나는 함께 술을 마셨다. 밤이 깊어지자 추위를 느낀 그들은 창문을 닫고 난로를 지폈다. 그리고 오전 6시에 잠에서 깨어난 프란시스코는 안나가 죽어 있는 것을 발견했다. 그는 자신이 취한 상태에서 그녀를 죽인 것이 틀림없다고 생각하고 사체를 조각내 강에 던져 범죄를 은폐하려 했다.

법의관이 진짜 사인을 알아냈지만 프란시스코는 어쨌든 살인 혐의로 재판정에 서야 했다. 하지만 그의 변호인은 안나가 일산화탄소 중독으로 사망했다는 사실을 증명해 냈다. 난로 위에 올려 놓은 주전자에 들어 있던 커피가 끓어 넘치면서 불이 꺼졌고, 이렇게 발생한 가스가 집을 가득 채운 것이었다. 이로써 프란시스코는 살인으로 인한 사형을 면하고 시신 훼손 혐의로 수감되었다.

노리스의 명석한 두뇌와 게틀러의 최첨단 독극물 탐지 검사로도 해결하지 못한 사건도 있다. 특히 명확한 동기가 없는 경우에는 시신에서 독을 탐지해 내고도 그 독을 사용한 살인자를 찾아내지 못하기도 했다. 열일곱 살의 릴리언 고에츠Lillian Goetz는 부모님과 함께 살며 한 섬유회사에서 속기사로 일하고 있었다. 1922년 7월 31일 아침, 릴리언의 어머니는 점심 도시락을 싸 주겠다고 말했지만 딸은 이렇게 대답했다. "아뇨, 엄마. 오늘 날이 너무 더워서 점심을 많이 먹기 싫어요. 그냥 사무실 근처로 나가서 가볍게 샌드위치랑 파이나 먹을래요."[10]

비극적인 사건을 겪은 뒤 사람들은 종종 무심코 한 선택 덕분에 희생자가 될 운명에서 살아남을 수 있었다고 회상한다. 하지만 릴리언의 경우는 그 반대였다. 릴리언은 자신이 말한 대로 점심 시간에 브로드웨이Broadway 25번가와 26번가 사이에 위치한 셸번 레스토랑Shelburne Restaurant에 가서 샌드위치와 파이 한 조각을 먹었다. 그런데 회사로 돌아오는 길에 갑자기 복통을 일으켜 회사 측은 택시에 태워 그녀를 집으로 보냈다. 릴리언뿐만이 아니었다. 인근 지역 여기저기에 구급차가 도착했다. 파이를 먹은 손님 가운데 50명 넘는 사람들의 몸에 이상이 생긴 것이다.

같은 날, 사건이 일어나기 전 셸번 레스토랑의 손님들은 허클베리 파이와 블랙베리 파이를 먹고 목이 타는 듯 뜨거웠다고 불만을 터뜨렸다. 이를 들은 셸번의 주인 새뮤얼 드렉슬러Samuel Drexler는 처남에게 파이를 먹어 보라고 했다. 파이를 먹은 처남은 파이에 아무 이상이 없다며 드렉슬러를 안심시켰다. 하지만 시간이 흐른 뒤 처남은 극심한 복통에 시달렸고 의사가 위를 세척한 덕분에 목숨을 건졌다. 사람들이 파이를 먹고 병이 난 모습을 보자 드렉슬러는 판매를 중단하고 샘플을 화학자에게 보냈다. 그 결과 파이 껍질에서 비소가 발견되었다. 하지만 독극물에 오염된 것은 허클베리 파이와 블루베리 파이만이 아니었다. 모든 파이와 페이스트리가 오염된 상태였던 것이다.

많은 손님이 독극물에 노출되었지만 실제로 사망한 사람은 소수였다. 당시 담당 법의관이었던 노리스는 파이에 함유된 다량의 독극물 때문에 파이를 먹은 사람들이 극심한 구토를 일으킨 덕분이라고 말했다. 구토는 신체 조직이 생존을 위해 독을 배출하려 일으키는 증상이기도 하다. 하지만 릴리언은 그렇게 운이 좋지 않았다. 그날 저녁 회복하는 듯하더니 다음 날 오전 4시, 다시 증세가 악화되었다. 이미 의사도 손을 쓸 수 없는 상태였다. 결국 그녀는 어머니가 곁을 지키는 가운데 사망했다. 이 사건으로 희생된 여섯 명 중 한 명이었다.

사건에 대한 수사가 시작되었다. 우연히 독극물이 사용됐을 가능성은 배제되었다. 셸번의 주인은 레스토랑에 쥐약을 보관하지 않았고 파이 재료를 검사한 결과 아무 이상이 없었기 때문이다. 모든 직원이 파이 반죽이 보관된 냉장고에 접근할 수 있었고 직원이 아닌 사람도 접근이 가능했다. 하지만 범인이 완성된 반죽에 비소를 섞었을 가능성은 낮았다. 비소가 반죽 전체에서 발견되었으므로 빵을 만드는 과정에서 유입돼 다른 재료와 잘 섞인 것임이 분명했다.

월요일에 빵을 굽는 책임자는 루이스 맨델Louis Mandel이었다. 원래 셸번에서 일하던 그는 자신의 레스토랑을 열어 독립했다가 그다지 장사가 잘되지 않자 전 직장으로 돌아왔다. 그리고 그 월요일은 그가 몇 주 만에 셸번으로 다시 출근한 첫날이었다. 그는 경찰에 그날 오전 레스토랑에 도착해 보니 토요일에 쓰고 남은 반죽 5파운드가 냉장고에 있었다고 했다. 그리고 그날 구울 분량이 7파운드였으므로 조수 루이스 프리드먼Louis Freedman을 시켜 2파운드의 반죽을 더 만들었다고 말했다. 월요일에 만든 반죽을 분석한 결과 독이 검출되지 않았다. 그러므로 오염된 것은 토요일의 반죽이었다.

문제의 토요일은 이전 제빵사 찰스 에이브람슨Charles Abramson이 마지막으로 셸번에서 근무한 날이었다. 루이스 맨델이 돌아와 전처럼 일하면 자신이 해고당할지 모른다고 생각한 그는 며칠 전에 사직을 통보한 상태였다. 찰스는 조수인 루이스 프리드먼도 토요일에 반죽을 만들었다고 했지만 정작 프리드먼은 이를 부인했다. 두 사람 모두 기회는 있었다. 하지만 동기를 가진 자는 누구인가?

곧 해고될지 모른다는 위기감은 찰스에게 범행 동기가 될 수 있었다. 그는 수사관들에게 사실 토요일까지는 사장에게 서운한 감정을 느꼈다고 했다. 하지만 독이 든 파이 사고가 일어난 날 오전 찰스가 레스토랑을 방문했을 때, 드렉슬러는 애초에 찰스를 해고할 생각이 없었다고 말했다. 그러므로 월요일에 찰스는 화가 완전히 풀려 있었다. 물론 반죽은 토요일에 만들어졌으니 여전히 의심의 여지가 있었다. 하지만 찰스를 심문한 뒤 관할 검사 조압 밴튼Joab Banton은 그가 결백하다고 확신했다. 찰스에게 아쉬울 것이 없는 상황이었기 때문이다. 그는 이미 셸번에서보다 좋은 대우를 받는 새로운 직장을 구한 상태였다.

찰스와 프리드먼 모두 용의자였지만 밴튼은 기자들에게 두 사람 다 체포하기에는 증거가 부족하다는 말만 되풀이했다. 더욱이 두 사람은 손님들에게 독을 먹일 만한 강력한 동기가 없었다. 아니, 그 누구에게도 동기가 없었다. 그저 피에 굶주린 자, 즉 살인 욕구를 지닌 자의 소행처럼 보였다. 이런 사건은 전에도 있었다. 1916년, 대주교를 위한 시카고 만찬에서 대규모 독극물 오염 사건이 발생했던 것이다. 그때는 식사를 한 몇 명이 심한 구토 증상을 보였고, 수프에 비소가 섞인 것으로 드러났다. 경찰은 당시 조리사인 진 크론스Jean Crones의 집을 수색하여 독극물을 찾아냈다. 이미 크론스가 영영 종적을 감춘 뒤였지만 말이다. 하지만 독이 든 파이 사건에서 경찰은 찰스 에이브람슨, 루이스 프리드먼, 혹은 그 누구에게로 연결되는 단서도 찾지 못했다.

경찰은 주로 희생자의 친구, 가족, 아는 사람을 면담해서 얻은 단서에 의존하므로 낯선 사람에 의한 살인사건은 해결하기 어렵다. 또한 경찰은 동기를 고려하여 용의자 대상을 좁힌다. 살인자가 희생자와 모르는 사이고 살해할 이유가 없다면 수사는 종종 막다른 골목에 도달한다. 이에 대해 밴튼은 기자들에게 이렇게 말했다. "셜록 홈스나 되면 풀 수 있을까 싶을 정도로 너무나도 이해할 수 없는 사건이다. 반면에 어쩌면 너무나도 단순한 사건일 수도 있다."[11] 결국 이 사건은 첫 번째 경우에 해당했다. 영원히 미제로 남은 것이다.

다행히 마구잡이로 독살이 일어나던 시대는 막을 내렸다. 정부 차원에서 독을 포함한 제품의 판매를 전면 금지한 것이다. 독을 찾아내는 법의관들의 능력도 향상되었고 그 결과 배심원단은 독살 혐의자의 유무죄를 가리는 데 있어 전문가 증언을 더욱 신빙성 있게 받아들였다. 하지만 독살이 감소했다고 살인 자체가 감소한 것은 아니었다. 뉴욕시의 인구가 증가함에 따라 법의관이 검사하는 사체의 수도 증가했다. 1930년대에 이르러 뉴욕 자치구마다 설치된 시체 안치소는 하루에 여덟 건의 부검을 수행하고 있었다.

'브루클린의 도살자' 사건을 보면 알 수 있지만 그러한 시신 가운데는 조각난 것도 있었다. 1931년, 한 세일즈맨이 차를 몰고 다리를 건너던 중 뭔가를 발견했다. 처음에는 도로에 웬 햄이 떨어져 있나 보다 생각했지만 차를 세우고 자세히 보니 인간의 허벅지였다. 신고를 받고 현장에 도착한 경찰이 보기에도 그것은 끔찍스럽지만 신체 일부가 확실했다. 허벅지는 마틴 박사가 있는 브루클린 시체 안치소로 옮겨졌다. 그는 골반과 무릎 관절이 깨끗하게 잘려 나간 사실로 미뤄 보아 범인은 의사일 것이라고 추측했다. 아니면 의대생이 장난으로 실험용 시신의 다리를 다리 위에 가져다 놓았을 수도 있었다. 하지만 게틀러가 독극물 검사를 실시한 결과 해부용 시신의 보존을 위해 사용하는 보존제도 수술에 사용하는 마취제도 전혀 발견되지 않았다.

마틴은 절단 수술로 잘린 허벅지가 어쩌다가 다리 위에 떨어졌을 리는 없다고 생각했다. 이미 절단 등의 수술에서 마취가 당연시되던 시대였기 때문이다. 그렇다고 자연사한 사람에게서 잘린 다리가 어찌어찌 다리 위에 놓이게 되었을 리도 만무했다. 그것은 살인사건 희생자의 신체 일부일 가능성이 훨씬 높았다. 하지만 누구의 것이란 말인가?

이 허벅지는 브루클린 지역 신문으로 둘둘 말려 있었고 날짜는 허벅지가 발견되기 엿새 전이었다. 이를 근거로 경찰은 사망일을 추정할 수 있었다. 이제 마틴은 희생자의 신분을 밝히는 일에 착수했다. 여성의 신체는 출산에 적합하게 진화했으므로 골반과 허벅지 형태가 남성과 다르다. 마틴은 대퇴골과 고관절 와socket가 만나는 각도를 측정하여 허벅지가 남성의 것이라는 사실을 알아냈다. 그리고 엑스레이 촬영으로 대퇴골의 석회화를 측정하여 희생자의 나이가 스물다섯 살 이상이라는 사실도 밝혀냈다. 마틴은 대퇴골의 길이를 보고 그의 신장이 평균 이하인 162.5센티미터 정도일 것이라고 추정했다. 허벅지의 부피에 근거해 판단하건대 체격은 다부지고 몸무게는 90.7킬로그램에 달했다. 허벅지에서는 알코올 냄새가 났는데, 독극물 검사를 해 보니 이 남성이 사망 당시 술에 취한 상태였다는 사실이 확인되었다. 허벅지에 난 털은 옅은 갈색이었고 머리카락 역시 같은 색일 가능성이 높았다. 그리고 피부색으로 보아 백인이었다.

마틴은 허벅지에서 상당히 많은 희생자 정보를 밝혀냈다. 허벅지가 발견된 지 사흘 뒤 수사관들에게 작은 행운이 찾아왔다. 혈액형, 체모의 색, 피부색, 체격이 같은 흉부의 일부가 브루클린 목재 하치장에서 발견된 것이다. 다음 날에는 오른쪽 허벅지와 왼쪽 정강이, 양팔의 일부가, 다시 그로부터 이틀 뒤에는 골반이 발견되었다. 이쯤 되자 신문들이 사건을 대서특필했고 도시 전체가 시신의 나머지 조각을 찾기 시작했다. 마침내 공터에서 표토를 파던 정원사가 머리와 양발, 양쪽 하완, 양손을 발견했다. 머리에 톱니모양의 구멍이 나 있는 점으로 미루어 보아 살인 무기는 대형 도끼나 손도끼일 가능성이 높았다.

마틴은 이제 사체에 대해 많은 정보를 갖고 있었지만 아직 그 남성의 이름은 파악하지 못하고 있었다. 시신에는 치과 치료를 받은 흔적도, 문신도 없었다. 이 두 가지는 신원을 파악하는 데 큰 도움을 준다. 한편 시신과 함께 더러운 셔츠가 발견되었는데, 여기에는 시신과 같은 혈액형의 혈흔이 묻어 있었다. 깨끗하게 세탁하고 보니 이 셔츠는 귀중한 단서였다. 칼라에 세탁소 표시가 있었던 것이다.

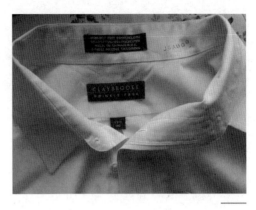

세탁소 표시. 이러한 표시가 브루클린의 도살자 사건 해결의 열쇠가 되었다.

당시 남성들은 매일 단추를 채우는 버튼다운 셔츠를 입었고 세탁소에 세탁을 맡겼다. 세탁소에서는 셔츠에 유성 잉크로 표시를 해 제 주인이 찾아갈 수 있도록 했다. 세탁소마다 고유의 표시 방식이 있어서 어떤 곳에서는 W-K33이라고 적고, 또 어떤 곳에서는 H8421-3-5라고 적는 식이었다. 이러한 표시는 사체의 신원을 밝히고 사건을 해결하는 데 도움이 되었다. 피로 얼룩진 수건에 있던 표시 덕분에 보석 판매상 살인사건이 해결된 적도 있었다. 경찰은 수건에 적힌 표시를 근거로 해당 세탁소를 찾아냈고, 세탁소 직원은 수건 주인의 신원을 확인해 주었다. 그리고 나중에 그 고객은 살인자로 판명되었다. 이렇게 세탁소 표시는 사건 해결에 주요 단서가 되었으므로 관할 지역 모든 세탁소의 표시를 수집해 문서로 보관하던 경찰서도 있었다.

이 사건에서도 경찰은 희생자 셔츠의 표시를 사용하는 세탁소를 찾아다녔고 결국 그곳이 브루클린의 그린포인트Greenpoint 지역에 있다는 사실을 알아냈다. 세탁소 직원은 셔츠 주인의 이름과 주소를 알려주었다. 경찰이 주소지로 가 보니 밀주 제조자이자 판매자가 살고 있는 집이었다. 하지만 집주인은 셔츠가 자기 것이 아니라고 했다. 전 동업자인 앤드류 주브레스키Andrew Zubresky의 옷이라는 것이었다. 지독한 구두쇠였던 주브레스키는 동업자의 세탁물 주머니에 빨랫감을 몰래 넣어 세탁비를 절약하곤 했다. 당시 주브레스키는 세탁물 주머니의 주인과 갈라서서 독자적으로 밀주 판매소를 운영하고 있었다. 마침 그때 경찰이 주브레스키의 아내를 찾아냈다. (마틴은 그녀의 신원을 앤드류 주브레스키의 부인이라고만 밝혔다.) 하지만 주브레스키 부인은 남편이 자신과 말다툼을 한 뒤 은행 계좌에서 1천 4백 달러를 인출하여 유럽으로 떠났다고 했다. 그녀가 제공한 주브레스키의 인상착의는 마틴이 허벅지만으로 밝혀낸 것과 일치했다.

경찰은 주브레스키 부인의 이야기를 믿지 않았다. 유럽으로 휴가를 간 사람이 어떻게 조각조각 나서 브루클린 전역에서 발견될 수 있단 말인가? 의심이 쌓여 가던 중 경찰은 주브레스키가 클리블랜드Cleveland에서 아내의 첫 번째 남편을 살해하려 했었다는 사실을 밝혀냈다. 그 역시 밀주 판매소를 소유하고 있었고 주브레스키는 그때 그곳의 바텐더였다. 그렇다면 주브레스키 부인이 첫 번째와 두 번째 남편 모두 해치운 것일까? 형사들의 심문에도 그녀는 끄떡도 않았다.

경찰은 주브레스키 부인을 미행하여 그녀가 찰스 오브라이티스Charles Obreitis와 동거 중인 사실을 알아냈다. 그는 주브레스키의 그린

포인트 밀주 판매소에서 바텐더로 일하는 전직 도살업자였다. 오브라이티스는 살인을 자백했다. 주브레스키 부인이 돈과 사랑을 약속하며 남편을 죽여 달라고 했다는 것이었다. 제안에 응한 오브라이티스는 어느 날 밤, 주브레스키를 취하게 만든 다음 손도끼로 그의 머리를 내리쳤다. 그리고 시신 처리의 문제에 봉착하자, 도살업자의 기술을 발휘해서 시신을 토막 낸 다음 브루클린 여기저기에 유기하기로 결심했다. 이렇게 하면 경찰이 그 조각들이 한 사람의 것이라는 사실을 알아채지 못하리라고 생각한 모양이었다. 이 대목에서는 의문을 품지 않을 수 없다. 도시 곳곳에서 인체가 조각조각 발견되는 일이 얼마나 흔하다고, 경찰이 그것들을 모두 각기 다른 사람의 사체로 여길 줄 알았단 말인가? (대체 몇 사람으로 추정할 거라 생각한 걸까?)

사건 해결의 마지막 단계는 발견된 시신이 주브레스키의 것임을 의심의 여지없이 증명하는 일이었다. 미 육군에서 퇴역한 군인이었던 주브레스키의 지문은 워싱턴 DC에 기록이 남아 있었다. 하지만 공기 중에 노출되었던 탓에 시신의 지문은 대부분 부패로 인해 지워져 있었다. 그나마 남아 있는 오른쪽 엄지손가락 지문마저 미라화된 상태였다. 마틴은 온갖 방법을 동원해 지문을 채취하려 했지만 모두 실패했다. 그러는 사이 휴가철이 돌아왔고 그는 일단 엄지손가락을 글리세린-포름알데히드 용액에 보존한 뒤 휴가를 떠났다. 그런데 돌아와 보니 뜻밖에도 엄지손가락이 부풀어 올라 지문을 채취할 수 있었다. 결과는 육군성에 보관된 주브레스키의 지문과 완벽하게 일치했다. 오브라이티스는 20년 형을 선고받고 투옥되었다. 반면 주브레스키 부인은 자신의 주장을 굽히지 않고 무죄 석방되었다. 하지만 그녀는 나중에 주브레스키의 수표를 위조한 혐의로 감옥에 갔다.

법의관이 시신의 신원에 대해 막연한 감만 있는 상황에서 이를 명백하게 증명해 내야 했던 사건도 있었다. 바로 파티 푸드 사건이다. 희생자 제니 베커Jennie Becker는 계속되는 남편의 바람에 지쳐 있었다. 남편 에이브러햄Abraham은 애가 셋이나 되는 유부남인데도 여전히 다른 여자와 놀아났고 아내에게 충실할 생각이 전혀 없었다. 사실 아내에 대한 그의 마음은 완전히 식은 지 오래였다. 이들의 관계는 그저 흔하디흔한, 불행한 결혼으로 엮인 사이에 머물 수도 있었지만 에이브러햄은 악한 인물이었다. 그리고 그의 머릿속에는 사악한 계획이 떠올랐다.

1922년 4월 6일, 에이브러햄과 제니는 린더Linder 부부가 주최한 파티에 함께 갔다. 그곳에서 에이브러햄은 온통 제니에게만 신경을 썼다. 하지만 이것은 전부 계략이었다. 귀갓길에 그는 제니에게 차에 문제가 생겼는데, 친구 루벤이 고칠 수 있을지 모르니 그를 태워 가자고 말했다. 루벤 노킨Reuben Norkin은 이미 근처 길모퉁이에서 기다리고 있었다. 제니가 뭔가 이상하다는 낌새를 차렸거나 어떻게든 싫다는 의사를 표시했다면 공터에서 두 남자에게 살해당하는 일을 피할 수 있었을지도 모른다. 차를 세운 에이브러햄은 트렁크를 열고 제니에게 말했다. "이리 와 봐, 뭐가 문제인지 보여 줄게."[12] 제니는 트렁크 안을 보기 위해 몸을 숙였고 그 순간 에이브러햄은 쇠몽둥이로 아내의 머리를 내리쳤다. 처음부터 함께 범행을 모의한 루벤은 에이브러햄이 제니를 땅에 묻는 동안 망을 보았다.

시간이 지나 이웃들이 뭔가 수상하다고 여기며 캐묻자 에이브러햄은 제니가 필라델피아Philadelphia로 갔다며 전보까지 보여 주었다.

걱정할 것 없어요.

또 편지할게요. _제니[13]

이 말대로 뒤이어 이런 편지가 도착했다.

사랑하는 남편 에이브,

전남편과 함께 떠난다는 사실을 알리려고 이 편지를 씁니다. 그는 자신과 함께 가지 않으면 중혼으로 날 감옥에 넣겠다고 했어요. 당신이 나보다 좋은 부모가 되길 바랍니다. 나는 영원히 당신의 배은망덕한 아내입니다. _제니[14]

수상쩍은 냄새가 풀풀 났지만 필라델피아 소인이 찍혀 있었으므로 이웃들은 제니가 보낸 편지가 맞다고 생각할 수밖에 없었다. 하지만 그런 생각은 오래가지 않았다.

몇 달 뒤, 심하게 부패된 시신이 발견되었고 이웃들은 그것이 제니가 아니냐며 다시 수군거리기 시작했다. 경찰이 이 소문을 듣고 '사랑하는 남편 에이브'를 시체 안치실로 불렀다.

아내에 대한 사랑이 지극한 남편 행세를 하던 그는 무심하게 말했다. "제 아내가 아닌 것 같아요. 제니는 체격이 더 컸어요."[15]

경찰이 에이브러햄이 유죄라고 확신한 것은 그의 말보다는 슬픔이라고는 찾아볼 수 없는 태도 때문이었다. 게다가 에이브러햄으로부터 필라델피아에서 전보와 편지를 보내 달라는 부탁을 받았다는 남성도 찾아냈다. 하지만 어떻게 그 시신이 제니의 것이라고 증명할 수 있을까? 시신이 입고 있던 옷에는 세탁물 표시도 없었고 치과 기록도 입수할 수 없었다. 마침내 우리에게 친숙한 이름이 다시 등장한다. 바로 게틀러 박사다. 그는 위 내용물을 근거로 사건을 해결해 냈다. 시신의 위에서 오렌지, 건포도, 체리, 아몬드가 소량 발견되었는데, 이것은 시신의 주인이 사망하기 전에 조금 특이한 메뉴의 저녁 식사를 했음을 시사했다. 경찰은 린더 부부에게 파티가 있던 날 저녁 어떤 음식을 대접했는지 물었다. 물론 오렌지, 건포도, 체리, 아몬드가 모두 메뉴 안에 포함돼 있었다. 루벤은 범행 일체를 자백했지만 에이브러햄은 그러지 않았다. 하지만 결국 두 남자 모두 유죄를 판결받고 전기의자에 앉았다.

뉴욕 법의관실에서 해결해 낸 사건 중에는 부검 이외의 방법이 사용된 것도 있었다. 원인을 알 수 없는 죽음이 발생하면 '현장 파견' 법의관이 현장에 나가 단서를 수집하기도 했다. 법의관은 오늘날까지 현장에 파견되어 사망이 발생한 배경을 검토하고, 이것이 범죄사건인지 판단하는 역할을 한다. 1920년대, 사라진 열쇠와 관련된 한 사건에서 이들의 현장 방문이 얼마나 중요한지 여실히 드러났다.

1920년대와 30년대 미국에서는 하숙집이 흔한 주거 형태였다. 위층의 침실은 개별적으로 사용하고 아래층의 주방 및 거실 공간은 공유하는 식이었다. 이런 곳에서는 청소 서비스는 물론 식사가 제공되었다. 하숙집이라고 항상 허름한 것도 아니었다. 셜록 홈스와 왓슨이 머물던 데처럼 꽤 품위 있는 곳도 있었다. 게다가 하숙비까지 저렴했으므로 서민이 감당할 수 있는 주거시설이었다. 그런데 그러한 하숙집 한 곳에서 사건이 벌어졌다. 어느 날 가정부가 한 노년 여성이 살고 있는 방을 노크했지만 아무 대답이 없었다. 그래서 열쇠로 문을 열고 들어갔더니 세 들어 살던 그 노부인이 침대에서 죽어 있었다. 공동 주택에 살고 있었지만 이 여인은 외로운 사람이었다. 친구라고는 복도 건너편 방에 머무는 중년 남성 한 명 뿐이었다. 그는 다른 하숙생들이 감동할 정도로 그녀에게 친절했다.

경찰은 노부인에게 부상당한 흔적이 없었으므로 자연사라고 여겼다. 하지만 천만다행으로 이들은 수사 절차에 따라 법의관을 불렀다. 현장에 도착한 법의관은 뭔가가 잘못되어 있음을 알아챘다. 가정부가 열쇠로 문을 열고 들어왔다면 문은 안에서 잠겨 있었을 것이다. 이는 피해자가 직접 안에서 문을 잠갔다는 의미인데, 그렇다면 열쇠는 어디 있는 것일까? 가정부는 열쇠의 행방을 몰랐고 경찰도 방 안에서 열쇠를 발견하지 못했다. 이들은 노부인의 유일무이한 친구를 확인해 보아야겠다고 생각했다. 그리고 곧 그의 주머니에서 열쇠를 발견했다. 뒤이어 노부인의 시신에 대한 부검이 실시되었고 법의관은 교살의 흔적을 발견했다. 그러자 그녀의 친구라던 남성이 범행을 자백했다. 돈을 훔치려 방을 뒤지다가 희생자에게 들키자 살인을 저지른 것이었다. 이 나이 든 여인에게 세상에 단 한 명뿐이던 친구는 알고 보니 최악의 적이었다. 외부에서 방문을 잠근 이유에 대해 경찰이 묻자 그는 당시에는 좋은 생각 같았다고 말했다. 물론 문을 잠근 일을 최악의 행동이라 할 수는 없을 것이다. 그날 살인을 저질렀으니 말이다.

뉴욕 법의관실이 해결해 낸 이러한 사건들은 다른 도시, 구, 주에 좋은 본보기가 되었다. 이렇게 1900년대를 거치며 검시관은 법의관에게 자리를 내주었다. 그와 동시에 형사들이 검시관을 대신해서 범죄 현장을 조사하고 증인을 심문하게 되었다.

무시무시한
인형의 집

프란시스 글레스너 리Frances Glessner Lee는 범죄 현장 조사에 커다란 영향을 미친 인물인데, 그녀가 사용한 것은 작은 미니어처 모형이다. 셜록 홈스의 팬인 리는 어느 날 오빠의 친구 조지 버제스 마그래스George Burgess Magrath와 이야기를 나누게 되었다. 마그래스는 매사추세츠 법의관실Massachusetts Medical Examiner's Office 소속 법의관이었다. 이들은 대화의 꽃을 피웠고 평생의 친구가 되었다. 리는 친구가 들려주는 사건 수사 이야기를 아주 좋아했다. 마그래스는 범죄 조사를 위해 훈련받은 사람이 부족하다는 말을 종종 했는데, 부유한 상속자였던 리는 이 문제를 해결할 능력이 있었다. 1931년, 그녀는 하버드 법의학부Harvard Department of Legal Medicine 설립 기금을 기부했다. 이곳에서는 법의학자, 법률가, 수사관, 주 경찰, 검시관, 보험사 직원, 신문 기자를 대상으로 사건 해결을 다룬 세미나를 개최했다.

다음 단계로 리는 범죄 현장에서 단서를 찾는 수사관들에게 도움이 될 비범한 프로젝트를 발족했다. 이른바 '설명되지 않은 죽음에 대한 짧은 연구Nutshell Studies of Unexplained Death'였다. 그녀는 이 프로젝트를 위해 사건 현장을 연출한 열두 개의 미니어처 모형 집을 만들었다. 모형 제작 방법을 연구하기 위해 신문을 읽고 실제 사건 현장을 방문했으며, 수사관들과 이야기를 나누고 부검을 견학했다. 그런 다음, 가상이지만 '신문 제1면에서 튀어나온 듯한' 현장을 연출했다. 그 가운데는 욕조 속의 신부들 사건에서 모티브를 따온 모형도 있었다. 여성 한 명이 욕조에 들어가 있는 상황을 연출한 것이다. 하지만 실제 사건과 달리 이 여성은 친구들과 파티를 즐기러 나갔다가 돌아온 것처럼 보였다. 그렇다면 이는 사고사일까, 아니면 살인일까?

각각의 모형은 실제 집을 짓는 것만큼 많은 비용이 들었다. 목수가 1대 12의 비율로 축소된 집을 건축하고 문과 열쇠까지 달아 완성했다. 집이 건축되는 동안 리는 직접 손으로 인형을 만들고 이목구비를 그려 넣었으며, 바느질과 뜨개질을 해 옷을 만들어 입혔다. 때로 모형 아이들을 위한 장난감도 만들었는데, 그중에는 미니어처 인형의 집 안에 놓을 또 다른 인형의 집도 있었다. 애정을 담아 그 모든 것을 손으로 만든 다음, 그녀는 칼로 찌르고 올가미로 목을 졸라 인형들을 '살해'했다. 그리고 마지막으로 현장에 미니어처 탄피, 말아 피우는 담배 등의 단서를 심었다. 이는 더 이상 아이들의 장난감이 아니라 끔

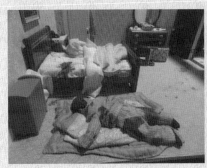

프란시스 글레스너 리의 '설명되지 않은 죽음에 대한 짧은 연구'에 사용된 사건 현장 모형

찍한 악몽같이 보였다.

하버드 세미나에 참석한 학생들은 하루 종일 이 범죄 현장들을 연구하곤 했다. 리는 이들에게 시계 방향으로 살펴보며 샅샅이 현장을 조사하도록 했다. 어떤 집에는 자살한 것처럼 보이는 여성의 시신이 있었다. 하지만 방금 구운 케이크, 새로 세탁한 옷가지, 금방 채워 넣은 얼음통 등도 함께 보였다. 미스터리 드라마 팬이라면 누구나 알겠지만 케이크 굽기나 빨래하기 등은 자살하려는 여성이 보이는 행동과는 영 거리가 멀다. 학생들은 관찰한 것을 기록한 다음 범죄를 재구성했다. 그들은 이런 연구가 현장에서 까다로운 사건을 다루는 데 실제로 매우 도움이 되었다고 말했다. 이 모형들은 현재 볼티모어 법의관실Baltimore Office of the Medical Examiner이 소장하고 있으며 여전히 교육을 위한 세미나에 사용되고 있다. 한편, 리는 고전 미스터리 드라마의 팬이라면 누구나 아는 캐릭터와도 연관이 있다. 「제시카의 추리극장Murder, She Wrote」의 주인공 제시카 플레처Jessica Fletcher가 바로 그녀에게서 영감을 받아 탄생한 인물이다.

3장

간단하지, 왓슨:
최초의 수사관

수백 년 동안 검시관은 살인사건을 해결하는 임무를 주도해 왔다. 성공적이었든 아니든 나름대로 최선을 다했다. 이 시기 경찰은 거리를 순찰하다가 범행 현장을 목격할 경우 범인을 추적했다. 하지만 보이지 않는 곳에서 범죄가 발생하면 이를 해결할 인력이 턱없이 부족했다. 그러던 중 1800년경 최초의 현대식 수사관이 탄생한다. 바로 프랑수아 외젠 비도크François Eugene Vidocq다. 하지만 그가 수사관으로서 재탄생한 곳은 전혀 뜻밖의 장소인 감옥이었다. 스스로 평가하기에도 그는 '과격한 젊은이'여서, 도둑질과 싸움질을 하고 다녔으며 여러 애인을 두고 있었다. 그러다 애인 중 한 명인 프란신Francine이 다른 남자와 선술집에서 저녁을 먹는 모습을 보고는 성미가 폭발했다. 회고록에 쓴 대로 적자면 '혼비백산한 두 사람을 말 그대로 습격'했던 것이다.[1] 프란신은 달아났지만 그녀와 저녁을 먹던 군인이 자리에 남았고, 결국 비도크를 고소했다. 비도크는 이들을 공격한 혐의로 3개월 형을 받고 수감되었다. 오랜 수감 생활과 도피 행각의 시작이었다.

　비도크가 상습 범법자이자 도망자가 된 데는 나름의 사연이 있다는 일설도 있었다. 굶주린 가족을 먹이려고 곡식을 훔친 동료 수감자를 위해 사면장을 위조했다는 설명이었다. 하지만 비도크의 회고록에 따르면 그는 영웅심보다는 사실 순전한 오해 때문에 문제에 휘말렸다. 동료 수감자가 훔친 것은 곡식이 아니었고 자신의 소규모 농장에서 사용할 농기구였다. 그리고 자신을 풀려나게 해 주는 사람에게 1백 크라운을 주겠다고 한 것을 보면 굶주리는 형편도 아니었음이 분명하다. 비도크의 친구들은 비교적 조용한 그의 감방에서 사면장을 위조했다. 위조

세계 최초의 현대식 수사관으로 일컬어지는 프랑수아 외젠 비도크

를 부탁한 동료 수감자는 풀려났지만 나중에 사실이 발각되어 붙잡혔다. 그는 심문을 받으며 비도크의 친구들은 물론 단순히 감방을 빌려 준 비도크까지 한데 묶어 죄를 뒤집어씌웠다. 비도크는 끝까지 자신은 무관하다는 주장을 굽히지 않았지만 그것이 진실인지는 알 수 없다. 이 사건을 계기로 도망자가 되었으므로 연루 사실을 인정할 경우 재수감될 위

험이 있었다. 그러므로 그는 회고록에서도 진실을 밝힐 수 없었을 것이다. 이유야 어쨌든 비도크는 유죄를 선고받았다. 그러자 더 가혹한 환경의 교도소로 이송될까 두려워 교도관 옷을 훔쳐 입고 탈옥했다. 수많은 시도 끝에 처음 거둔 성공이었다.

비도크는 끝내 붙잡혔고 도형장Bagne에서의 8년 형을 선고받았다. 도형장은 그가 딱 두려워하던 유형의 교도소였다. 손발에 쇠고랑을 찬 채 중노동을 해야 했고 잘 때조차 이를 벗을 수 없었다. 많은 죄수가 형을 마치기도 전에 교도소에서 죽었다. 비도크는 쇠사슬에 묶인 채 뼈 빠지게 일하는 노예가 되었다. 하루하루 버티던 그는 마침내 탈출을 감행했지만 평생 도망자 신세에서 벗어날 수 없었다. 이 마을 저 마을 전전하면서도 정직한 일을 해서 먹고살았지만, 결국 다시 발각되어 탈주 혐의로 유죄 선고를 받았다. (문학 작품이나 뮤지컬 팬이라면 이 이야기가 매우 친숙하게 들릴 것이다. 비도크는 훗날 빅토르 위고Victor Hugo와 친구가 되었고, 위고는 비도크를 모델로 삼아 소설 『레미제라블Les Miserables』의 주인공 장발장Jean Valjean을 탄생시켰다.)

여러 번 탈옥했다는 이유로 비도크는 악랄한 무법자 영웅으로 여겨졌다. 하지만 그는 그런 종류의 범죄자와는 거리가 멀었다. 오히려 짧은 실형을 받고 끝났어야 할 죄로 인해 여전히 가혹한 대가를 치르고 있는 사람이었다. 그러므로 한 절도조직이 함께 일하자고 제안했을 때 그는 이를 거절했다. 이에 앙심을 품은 도둑들이 리옹 경찰에 비도크를 고발했지만 그는 오히려 형세를 역전시켰다. 리옹 경찰서장에게 연락을 취해 그 악당들을 체포하는 데 일조하겠다고 한 것이다. 조건은 자신의 석방이었다. 그렇게 해서 비도크는 지금까지와는 다른 편에 서게 되었다.

1809년에 이르러 비도크는 파리까지 진출했다. 나폴레옹Napoleon 이 유럽 대부분의 지역을 정복한 뒤 프랑스 수도 파리는 국제 사회의 중심지가 되었다. 파리 인구는 백만 명을 향해 빠른 속도로 증가하고 있었고, 그에 비례하여 도처에서 범죄 발생률도 높아졌다. 한 시간에 약 오천 건의 소매치기와 한 건의 살인사건이 일어났고, 범죄자에 비해 경찰의 수는 턱없이 부족했다. 부유한 사람들은 무장한 경호원을 대동한 채 외출했고 중산층 가정에서도 강도로부터 집을 지키기 위해 경비원을 고용했다.

이런 사회적 환경 속에서 경찰의 정보 제공자로서 비도크의 입지는 상승했다. 그 와중에 나폴레옹의 아내 조세핀 황후Empress Josephine 가 에메랄드 목걸이를 도둑맞았다는 소문이 돌았다. 비도크는 경찰을 대신해 그 목걸이를 찾겠다고 제안하고 단 사흘 만에 목걸이의 행방을 알아냈다. 범죄자 정보망을 이용한 수소문 끝에 올린 성과였다. 곧 그는 파리 최초의 비밀 수사관으로서 주요 범죄들을 수사하게 되었다. 수많은 사건을 성공적으로 해결한 뒤 그는 경찰을 설득하여 독자적으로 운영할 수 있는 부서를 만들었다. 그리고 부하 수사관으로 전과자를 기용했다. 범죄자의 생태를 잘 알고 누가 범죄를 저지르는지 아는 사람은 바로 범죄자였다. 1817년, 비도크와 그의 수하에 있던 열두 명의 수사관들은 772건의 체포 건수를 올렸고, 가운데 15건은 살인사건 해결을 위한 것이었다. 르 브히가드 드 수흐떼Le Brigade de Surete, 치안대라 불린 이 부서는 파리 스물네 개 지역구 전체에서 활동했다. 시간이 지나면서 이는 국가 수사국인 수흐떼 나찌오날Surete Nationale이 되었고, 수흐떼 나찌오날은 훗날 미국 FBI 조직의 모델이 된다.

비도크는 다양한 성격의 수사팀을 구성하면 사건 해결에 훨씬 유리할 것이라고 생각하고, 1818년에 여성을 수사관으로 채용했다. 경찰의 다른 부서에서 여성 수사관을 채용한 것

미국 최초의 여성 탐정 케이트 원(서 있는 인물 중 오른쪽 두 번째)

은 그로부터 어느 정도 시간이 지난 뒤이다. 몇 십 년 뒤, 대서양 건너 아메리카 대륙에서는 미국 최초의 여성 사설탐정 케이트 원Kate Warne 이 활약하게 된다. 그녀는 핑커튼 탐정사무소Pinkerton Detective Agency 소속으로서 몇 건의 살인사건을 해결하고 링컨Lincoln 대통령 암살 시도를 무마시키는 데 일조했다. 런던 경시청에 여성 수사관이 합류한 것은 1933년이다. 당시는 사교계 범죄, 마약 거래, 인신매매, 범죄조직의 여성 두목에 초점이 맞춰지던 때였다. AP 연합통신Associated Press은 한 기사에서 여성 수사관에 대해 이렇게 보도했다. "날렵하고 영민한 미혼 여성들로 구성된 세 팀의 수사대가 새롭게 탄생했다. 이들은 나이트클럽에서 야회복을 걸친 채 더러운 지하 세계에 어울리는 모습으로 능수능란하게 위장하고 있다."[2]

남성 수사대와 마찬가지로 전과자로 구성된 여성 수사대는 지하세계로 쉽게 침투할 수 있었다. 그 가운데는 수녀를 의미하는 넌Nun이라는 별칭으로 불리던 여성도 있었다. 그녀는 열두 살에 절도로 교도소

에 간 뒤 어린 시절 대부분을 감옥에서 보냈다. 수녀는 정숙하다는 평판 덕분에 얻은 별칭이었다. 이십 대 후반에 이르러 그녀는 자신의 기술을 좋은 곳에 사용하게 되었다. 비도크의 강도 전문 수사관이 되어 많은 도둑을 체포한 것이다. 비도크에 따르면 그녀는 마음의 틈을 파고드는 재능이 있었고, 그 덕에 사람들이 수사 과정에서 미주알고주알 이야기하게 만들었다. 수사대의 여성 수사관들은 많은 범죄 소설에 등장했다. 비도크 역시 수많은 작품의 주인공이 되었다. 에드거 앨런 포 Edgar Allan Poe가 창조한 유명한 탐정 오귀스트 뒤팽Auguste Dupin의 모델도 비도크였다. 실제로 비도크의 삶은 전설과 그 자신을 분리하기 힘들 정도로 픽션화되었는데, 비도크 스스로 자신을 가상의 인물처럼 만들었다고 보는 사람도 있다.

1822년, 프랑스 작가 알렉상드르 뒤마Alexandre Dumas는 비도크가 총기 분석을 이용하여 해결한 한 사건을 기록으로 남겼다. 세간의 이목이 집중됐던 이사벨 다흐시Isabelle d'Arcy 백작 부인 살인사건이다. 이 이야기가 사실이라면 비도크는 수사에서는 물론 범죄 과학에서도 시대를 앞서간 인물이 된다. 사건 발생 초기에는 나이 차이가 많이 나는 이사벨의 남편 다흐시 백작이 아내를 총으로 쏴 죽였다고 기소되었다. 이사벨이 바람을 피우고 있었다는 것이 살해 동기였다. 하지만 비도크는 백작이 살인을 할 유형의 사람이 아니라고 생각했다. 그렇다면 증거도 그의 감과 일치했을까? 당시에는 의대생들이 수련 과정의 하나로 부검을 실시했다. 하지만 대중은 망자의 안식을 그런 식으로 방해하는 일을 못마땅하게 여겼다. 그래서 비도크는 은밀하게 행동했다. 의사에게 희생자의 머리에 난 상처에서 총알을 빼내 달라고 한 다음, 이를 백작이 소유한 결투용 권총의 총구와 비교했다. 하지만 일치하지 않았다. 다음 단계로 비도크는 델로호Deloro라고 알려진 백작 부인의 정부를 조사했다. 비도크가 고용한 여배우는 델로호에게 관심이 있는 척한 뒤 그의 아파트에 들어가는 데 성공했다. 그리고 그곳에서 시신에서 빼낸 총알과 일치하는 권총은 물론 백작 부인의 보석까지 찾아냈다. 살인범은 백작이 아니라 델로호였던 것이다.

비록 범죄 과학을 이용했지만 일단 비도크는 수사관이었다. 그러므로 최초의 현대식 법과학자를 찾으려면 영국으로 가야 한다. 하지만 '스코틀랜드 야드', 즉 런던 경시청은 아니다. 사실 런던 경시청이 스코틀랜드 야드라 불리는 데 관해서는 두 가지 설이 있다. 하나는 그 자리에 한때 스코틀랜드 왕족이 방문하면 머물던 저택이 있었기 때문이라는 것이고, 다른 하나는 뒷문이 스코트라는 남성에게서 이름을 따온 그레이트 스코틀랜드 야드Great Scotland Yard라 불리는 거리로 향하기 때문이라는 것이다. 스코틀랜드 야드는 런던 경찰청London Metro Police 본청이며 여전히 통상적으로 런던 경찰을 일컫는 말로 사용된다. 1829년 창설된 런던 경시청은 1842년에 최초로 사복 경찰을 배치했다. 런던 사람들 가운데는 이러한 비밀스런 경찰관들을 스파이로 보는 경우도 있었지만, 인기 있는 영국 작가들은 이들을 영웅으로 보았다. 찰스 디킨슨Charles Dickens은 런던 경시청 형사를 모델로 『블랙 하우스Black House』의 버킷Bucket 경위를 만들어 냈다. 평소에는 친절하지만 사건이 벌어지면 끈질긴 버킷의 실제 모델은 리처드 태너Richard Tanner 형사로, 그는 영국 최초의 열차 살인사건을 해결한 뒤 언론의 사랑을 받게 된 인물이었다.

1864년 7월 9일, 기차 차량으로 들어간 남성 두 명이 그곳에서 산재한 혈흔을 발견했다. 그 직후 다른 기차의 기관사가 선로에 누워 있는 남자를 발견했다. 예순아홉 살의 은행가 토마스 브릭스Thomas Briggs였다. 심각한 부상을 입고 의식불명 상태이던 그는 다음 날 밤 사망했다. 살인자는 브릭스의 금시계와 시곗줄, 그리고 안경을 훔친 뒤 브릭스를 기차 밖으로 던진 것으로 보였다. 하지만 현장에서 도주하기 전 치명적인 실수를 저질렀다. 자신의 모자 대신 희생자의 모자를 쓰고 달아난 것이다. 대량 생산이 일반화되기 전, 모자 같은 용품들은 그 제작자를 추적할 수 있었다. 이 사건에서도 모자 제작자의 표식이 모자 안에 적혀 있었다. 그 가게는 런던의 매릴본Marylebone에 위치해 있었다. 모자 제작자를 통해 모자 주인을 찾는다면 살인자까지 찾을 수 있는 일이었다.

런던 경시청은 이 모자와 도난당한 금시계와 시곗줄에 대해 공개적으로 제보를 받았다. 그러자 살인사건에 어울릴 법한 이름을 가진 존 데스John Death라는 보석 판매상이 경찰에 연락을 해 왔다. 그는 한 독일 남성이 자신의 매장에서 희생자의 시곗줄을 다른 물건으로 바꿔 갔다고 말했다. 그리고 곧 한 택시 기사가 다음 단서를 제공했다. 가족끼리 잘 아는 친구 가운데 프란츠 뮬러Franz Muller라는 남자가 있는데, 그가 보석상의 이름이 적힌 작은 종이 상자를 집으로 가져와서 아이들 중 하나에게 주었다는 것이다. 프란츠는 택시 기사의 큰딸과 약혼한 사이였지만, 7월 15일 돌연 런던을 떠나 뉴욕으로 갔다고 했다. 또 그 택시 기사는 기차에서 발견된 모자가 자신이 프란츠에게 선물로 사 준 것이라고 설명했다. 택시 기사는 경찰에 프란츠의 사진을 건넸고 존 데스는 사진 속 인물이 금 시곗줄과 다른 물건을 교환한 남자가 맞다고 확인해 주었다. 태너는 미국으로 달아난 프란츠를 추적했다. 프란츠는 금시계와 모자를 여전히 지닌 채 발견되었고, 그 자리에서 체포되었다.

하지만 태너가 한 일은 아무리 잘 봐줘야 은밀한 형사의 활동이지 정확히 범죄 과학의 활용은 아니었다. 그런데 얼마 지나지 않아 런던 시민, 그리고 전 세계 사람들은 다른 종류의 수사관에 대한 이야기를 읽기 시작한다. 이 수사관은 실제 런던 경시청의 수사관을 모델로 하지 않고 아서 코넌 도일Arthur Conan Doyle 경이 상상 속에서 만들어 낸 인물이다. 도일 경은 1887년, 셜록 홈스Sherlock Holmes 시리즈의 첫 작품인 『주홍색의 연구A Study in Scarlet』를 출간했다. 이 작품에는 전쟁 중 부상을 당해 채 회복되지 않은 존 왓슨 박사라는 인물이 나온다. 그는 런던에서 룸메이트를 구하다가 우연히 친구를 만나는데, 그 친구가 자신이 일하는 병원의 화학 실험실에서 셜록 홈스를 소개해 준다. 왓슨은 홈스가 실험실에서 기괴한 짓을 하고 있었다고 묘사한다. 홈스는 '혈흔이 언제 생겼는지 상관없이 모든 혈흔에 사용할 수 있는 확실한 검사법'을 개발했다고 주장했는데, 왓슨에게는 이것도 그런 '기괴한 짓'의 하나로 보였다.[3] (소설이 발표된 당시는 경찰이 유효한 혈액 검사법을 갖추기 전이었다.) 또한 홈스는 왓슨에게 자신이 강력한 독을 연구 중이라고 경고하기도 한다. 왓슨의 친구에 따르면, 홈스는 사후 멍이 어떻게 생기는지 밝힌다면서 병원 해부실에서 해부용 시신을 마구 때리기도 했다.

어쨌거나 왓슨은 홈스와 함께 살기로 한다. 그리고 어느 정도 시간이 지나 홈스의 지식 기반에 대해 이렇게 묘사한다. "그는 문학, 철학에 대해 아무것도 모른다. 천문학에 대해서도 마찬가지이며, 심지어 지

아서 코넌 도일 경의 『주홍색의 연구』 초판에 담긴
셜록 홈스 삽화

구가 태양 주위를 공전한다는 사실조차 모른다! 반면 그는 화학, 해부학, 영국 법률, 독극물, 런던의 다양한 토양, 그리고 '19세기에 저질러진 모든 끔찍한 사건의 모든 세부 사항'에 정통하다."[4] 과연 누가 이런 분야에 흥미를 지녔을까? 물론 법과학자다.

런던 경시청의 요청으로 살인사건 해결을 도울 때 셜록 홈스가 실제로 어떤 분야의 전문가인지 드러난다. 이 대목부터 이야기는 「CSI」의 '빅토리아 시대의 런던Victorian London' 편을 보는 것 같다. 홈스는 줄자와 확대경으로 범죄 현장을 조사하며 왓슨에게 이렇게 말한다. "사람들은 천재가 고통을 인내하는 무한한 능력을 지닌 자라고 말하지만, 이는 완전히 틀린 정의일세. 그런 정의에 딱 들어맞는 건 바로 탐정의 일이라네."[5]

곧 홈스는 희생자 이녹 드레버Enoch J. Drebber의 입술 냄새를 맡는 것만으로 독이 사용되었다는 사실을 알아낸다. 심지어 필체 분석까지 한다. 현장 벽에는 피로 '라헤Rache'라는 단어가 적혀 있었다. 런던 경시청은 살인자가 레이첼Rachel이라고 쓰다가 방해를 받았다고 생각했지만, 글씨가 쓰인 모양을 보고 다른 가능성을 찾던 홈스는 '라헤'가 독일어로 복수revenge를 의미한다는 사실을 떠올렸다. 이 단어는 독일식 알파벳으로 적히지 않았지만, 범인이 수사 방향에 혼선을 빚기 위해 일부러 이렇게 남긴 것이었다.

홈스는 건물 외부에서 바퀴 자국과 발자국을 발견한다. 그리고 그것을 관찰하더니 남자 두 명이 마차를 타고 도착했으며, 그중 한 명은 키가 크고 다른 한 명은 잘 차려입었을 것이라고 추리한다. 후자가 바로 희생자인 드레버라는 것이다. 발굽 자국으로 미루어 보아 말이 정처 없이 돌아다녔으므로, 두 남자 중 건물 안으로 들어간 쪽은 마부이다. 홈스는 현장에 남겨진 재를 보고 그 마부가 티루치라팔리 시가Trichinopoly cigar를 피운다는 단서까지 찾아낸다. (홈스는 담배와 그 재에 대한 연구를 마친 상태였고, 이쯤 되면 독자들은 흥미진진한 전개에 완전히 빠져들게 된다.)

이 범죄는 정말로 복수가 목적이었다. 홈스는 사건을 해결하며 왓슨에게 대부분의 사람이 앞을 보고 생각할 때 탐정은 뒤를 보고 생각해야 한다고 설명한다. 즉, 어떤 일이 발생하면 그 일이 일어나기 전에 무슨 일이 일어났을지 생각해야 한다는 것이다. "무채색인 살인자의 인생을 관통하는 주홍색 실이 한 가닥 있네. 우리가 해야 할 일은 다른 실과 얽혀 있는 그 한 가닥을 풀어 분리한 다음 낱낱이 밝히는 것이지."[6]

당시 대부분 범죄 소설에 등장하던 다른 수사관들과 달리 홈스는 형사가 아닌 의사에게서 영감을 받아 만들어진 인물이다. 아서 코넌 도일 경은 에든버러Edinburgh대학 의대에 다닐 때 조세프 벨Joseph Bell 교수의 조수로 일했다. 벨 교수는 환자 진단에 연역 추리를 사용했다. 또한 겉모습만 보고 사람들의 직업을 알아맞히기도 했다. 예를 들어 어떤 여자가 작은 유리병을 든 채 진료를 보러 오면, 그 어떤 대화도 나누기 전에 그녀의 남편이 재봉사임을 알았다. 벨 교수는 유리병 입구를 종이로 막은 것을 보고 그러한 사실을 알았다고 설명했다. 당시 재봉사들은 실을 감을 때 보통 그런 유리병을 사용했다. 신발에 묻은 진흙을 보고 그 사람이 런던 어느 지역에 다녀왔는지 추측해 내기도 했다. 벨 교수에게 영감을 받은 도일 경은 새로운 유형의 탐정 이야기를 쓰게 되었다. 그는 이렇게 말했다. "수사관은 매혹적이지만 아직 체계가 잡히지 않은 직업이다. 하지만 벨 교수가 수사관이었다면 이 일을 정확한 과학에 좀 더 가까운 무언가로 바꿨을 것이다. 나는 내가 이러한 영향을 줄 수 있을지 알아보려 한다."[7]

도일 경은 셜록 홈스 이야기에서 당시 실제 수사관들의 활동을 묘사하는 데 그치지 않고 이들이 미래에 어떤 일을 할지 예견했다. 1세대 법과학자 가운데는 자신들의 일은 셜록 홈스에게서 영감을 받은 것이라고 말하는 사람들도 있다. 그중 한 명이 바로 세계 최초로 범죄 실험실을 개설한 인물이자 프랑스 판 셜록 홈스로 알려진 에드몽 로카르 Edmond Locard다. 그가 중점을 둔 것은 범죄 현장의 증거였다.

4장

흔적은 남게 마련이다:
범죄 현장 증거

소설 속에서 셜록 홈스가 살인사건을 해결하는 동안, 현실 세계의 오스트리아에서는 한스 그로스Hans Gross가 범죄자를 기소하고 있었다. 그는 역사 속에 길이 남을 경찰관용 매뉴얼을 만들어 냈다. 1893년, 『범죄 수사: 하급심 판사, 경찰관, 법률가를 위한 실용 교과서 Criminal Investigation: A Practical Textbook for Magistrates, Police Officers, and Lawyers』를 펴낸 것이다. 이 획기적인 책은 최초로 범죄 현장 조사에 대한 체계적 지침을 제공했다. 수많은 미스터리 드라마의 줄거리는 그로스 덕분에 생겨났다고도 볼 수 있다. 예를 들어, 그는 현장을 조사하는 경찰관은 현장 주변을 통제하고 모든 증거를 보존해야 한다고 적었다. 그런 다음 관찰한 모든 것을 기록해야 하는데, 아주 사소한 것도 실제로

1890년, 야쿱 시카네데르Jakub Schikaneder의 작품 「가택 살인Murder in the House」

는 중요한 단서가 될 수 있다는 사실을 명심하라고 당부했다.

이 책에서 그로스는 이렇게 말한다. "사건을 해결하고자 하는 열정을 지녔다면 수사관은 도로 흙길에 난 자신의 발자국까지 기록할 것이다. 또한 동물이 지나간 흔적, 마차 바퀴 자국, 누군가 앉거나 눕거나 어쩌면 짐을 내려놓아 잔디에 생긴 눌린 자국을 관찰할 것이다. 그리고 버려진 작은 종잇조각, 나무에 난 표시나 나무가 상한 모습, 옮겨진 돌, 깨진 유리나 도자기, 비정상적으로 열리거나 닫힌 문과 창문을 조사할 것이다. 이렇게 발견한 모든 것을 토대로 결론을 이끌어 내면, 이전에 어떤 일이 일어났는지 분명히 설명할 수 있을 것이다."[1]

그로스는 무슨 일이 있었는지 경찰관들에게 이미 들어서 알고 있더라도 늘 열린 마음을 가지라고 주문한다. 그러면서 SP, B, 그리고 T 라는 세 남자에 대한 이야기를 들려주었다. SP와 B는 어느 가을, 노인인 T에게 자신들과 함께 걸어서 우시장에 가자고 했다. 그렇게 길을 떠났지만 다음 날, T는 구타당해 의식불명인 채로 발견되었다. 의식이 돌아온 그는 얼마 안 되는 기억을 그러모아 경찰에 진술했다. 습격이 있던 날 그와 SP, B는 오전에 우시장을 향해 출발해 오후에 길 옆에서 점심을 먹은 뒤 3시경까지 휴식을 취했다. 마침 교회 종이 울리는 소리를 들었기 때문에 그는 시각을 정확히 기억했다. 그리고 다시 길을 나선지 약 한 시간 뒤, SP와 B는 우역cattle plague(바이러스에 의한 소의 급성전염병—옮긴이) 때문에 우시장이 열리지 않았을 수도 있다며 걱정하기 시작했다. 근처 마을로 가서 물어보는 것이 나을 수도 있었다. 하지만 T는 아직까지 시장이 폐쇄되었다고 믿을 이유가 없으며, 혹시 걱정이 된다면 길가 모텔에 물어보면 된다고 말했다. 모텔 직원들이 마을 주민들보다 최신 정보를 더 빨리 입수할 것이기 때문이었다.

하지만 SP와 B는 마을로 가자고 계속 고집을 부렸고 결국 T는 둘만 가라고 말했다. (걷는 것이 힘든 나이였으므로 T는 쓸데없이 걷기를 원하지 않았다.) T는 가던 길을 계속 가고 SP와 B가 나중에 따라잡으면 되는 일이었다. 얼마간 걷다가 T는 이정표 밑에 앉아 두 사람을 기다렸다. 그리고 바로 그때 뒤에서 누군가 머리를 내리쳐 정신을 잃었다. 그렇게 그는 의식불명 상태가 되었고 소를 사려던 돈은 사라졌다. 며칠 뒤 T는 사망했고 수사관들은 SP와 B가 T를 살해했다고 의심했다. T가 다른 곳에 들를 수 없을 것을 알고 있던 SP와 B가 우회해서 몰래 접근해 공격할 계획을 세웠다고 생각한 것이다.

하지만 SP와 B는 정말로 우시장이 열리는지 물으러 마을에 갔다고 주장했다. 그런 다음 길을 따라 걸으며 T를 찾았지만 찾을 수 없었다고 말했다. T가 발견된 지점에 도달했을 때는 이미 너무 어두워져서 도랑에 쓰러져 있던 T를 발견하지 못한 채 계속해서 길을 갔다. 그리고 우시장에서 돌아오는 길에 한 농민이 자신의 집 근처에 쓰러져 있던 그 불쌍한 남자를 아는지 물었을 때에야 T의 습격 소식을 들었다는 것이었다. 마을 사람들은 SP, B 두 사람이 마을에 왔다고 확인해 주었다. 또 오후 3시에 점심 장소를 출발해 마을을 거쳐 해가 지기 전에 T가 발견된 곳까지 이동하는 일은 불가능할 것이라고도 말해 주었다. 하지만 경찰은 두 사람을 기소했고 이들은 유죄 판결을 받았다.

다음 해 봄, SP와 B는 항소했다. 그리고 사건 낭시 근처에 있있던 평판이 나쁜 한 젊은이를 범인으로 지목했다. 항소 신청이 받아들여질지는 두 사람이 도로 옆 도랑에 쓰러져 있던 희생자를 볼 수 없었음을 밝히는 데 달려 있었다. 마을 사람들마저 너무 어두워서 못 봤을 것이라고 말했으므로 SP와 B의 진술이 사실일 수도 있었다. 새로운 용의자로 지목된 젊은이도 체포되었다. 하지만 수사를 담당한 경찰관은 SP와 B의 말이 사실인지 직접 확인해 보기로 결심했다. 그는 천문학자 두 명에게 사건이 일어난 가을의 그날과 일몰 시각이 가장 비슷한 봄날이 언제인지 물었다. 그리고 그들이 알려 준 날을 골라 SP와 B의 행적을 재연했다. 오후 3시경 그 도로를 따라 걷다가 마을로 우회한 다음, 그곳에서 잠시 머물렀다가 T가 살해된 곳으로 돌아간 것이다. 그런데 여전히 해가 떠 있었다. 그래도 여러 차례 도로를 왕복하며 혹시 도랑을 못 보고 지나칠 수 있는지 확인했다. 그럴 가능성은 없었다. 마침내 해가 지고 밤이 되었다. 그리고 SP와 B가 결백할 가능성도 사라졌다.

그로스의 조언에 따랐다면, 앞서 소개한 서부 시대 와이오밍 술집 총격 사건의 수사는 다른 방식으로 진행되었을 것이다. 물론 증인 세 명이 술집 주인 시그노의 행동이 정당방위였다고 증언했다. 하지만 이들이 시그노와 친구이기 때문에 그렇게 말했다면? 이들의 증언을 무시해야 한다는 것이 아니라, 단지 물리적 증거의 조사도 뒤따랐어야 한다는 말이다. 그로스도 매뉴얼 집필 당시 살인사건 수사에서 물리적 증거의 조사가 제대로 이루어지지 않고 있다는 사실을 지적했다.

그로스는 경찰 스스로 철저한 수사를 할 것은 물론이고 살인사건이 발생하면 법과학 전문가를 고용할 것도 촉구했다. 또한 필요할 경우 독극물학자, 식물학자, 화학자, 필적 및 총기 전문가를 모두 불러야 하며, 특히 현미경학자microscopist를 불러 현장에 남은 증거를 조사하게 해야 한다고 했다. 이는 전혀 생소한 주장이 아니었다. 50여 년 전인 1847년에 프랑스 슈아죌 프라슬랑Choiseul-Praslin의 공작부인 파니 세바스티아니Fanny Sebastiani 살해사건을 해결하는 데 현미경이 십분 활용된 적이 있기 때문이다.

어느 날 이른 아침, 파니의 방에서 뭔가 깨지는 소리와 함께 그녀의 비명 소리가 들렸다. 아래층에 있던 하녀들이 무슨 일인지 살펴보러 부인의 방으로 달려갔고, 몇 분 뒤 파니의 남편도 현장에 당도했다. 그는 하인들처럼 소란스러운 소리를 듣고 그곳으로 달려갔다고 주장했지만 아내와의 불화가 알려지자마자 용의자가 되었다.

샤를 로흐 위고 테오발Charles Laure Hugo Theobald 공작은 아홉 명이나 되는 아이들을 돌보기 위해 여성 가정교사 앙리에뜨 들뤼쥐-데

<u>포흐뜨</u>Henriette Deluzy-Desportes를 고용했다. 법정에서 앙리에뜨는 공작부인이 아이들과 시간을 보내는 것보다 혼자 있는 것을 더 좋아했고, 그래서 자신과 공작은 아이들과 함께 정원을 산책하고 놀이방에서 '가족끼리 느긋한 시간'을 보내곤 했다고 말했다.

하지만 파니의 일기와 남편에게 보낸 편지에 적힌 이야기는 달랐다. 파니가 앙리에뜨를 집에서 내보내야 한다고 말하고 있었던 것이다. 또한 이 기록들에 따르면 공작이 엄마인 파니를 아이들로부터 떼 놓고, 침실 밖으로 나오지 못하게 하고 있었다. 파니는 가정교사를 해고하고 자기가 아이들을 직접 돌볼 수 있게 해 달라고 호소했다. 하지만 요청이 묵살되자 갈등이 끊이지 않는 상황에서 벗어나고자 여행을 떠나게 해 달라고 했다.

날짜가 적히지 않은 편지에서 파니는 남편에게 이렇게 말했다.

당신은 분명 하고 싶은 대로 할 자유가 있습니다. 하지만 행실을 생각했을 때 내가 싫어할 수밖에 없는 사람에게 내 딸들의 양육을 맡길 자유는 없습니다. 오랫동안 나는 당신이 해명해 주기를 바랐습니다. 내가 그토록 애원했건만 당신은 거부했습니다. 나도 할 만큼 했으니, 더 큰 스캔들이 생기기 전에 내가 이곳을 떠날 수 있게 허락해 주세요. 내가 없는 동안 당신은 그간 당신이 한 짓이 옳은지 되돌아보게 될 겁니다. 테오발, 언젠가 당신이 제정신이 돌아오는 날이 올 것이고, 그러면 물불 안 가리는 미친 인간에게 기쁨을 선사하기 위해 자기 아이들의 엄마인 나를 얼마나 부당하고 잔인하게 대했는지 알게 될 겁니다.[2]

공작부인이 말한 미친 인간은 물론 앙리에뜨였다.

처음에는 파니가 친자식들에 대한 어머니로서의 역할을 빼앗긴 것 때문에 앙리에뜨에게 불만을 가진 듯 보였다. 하지만 앙리에뜨가 독차지한 것은 아이들뿐만이 아니었다. 공작과 그렇고 그런 사이라는 소문이 돌았던 것이다. 결국 파니의 친정 가문이 개입했고 공작은 앙리에뜨를 해고할 수밖에 없었다. 하지만 앙리에뜨는 순순히 물러날 생각이 없었다. 공작의 집에서 쫓겨난 뒤 아이들에게 편지를 보내 자신이 어머니처럼 그들을 사랑했다고 호소하고, 지나가는 말처럼 아버지는 어떻게 그 모든 일을 견디고 있는지 물었다. 또한 차라리 죽었으면 좋겠다고도 했다. 그만큼 간절하게 아이들을 그리워한다는 것이었다. 아이들은 진심으로 가정교사를 사랑했고 그녀가 자신들의 곁에 없다는 사실에 불만이 많았다. 결국 어머니와 아이들 사이는 점점 멀어졌다.

앙리에뜨는 공작과 아이들을 갈망했지만 자기 길을 가려고 했다. 다른 일자리를 알아보던 그녀는 한 학교에서 교사직 제의를 받았다. 하지만 소문과 같은 불미스러운 일이 결코 없었다는 사실을 증명해야만 했고, 그러기 위해서는 공작부인의 추천서가 필요했다. 공작은 앙리에뜨에게 8월 18일에 집으로 와서 추천서를 가져가라고 말했다. 하지만 그때까지 추천서는 작성되지 않았다. 그리고 영원히 작성되지 못했다. 바로 그날 오전, 파니가 숨진 채 발견되었기 때문이다.

처음 공작은 수사관들에게 하인들이 먼저 파니의 방에 들어간 다음 자신이 들어갔다고 말했다. 하지만 경찰이 파니의 방 소파 아래에서 피가 묻은 자신의 권총을 발견하자 이야기를 바꿀 수밖에 없었다. 침입자에 맞서기 위해 권총을 들고 하인들보다 먼저 현장에 도착했다는 것이었다. 그는 피바다 속에 파니가 쓰러져 있는 것을 보고 충격에 총을 떨어뜨린 뒤 달려가 아내를 흔들어 깨우려 했다. 하지만 이미 늦었다는 사실을 알고 자신의 방으로 가서 피를 닦아 냈다. 그래서 하인들이 파니의 방에 도착한 다음 다시 현장으로 돌아올 수밖에 없었다. 이것이 공작의 설명이었다. 하지만 인간과 달리 권총은 거짓말을 하지 않는다. 병리학자 오귀스트 앙브루아즈 타르디유Auguste Ambroise Tardieu는 총에서 채취한 모발과 피부 조직을 현미경으로 들여다보았다. 공작부인은 이 총으로 가격당한 것이 분명했다. 경찰은 사건 당일 아침 공작이 파니에게 추천서를 쓰라고 요구했고, 부인이 이를 거절하자 분노에 차서 그녀를 살해했다고 생각했다. 공작은 유죄를 선고받았지만 감옥으로 보내지기 전에 음독 자살했다. 음모론자들이 하는 말이 사실이라면, 왕족의 도움을 받아 죽음을 가장해서 달아났을 수도 있다.

　범죄 과학 분야를 이끌던 프랑스에서도 늘 모든 범죄의 수사에 범죄 과학이 사용되는 것은 아니었다. 에드몽 로카르는 이러한 현실이 바뀌기를 바랐다. 그는 리옹대학에서 법학과 의학을 공부한 뒤 라까사뉴의 조교가 되었지만 인체보다 범죄 현장에 더 관심을 가졌다. 셜록 홈스는 신발에 묻은 진흙을 얼핏 보기만 해도 그 사람이 런던 어디에 다녀왔는지를 알았다. 로카르는 증거 감식이 그렇게 단순하지 않다는 사실을 알았지만 홈스로부터 증거에 대한 과학적 조사의 영감을 얻었다. 그리고 한 사건에서 실제로 용의자의 신발에 묻은 흙을 검사하여 그의 주장을 반박해 내기도 했다.

　범죄 현장의 증거에는 흙만 해당되는 것이 아니다. 로카르 원칙Locard Principal에는 이런 대목이 있다. "모든 접촉은 흔적을 남긴다."[3] 범죄 과학의 목표는 미세 증거를 그 출처와 연결시켜 범인까지 도달하는 것이다. 이러한 과정을 개별화individualization라고 부른다. 미세 증거는 담배, 머리카락, 털, 실, 발자국, 그리고 로카르가 해결한 가장 유명한 사건에서처럼 화장품도 될 수 있다.

1912년, 마리 라뗄 Marie Latelle은 자신의 집에서 목이 졸려 죽은 채

세계 최초의 범죄 실험실을 개설한 에드몽 로카르

로 발견되었다. 경찰은 남자친구인 은행 직원 에밀 고르뱅Emile Gourbin을 용의자로 지목했다. 하지만 그에게는 알리바이가 있었다. 경찰이 추정한 사건 발생 시각은 자정 이전이었고 그는 별장에서 친구들과 새벽 1시까지 카드놀이를 했다. 하지만 로카르는 사체를 검시하여 목이 졸린 곳에서 손톱으로 할퀸 것 같은 자국을 발견하고, 에밀을 찾아가 그의 손톱 스크래핑(손가락과 손톱 사이에 낀 물질—옮긴이)을 채취했다.

손톱 스크래핑을 현미경으로 관찰하자 투명하고 얇은 조각이 나왔다. 인간의 피부세포였다. 또한 분홍색 가루도 나왔는데, 이는 바로 화장품이었다. 오늘날 화장품이 대기업에 의해 대량 생산되는 것과는 달리 당시에는 해당 지역에서 개별적으로 제작되어서 재료 배합이 저마다 달랐다. 마리가 사용한 페이스 파우더는 인근 지역 약제사가 제조한 것이었다. 경찰은 마리의 페이스 파우더를 실험실로 가져갔다. 화학 분

석가는 이것이 에밀의 손톱 밑에서 채취한 것과 동일한 성분, 즉 쌀 전분, 마그네슘 스테아르산염magnesium stearate, 산화아연, 비스무트, 베니션 레드Venetian red 안료를 함유하고 있다는 사실을 밝혀냈다. 이에 에밀은 마리를 살해했다고 자백했다. 친구들과 카드놀이를 했다는 알리바이를 만들기 위해 밤 11시에 시계를 1시로 돌려 놓은 것도 털어놓았다. 에밀은 마리를 찾아가 청혼했지만 거절당하자 목을 졸랐다고 말했다. 하지만 시계를 뒤로 돌려 놓았다는 사실은 마리를 찾아가기 전에 이미 죽이기로 작정했다는 의미였다.

미세 증거물이 결정적인 역할을 한 사건은 또 있었다. 파리에 사는 십 대 소녀 제르망 비숑Germaine Bichon의 살인사건이다. 1909년 7월의 어느 일요일 오후, 카페 바르댕Bardin의 한 웨이터는 위층 아파드에서 비명 소리가 나는 것을 들었다. 그는 카페 주인 부부 중 한 명인 바르댕 부인에게 말했지만 그녀는 별일 아닐 거라고 대꾸했다. 그래서 설거지를 하는데 머리 위에서 뭔가 뜨뜻한 것이 떨어지는 느낌이 들었다. 자신의 팔에 피가 떨어진 것이다. 그는 소리를 질렀다. "알베르 씨의 아파트에서 피가 비 오듯 떨어지고 있어요!"[4]

바르댕은 무슨 일인지 알아보려고 관리인을 불러 함께 위층으로 올라갔다. 문이 잠겨 있었기 때문에 관리인은 경찰을 불렀고, 그들은 합심해서 창문을 깨고 안으로 들어갔다. 그리고 구타로 사망한 채 피바다 속에 쓰러져 있는 제르망을 발견했다. 현장에서 아무것도 묻지 않은 깨끗한 손도끼가 발견되었는데, 이는 범인이 희생자의 옷장을 부술 때 사용한 것으로 보였다. 현금을 보관하는 상자는 활짝 열려 있었다. 하지만 살인자가 아파트에 침입한 흔적은 찾을 수 없었다.

책상 위에는 이런 편지가 놓여 있었다.

아저씨, 이 편지를 쓰는 저는 지난 한 해 동안 당신의 여인이었던 사랑스러운 '롤로뜨Lolotte(연인이라는 뜻―편집자)'입니다. 당신이 이 편지를 읽고 우리가 함께한 1년을 되돌아보기를 바랍니다. 당신은 서른네 살이고 저는 열일곱입니다. 슬픔보다 기쁨이 더 많았던 매일이었습니다. 지난 1년은 마치 하루처럼 지나가 버렸습니다. 당신은 저를 딸처럼 대해 주었죠. 무슨 일이 있어도 당신에 대한 제 사랑은 변하지 않을 겁니다. 저는 당신의 딸이 된 것 같았어요.[5]

읽는 이의 심기를 불편하게 만드는 이 연애편지의 수취인은 사건이 벌어진 아파트의 주인 알베르 오르셀Albert Oursel이었다. 제르망은 알려진 것보다 어린 열여섯 살이었지만, 어쨌든 나이 차가 많이 나는 연애가 범죄는 아니었다. 그러나 이 편지 내용으로 보면 알베르에게 의심이 가고도 남을 상황이었다. 경찰은 알베르가 가정부를 소개하는 유료 직업소개소를 운영한다는 사실을 알아냈다. 제르망은 그러한 가정부 가운데 한 명이었고 알베르와 함께 살았다. 알베르의 가정부라는 명목이었지만 실제로는 애인이었다. 그녀는 온통 알베르 생각뿐이었지만 알베르는 그렇지 않아서 결국 그녀와 헤어졌다. 제르망은 친구에게 알베르가 자신을 내쫓고 싶어 하며, 자신에게 다른 일자리를 찾아 주면 그 즉시 쫓아낼 거라고 말했다. 당시 제르망은 임신한 상태였다.

정황상 알베르가 범인처럼 보였지만 법의학 증거는 다른 누군가를 가리켰다. 죽은 제르망의 손에 금발과 연한 갈색 머리카락 몇 가닥이 남겨져 있었던 것이다. 길이가 긴 것으로 봐서는 여자 머리카락이었다. 모발 증거 분석은 1850년대 후반부터 실시되었지만, 수사관들은 인간의 것과 동물의 것, 어떤 경우 한 사람의 것과 다른 사람의 것을 구분하는 정도였다. 법과학자 빅토르 발타자르Victor Balthazard와 마르셀 랑베르Marcelle Lambert는 사건 현장에서 수거한 머리카락을 조사했다. 이 사건의 경우 수거된 머리카락은 한 가닥을 제외하고 모두 직경이 약 0.06∼0.08밀리미터였다. 직경이 0.1밀리미터로 이상하게 두께가 달랐던 한 가닥은 제르망의 것으로 판명되었다.

여성 용의자를 찾던 경찰은 알베르의 진짜 가정부 뒤모셰Dumouchet 부인을 만났다. 그녀는 알베르가 "제르망한테 정나미가 떨어졌지만 마음이 너무 약해 쫓아내지 못한다"라고 말했다고 진술했다. 그리고 경찰에게 제르망의 절친한 친구이자 알베르의 또 다른 가정부인 로셀라 Rosella를 만나 보라고 했다. 또 염두에 두어야 할 사람이 있었다. 알베르의 비서인 데시뇰Dessignol 부인으로, 그녀는 제르망, 로셀라 모두와 관련이 있는 인물이었다. 게다가 아파트의 열쇠를 소지하고 있던 사람은 알베르, 제르망, 그리고 데시뇰 부인 세 명뿐이었다. 부인은 일요일을 제외하고 매일 저녁 7시까지 근무했고 사무실은 알베르의 아파트와 연결되어 있었다. 이는 제르망이 살아 있는 모습을 본 마지막 사람이 바로 데시뇰 부인일 가능성이 높다는 의미였다. 상황은 더욱 복잡해졌다. 뒤모셰 부인은 데시뇰 부인이 제르망을 무시했고 알베르에게 완전히 빠져 있었다는 소문을 전했다.

데시뇰 부인이 사건의 주요 인물이 되었다. 살인이 일어나기 전날 밤, 그녀는 근무를 마치고 제르망과 쇼핑을 갔고 그 뒤 제르망은 혼자 걸어서 집으로 돌아왔다. 데시뇰은 자신이 그 십 대 소녀를 본 것은 그

때가 마지막이었다고 말했다. 경찰이 그날 밤 제르망이 낯선 사람을 집에 들였을 가능성에 대해 묻자, 데시뇰은 죽은 사람에 대해 험담을 하고 싶지는 않지만 제르망은 못할 짓이 없는 아이였다고 했다. 경찰은 마지막에 이렇게 적었다. '미움? 질투?'[6] 하지만 발타자르가 데시뇰의 머리카락을 검사한 결과가 나왔을 때 질투심에 휩싸인 비서에게 살인 혐의를 두려던 희망은 산산조각이 났다. 데시뇰의 머리카락은 모두 연한 금발이었고 직경은 0.06밀리미터가 채 못되었다. 너무 가늘어 제르망의 손에서 발견된 것과 일치하지 않았다.

이제 경찰은 앙젤Angele이라는 이름을 지닌 묘령의 여인에게 수사의 초점을 맞췄다. 아파트 관리인은 살인사건이 일어났다는 사실이 알려지자마자 앙젤이 안내소로 와서 질문을 했다고 전했다. 검은 목도리를 두르고는 그 건물에 누가 사는지 물었다는 것이다. 앙젤의 머리카락은 제르망의 손아귀에서 발견된 것과 같은 갈색이 도는 금발이었다. 너무나도 자극적인 사건이었던 만큼, 언론이 앙젤의 이야기를 보도하자 모든 사람이 이 금발 여인에 대한 이야기를 했다. 하지만 그녀를 공범으로만 여길 뿐 직접 그토록 잔인한 살인을 저질렀으리라고는 누구도 상상하지 못했다.

그럼 다시 알베르에게 돌아와 보자. 머리가 벗겨지고 구불거리는 턱수염을 지닌 그는 제르망을 유혹하려는 의도를 품고 가정부로 고용한 혐의로 체포되었다. 그는 처음 만났을 때 제르망이 겨우 열다섯 살이었다는 사실을 몰랐다고 주장했다. 이들의 관계는 여섯 달 동안 지속되었지만 알베르가 제르망에게 새로운 직장을 구하라고 말하는 순간 깨어졌다. 알베르는 제르망에게 임시로 자신의 거처에 머물러도 좋다고 했지만 거의 시종일관 그녀를 무시했다. 이 때문에 제르망이 알베르에게 편지를 쓴 것이다. 그는 제르망이 임신한 사실을 알았지만 배 속의 아이가 자신의 아이는 아니라고 생각했다. 비열하기 짝이 없는 인간이었지만 살인과는 무관해 보였다. 알베르는 사건이 일어나던 때 다른 도시에 있는 어머니의 집을 방문하고 있었고, 그동안 커피를 마시고 친구와 자전거를 타고 심지어 시장과 저녁 시간을 함께 보내는 등 하루 종일 집 안팎을 드나드는 모습을 보였기 때문이다. 게다가 머리카락 색이 전혀 달랐다. 알베르는 루블 금화 등 도난 물품의 목록을 알려 주었다.

경찰은 이 앙젤이라는 여인을 찾으려고 근처에서 일하는 다른 가정부들과도 이야기를 나눴다. 그런데 이들이 이상한 이야기를 들려주었다. 보쉬Bosch 부인이라는 여성이 자기들 각각에게 같은 부탁을 했다는 것이다. 체불 임금을 받으러 알베르의 직업소개소에 가는 데 동행해 달라는 부탁이었다. 그녀가 원한 것은 알베르에게 항의하는 동안 증인이 돼 주는 일이라고 했다. 그리고 더욱 놀랍게도 가정부들이 설명한 보쉬라는 여인은 인상착의가 앙젤과 일치했다. 한편, 경찰은 마침내 알베르의 전 가정부이자 제르망의 친구인 로셀라 루소Rosella Rousseau의 추적에 성공했다. 그리고 곧 로셀라가 기혼일 때 사용한 이름이 보쉬라는 사실을 알게 됐다. 그렇다면 로셀라가 앙젤이기도 한 것일까?

보쉬 부인에 대해 이야기한 가정부들이나 관리인 그 누구도 로셀라가 보쉬 부인이라거나 앙젤이라고 단언할 수는 없었다. 어찌 되었든 경찰은 로셀라를 취조했다. 그녀는 부끄러운 기색도 없이, 사건 당일 자기는 돈을 빌리러 삼촌에게 갔지만 거절당해 삼촌 돈을 훔치고 있었다고 말했다. 하지만 그녀의 삼촌은 너무 연로해서 알리바이를 확인해줄 수 없었다. 경찰이 살인사건에 대해 이야기하자 로셀라는 흐느끼며 제르망을 딸처럼 사랑했다고 말했다.

그러던 중 도저히 밝힐 수 없을 것 같던 로셀라의 진실이 마침내 드러났다. 인근 카페 주인의 말이 단서가 되었다. 그의 말에 따르면 로셀라는 모든 카페에서 돈을 빌린 데다 집주인에게서 집세를 내지 않으면 나가야 한다는 최후통첩을 받은 상태였다. 그런데 어느 일요일, 카페에 나타나 빚의 일부를 갚고 와인을 몇 잔 마신 다음 행상에 뭔가를 팔러 자리를 떴다는 것이다. 그 행상인은 로셀라가 동전을 팔려고 했지만 자신은 구입하지 않았다고 말했다. 그 동전이 도난당한 루블 금화는 아니었을까?

발타자르는 로셀라의 머리카락을 검사하여 증거와 일치함을 알아냈다. 전체적으로 금발이지만 앞쪽은 갈색이며 두께도 같았다. 처음 로셀라는 범행을 부인했다. 하지만 형사들이 현장에서 발견된 머리카락을 보여 주자 무너졌다. 그녀는 사건 전날 저녁 알베르의 사무실에 몰래 숨어들어 갔다. 제르망과 비서가 자리를 비우는 모습을 보았지만, 제르망이 곧 돌아올까 두려워 아무것도 훔치지는 않았다. 예상대로 제르망은 돌아왔고 사무실과 아파트 사이의 문을 잠가 버렸다. 로셀라는 이제 사무실에 갇힌 꼴이 되었다. 제르망이 돈을 감춰 두는 곳이 분명한 침실 옷장까지 가려면 아침까지 기다려야 했다.

다음 날, 제르망이 사무실과 아파트 사이 문을 열었을 때 로셀라는 식당으로 숨어들었다. 로셀라는 제르망과 마주치지 않기를 바랐지만 제르망은 식당에서 소시지를 먹었다. 그러다 로셀라를 본 제르망이 스스로를 방어하려고 손도끼를 집어 들었다. 로셀라는 달려들어 제르망의 손에서 손도끼를 빼앗아 들고 그것으로 제르망을 내리쳤다. 그러고 나서 닥치는 대로 물건을 훔치고 옷과 손도끼에 묻은 피를 닦은 다음, 살인사건을 수사한다고 소동이 인 틈을 타 몰래 빠져나갔다. 그러면서 관리인에게 가짜 이름을 대 가며 자신이 그 건물에 있었던 합당한 이유를 만들었다. 로셀라는 유죄가 인정되어 사형이 선고되었다.

　범죄 현장에서는 갖가지 털이 흔하게 발견된다. 이는 전혀 놀랄 일이 아니다. 사람의 머리카락은 싸우는 도중 뽑히기도 하지만 자연적으로 하루에 평균 1백 개가 빠지기 때문에 부지불식간에 떨어진다. 이제 DNA 테스트를 통해 모발을 분석하여 그것이 어떤 화학적 구성을 지녔는지 밝힐 수 있다. 하지만 이러한 검사가 불가능하던 시대, 과학자들은 단순히 모발이 지닌 물리적 특성을 비교하는 일밖에 할 수 없었다. 전문가들은 모발의 두께 외에도 그 단면을 관찰하여 가위가 사용되었는지 면도칼이 사용되었는지 판단했다. 또 염색을 한 것인지 아닌지 보고, 했다면 모근과 염색되지 않은 모발 부분을 근거로 얼마나 오래전에 했는지를 추정했다. 하지만 아무리 상세하게 분석해도 이런 식으로는 범죄 현장에서 발견된 모발로 정확하게 한 사람을 특정할 수 없었다. 거의 흡사한 머리카락을 지닌 사람이 세상에 딱 한 사람만 있는 것은 아니기 때문이다. 하지만 모발 분석은 누군가를 용의자로서 제외하거나 포함하는 근거로 사용할 수는 있었다. 제르망 살인사건에서도 실제로 모발을 근거로 비서를 용의선상에서 제외하고 로셀라의 자백을 이끌어 낼 수 있었다.

　놀랄지 모르지만 DNA 테스트가 존재하지 않던 시절에는, 러그,

밧줄, 섬유의 실 역시 사건을 해결하는 데 DNA 이상으로 도움이 되었다. 모발은 모두 케라틴 단백질로 구성되지만 섬유는 구성 성분이 다양하다. 그 가운데 일부만 언급하더라도 울, 삼, 면, 폴리에스터, 나일론 등 여러 가지다. 게다가 실의 색상을 살펴보면 어떤 독특한 패턴이나 염료가 사용되었는지도 알 수 있다. 섬유의 구성이 밝혀지면 수사관들은 제조사를 찾아낼 수 있었고, 제조사가 제공한 판매 기록을 통해 구매자, 더 나아가 용의자에게까지 닿을 수 있었다. 이제는 실을 통해 제조사를 밝혀낸다 해도 그 실로 만든 직물이 너무도 광범위하게 판매되므로 누가 사갔는지 밝힐 수 없다. 하지만 직물이 소규모로 제작되고 인근 지역에서만 판매되던 시절이 있었다. 이제 모발과 실이 1930년대에 뉴욕에서 발생한 살인 미스터리를 밝히는 데 어떻게 도움을 주었는지 살펴보자.

낸시 티터튼Nancy Titterton은 순조로운 삶을 살고 있었다. 그녀는 NBC 라디오방송국 이사와 행복한 결혼 생활을 했다. 이 둘은 독서와 글쓰기에 대한 애정을 지녔다는 공통점까지 있었다. 『스토리Story』지에 짧은 이야기를 한 편 실은 뒤 낸시는 처음 정식으로 출판 계약을 맺었다. 하지만 그녀는 자신의 책이 출간되는 것을 보지 못했다. 1936년 4월 10일, 자신의 아파트 욕조에서 목이 졸려 숨진 채 발견되었기 때문이다. 베개에서 만년필이 발견된 점으로 미루어 사망 당시 집필 중이었던 것으로 추측되었다. 예순다섯 명의 형사들이 이 사건에 배정되었지만 사건 해결의 실마리를 발견한 것은 뉴욕 법의관실이었다.

수사관들은 범인이 침실에서 낸시에게 일격을 가한 뒤 욕실로 끌고 갔다고 판단했다. 두 가지 결정적인 증거가 근거였다. 시신 아래 있

자신의 아파트에서 숨진 채 발견된 낸시 티터튼

던 33센티미터짜리 끈과 침대보에서 발견된 옅은 색 모발로, 수사관들은 이 모발을 낸시의 것으로 추측했다. 하지만 이를 현미경으로 관찰한 법의관 벤자민 모건 밴스Benjamin Morgan Vance 박사는 인간의 것이라고 보기에는 털이 너무 거칠다고 밝혔다. 당시에는 가구용 직물에 말의 털이 사용되었다.

이는 중요한 단서였다. 낸시의 시신을 발견한 것은 소파를 배달하던 두 남성, 즉 업홀스터(등받이가 높은 의자—옮긴이) 제작자 테오도어 크루거Theodore Kruger와 그의 조수 조니 피오렌자Johnny Fiorenza였기 때문이다. 이들은 기존의 소파를 수거하기 위해 그 전날에도 아파트를 방문했다. 하지만 아파트 끝쪽에 있는 침실에는 들어가지 않았다. 수사관들은 이들이 끈을 원래 용도가 아닌 범죄에 사용한 것은 아닌지 의심했다. 직경 약 3밀리미터인 이 끈은 이탈리아산 마와 황마로 방직한 것이었다. 경찰은 뉴욕시 인근 지역의 스물다섯 개 로프 제조사에 전갈을 보냈다. 일주일 뒤, 펜실베이니아주Pennsylvania 요크York에 위치한 하노버 코디지 컴퍼니Hanover Cordage Company에서 자신들이 그러한 유형의 로프를 제작하여 업홀스터 제작업체 몇 군데에 판매했다는 답신을 보냈다. 경찰은 하노버 코디지에 증거 샘플을 가져갔다. 그곳의 제품과 일치했다. 판매 기록에 따르면 이들은 뉴욕시 한 도매상에 이 끈을 판매했고, 이 도매상은 다시 소파를 배달한 업홀스터 제작자 테오도어 크루거에게 판매했다.

경찰은 곧 테오도어의 조수 조니의 집으로 향했다. 안쓰러울 정도로 내성적인 이 젊은이는 학교를 중퇴한 뒤 절도로 수감 생활을 한 전력이 있었다. 당시에는 폭력적인 범죄를 저지르지 않았지만, 수감자를 상담하는 정신과의사는 조니를 언젠가 폭력적으로 변할 수 있는 '잠재적 정신병 환자'라고 평가했다.[7] 조니는 브루클린 인근 벤슨허스트 Bensonhurst에서 어머니와 함께 살고 있었다.

테오도어에 따르면 조니는 의지하고 신뢰할 수 있는 직원이었지만, 안타깝게도 정신과의사의 예언은 현실이 되어 버렸다. 살인이 일어난 지 열흘 뒤, 조니가 범행을 자백한 것이다. 그는 낸시를 처음 본 순

조니 피오렌자의 낸시 티터튼 살해 혐의 증거로 제시된 2인용 소파

싱싱교도소Sing Sing Prison를 향해 뉴욕시를 떠나는
조니 피오렌자(중앙)

간 머리에 악한 생각이 떠올라서, 다음 날 오전 10시 반에 치수를 추가로 재야한다며 낸시의 아파트로 찾아갔다고 했다. 그리고 낸시가 집 안으로 들어오게 하자 그녀를 공격해서 살해했다. 5시간

뒤, 조니는 사장인 테오도어와 함께 소파를 배달했다. 그는 시신을 발견한 사람이 되면 의심받지 않을 거라고 생각했지만 무심코 흘린 실이 증거가 되어 잡히고 말았다.

그로부터 수십 년 뒤인 1981년, 섬유 증거가 또 한번 교묘히 수사망을 빠져나가던 살인자를 잡게 된다. 경찰은 젊은 남성과 소년을 대상으로 한 연쇄살인을 수사하고 있었다. 각각 살해 방법은 달랐지만 한 가지 연결점이 있었다. 시신에서 실이 발견된 것이다. 어떤 시신에서는 연두색 나일론실이 발견되고 또 어떤 시신에서는 보라색 아세테이트실이 발견되었다. 수사관들은 섬유 전문가들에게 어디에 그런 실을 사용하는지 물었다. 그런데 살인범이 섬유를 수사한다는 언론 보도를 접한 것이 틀림없었다. 실이 씻겨 나가도록 시신을 강에 유기하기 시작한 것이다. 경찰은 도시의 여러 다리에서 잠복근무를 시작했다. 그러던 어느 날 밤, 첨벙 소리를 듣고 달려간 한 경찰관이 마침 차를 몰고 다리를 지나던 웨인 윌리엄스Wayne Williams를 체포했다. 그는 그저 쓰레기를 버

채터후치강Chattahoochee River에서 웨인 윌리엄스에게 살해당한 희생자의 시신을 수습하는 모습

렸다고 말했지만 이틀 뒤 강에서 시신이 떠올랐다.

경찰은 영장을 발부받아 윌리엄스의 집을 수색했다. 그 과정에서 연두색 나일론 카펫을 발견했는데, 이는 한정판이었다. 윌리엄스가 우연히 이 카펫을 소유하고 있을 확률은 7,792분의 1이었다. 또 보라색 실은 그의 침대보와 일치했다. 그가 범인임을 증명할 수 있는 심유는 모두 스물여덟 가지였고, 여기에는 그가 기르는 반려견인 저먼셰퍼드의 털도 포함되었다. 그 한 가닥 한 가닥이 윌리엄스가 살인자일 가능성을 더했다.

범죄 과학에는 '곱의 법칙product rule'이 있다. 이는 각각의 증거가 우연히 존재할 가능성을 구한 뒤 이 가능성들을 곱하는 것이다. 붉은색

포드Ford 트럭이 은행 강도 현장에서 달아나는 모습이 목격되었다고 가정하자. 이론적으로 도로 위 자동차의 차종이 포드일 확률은 10분의 1이고, 그 차가 붉은색일 확률은 18분의 1, 트럭일 확률은 12분의 1이다. 그러므로 10과 18, 그리고 12를 곱하면, 경찰관이 우연히 발견한 붉은색 포드 트럭이 바로 은행 강도 사건 현장에 있던 문제의 그 트럭일 확률이 나온다. 2,160분의 1이다. 이와 같은 법칙을 생각하면 윌리엄스는 의심스럽기 짝이 없었다. 살해된 희생자 시신에서 너무나 다양한 섬유가 발견되었고, 또 그것들이 윌리엄스의 집에서 발견되었다는 사실이 윌리엄스가 살인자일 확률을 높인 것이다. 윌리엄스는 일관되게 결백을 주장했지만 결국 유죄 판결을 받았다.

범죄 현장의 물질 증거 가운데는 신발 자국, 타이어 자국, 무기의 흔적, 바이트마크 등 흔적과 관련된 것도 있다. 범죄 과학에서는 자연적으로든 인위적으로든 똑같은 물체가 두 개 존재할 수 없고, 그러므로 똑같은 흔적을 남길 수 없다는 말이 있다. 이 이론에 따르면 같은 공장의 바로 옆 라인에서 제조된 두 개의 타이어조차 흙길에 다른 접지 흔적tread mark을 남긴다. 한편, 법률 전문가들은 이제 이러한 이론이 실제로 유효한지에 의문을 제기하고 있다. 두 가지 물체가 각기 다른 흔적을 남길지는 몰라도 그 차이가 너무도 미미해서 전문가조차 구분하지 못할 가능성이 있다는 것이다. (이러한 전문가 증언은 DNA 증거에 의해 오류인 것으로 인정되었다.) 하지만 적어도 이러한 흔적은 특정 브랜드의 신발을 신는 사람을 가려내는 식으로 용의자 대상을 좁힐 수 있다.

1992년, 주유소 직원 리아콰트 알리Liaquat Ali가 참혹하게 살해된 사건을 해결할 때 바로 '흔적'이 한몫을 해냈다. 주유소를 찾은 한 운전자가 시신을 발견하고 경찰에 연락했고, 경찰은 다시 로클랜드 카운티Rockland County 법의관 페레데릭 저기비Frederick Zugibe를 현장으로 불렀다. 알리의 상흔을 통해 범인이 그를 빗자루와 철제 쓰레기통 뚜껑으로 구타하고 빗자루와 칼로 찔렀으며, 공업용액을 부어 눈과 얼굴에 화상을 입혔다는 사실을 알 수 있었다. 도저히 상상할 수 없을 정도의 폭력이었다. 저기비는 이 정도면 시신에 다른 상흔도 있을 수 있다는 생각을 했다. 그는 다른 광선, 즉 자외선을 비춰 시신을 샅샅이 훑어보았다. 자외선 아래에서는 지문, 족적, 신발 자국은 물론 정액과 타액, 혈액까지 드러난다. 이 사건에서 그는 N, I, K라는 철자의 신발 흔적을 발견했다. 용의자 가운데 레이몬드 나바로Raymond Navaro가 나이키NIKE 운동화를 가지고 있었다. 경찰은 이 신발을 실험실로 가져가 혈액세포 실험을 실시했다. 혈액세포는 씻어 내는 일이 거의 불가능하고, 물론 나바로의 운동화에도 흔적이 남아 있었다. DNA 테스트 결과 이 혈액세포는 알리의 것으로 밝혀졌다. 나바로는 친구 마이클 무어Michael Moore와 함께 이 주유소 금전 등록기를 털려고 했는데, 알리가 저항하자 공업용액을 그의 얼굴에 뿌린 뒤 구타하고 칼로 찌른 것이다. 이런 무자비한 공격과 살인으로 나바로와 무어가 손에 넣은 것은 50달러, 25센트짜리 동전 다발, 담배 네 갑, 라이터 두 개였다.

5장

지문은 영원하다:
초기 지문 증거

    범죄 현장에서 발견되는 많은 종류의 증거 가운데 개인에 따라 가장 독특한 차이를 보이는 것이 바로 지문이다. 아니, 적어도 DNA 테스트가 등장하기 전까지는 그랬다. 더구나 사람의 지문은 평생 바뀌지 않는다. 그래서 범죄자들은 정체가 드러나는 것을 막기 위해 지문을 제거하려 노력해 왔다. 하지만 훼손된 지문도 용의자를 규명하는 데 도움이 된다. 대공황기에 악명을 떨친 은행 강도이자 탈옥수이며 경찰 살해범인 존 딜린저John Dillinger는 산으로 손가락 끝을 태워 지문을 없애는 데 어느 정도 성공했다. 하지만 바로 이렇게 해서 생긴 흉터 때문에 오히려 더 독특한 지문을 갖게 되었다. 딜린저가 FBI 요원들의 총격을 받고 숨겼을 때 그의 손가락 끝 가장자리에는 여전히 지문이 남아 있었다.

하지만 오늘날에도 손끝의 피부를 변형하는 범죄자들이 있다. 이렇게 하면 범죄 현장에서 장갑을 낄 필요는 없어질지 몰라도 궁극적으로 검거망을 빠져나가는 데는 별 도움이 되지 않는다. 지문이 없다는 사실만으로도 충분히 의심스럽기 때문이다.

지문이 발견되기 전, 경찰은 이미 알려진 범죄자들의 행방을 추적하는 데 어려움을 겪었다. 재범에게 더 무거운 형량을 선고하기 위해서는 전과자들의 신원을 파악할 방법이 필요했다. 처음 경찰은 1820년대와 30년대에 발명된 사진으로 눈을 돌렸다. 하지만 여기에는 한계가 있었다. 우연의 일치로 놀랍도록 닮은 사람이 있을 수도 있고, 외모는 시간이 지남에 따라 변화하고 수염을 기르는 등의 여러 가지 방법으로 바꿀 수 있기 때문이다.

그런 가운데 수흐떼의 법과학자 알퐁스 베르틸롱Alphonse Bertillon이 더욱 정교한 방법을 개발해 낸다. 베르틸롱은 과학자 집안 출신이었고, 그의 할아버지는 종종 세상에 똑같은 신체 치수를 지닌 사람은 없다고 말했다. 이러한 신념을 바탕으로 베르틸롱은 개인의 독특한 신체 특징을 이용해서 범죄자 신원 식별 시스템을 만들었다. 이는 죄수의 키, 왼쪽 팔꿈치에서 중지 끝까지의 길이, 머리둘레, 귀의 길이 등을 측정하는 방법이다. 측정 부위가 너무나도 다양해서 두 사람이 같은 치수를 지닐 확률은 2억 8천 6백만분의 1에 불과했다. 드디어 베르틸롱 측정법, 즉 베르틸로나쥬Bertillonage의 시행이 시작된 것이다. 그리고 첫해 다른 방법으로는 놓쳤을 상습적 범죄자 3백 명의 신원을 밝혀냈다. 이 시스템은 전 세계 범죄 수사 기관으로 퍼져 나갔다.

이와 동시에, 또 다른 새로운 신원 확인 방법이 서서히 제 모습을

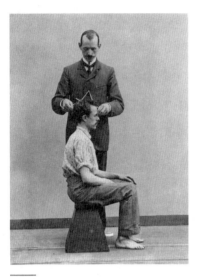
베르틸롱 측정법의 실행 모습

갖춰 갔다. 고대 중국과 일본 사람들은 사람마다 지문이 다르다는 사실을 이미 알고 있었다. 중국에서는 중요한 문서를 점토로 봉했는데, 문서의 신빙성을 증명하기 위해 그 저자가 점토에 지문을 찍었다. 또한 기원전 221년 범죄 현장 지침서도 손바닥 자국이 범죄 해결에 어떻게 도움이 되는지 서술하고 있다. 서양에서 지문의 중요성이 알려진 것은 ⏘로부터 한참이 지난 후였다. 서양에서는 '지문의 아버지'가 누구인지에 대해 의견이 분분하다. 몇 명이 같은 시기에 지문을 연구했고 각자 중요한 사실들을 발견했기 때문이다.

영국인 윌리엄 허셜William Herschel은 1800년대 중반 인도에서 가족과 친구, 동료의 지문을 수집한 뒤 이를 연구했다. 그는 정부 관리로 임명되어 근무하는 동안에도 형사 법정, 교도소, 연금 공단 직원의 신원을 확인하기 위해 지문을 사용했다. 그리고 평생 지문 연구를 계속하여 개인의 지문은 시간이 지나도 변하지 않는다는 사실을 증명해 냈다. 미국에서는 과학자 토마스 테일러Thomas Taylor가 범죄 현장에서 발견된 지문을 어떻게 용의자의 것과 비교하여 연결시킬 수 있는지를 강연했다. 이 내용은 1877년『미국 검경 및 대중과학American Journal of Microscopy and Popular Science』지에 게재되었다.

그와 비슷한 시기, 스코틀랜드의 헨리 폴즈Henry Faulds 박사는 일본에서 선교 의사로 활동하던 중 일본 도자기공이 자신의 작품에 지문으로 서명을 하는 것을 보고 지문에 흥미를 갖게 되었다. 1880년, 그는 『네이처Nature』지에 보낸 한 서신에서 '손에 난 피부의 골'에 대해 설명하고 지문 채취 방법과 범죄자 신원 확인 관련 활용법을 소개했다.[1] 실제로 그는 자신이 근무하던 병원에서 지문을 이용해서 도둑을 찾아낸 적도 있었다. 누군가 수술용 알코올을 병째 훔친 일이 발생했다. 범인은 기름투성이의 손으로 지문을 남겼는데, 폴즈가 이 증거와 지문이 일치하는 직원을 찾아낸 것이다. 당시 지문 분야는 급속도로 발전하고 있었고, 연구에 앞서 있었던 사람은 폴즈였다. 하지만 더 유명해진 것은 허셜이었고, 이 때문에 폴즈는 오랜 세월 분노에 떨어야 했다.

1880년대, 전도유망한 영국 과학자이자 찰스 다윈의 사촌인 프란시스 골턴Francis Galton은 허셜에게 함께 지문 연구를 하자고 제안했다. 골턴 역시 지문을 수집하고 있었는데, 두 사람이 수집한 지문을 합하자 세계 최대 규모의 자료집이 되었다. 골턴은 정말로 지문이 변하지 않는지, 개인마다 독특한 모양을 지니는지, 분류가 가능한지, 궁극적으로 지문과 그 소유자를 짝지을 수 있는지 밝히려 했다. 연구를 통해 그는 이 모든 질문에 대한 대답이 '그렇다'라는 사실을 증명했고, 그 결과를 많은 책과 기사를 통해 보고했다.

골턴의 연구에 대해 읽은 아르헨티나의 경찰관 후안 부체티크Juan Vucetich는 죄수들의 지문을 채취하여 자신만의 분류 체계에 따라 정리했다. 단순한 수집에서 벗어나 이렇듯 체계적으로 정리한 것은 세계 최초였다. 부체티크는 현대 사회에서 지문을 이용해 살인사건을 해결한 최초의 인물이다. 1892년, 두 명의 어린이가 살해된 채 네코체아 Necochea의 해안 마을에서 발견되었다. 이들의 어머니 프란체스카 로하스Francesca Rojas는 목에 부상을 입은 상태였다. 심문이 진행되는 동안 그녀는 벨라스케즈Velasques라는 사람이 아이들과 자신을 공격했다고 했다. 하지만 체포된 벨라스케즈는 밤새 시체들에 묶어 놓는 등 가혹한 심문이 진행되는 동안에도 자신의 결백을 주장했다. 에두아르도 알바레즈Eduardo Alvarez 경관은 범죄 현장을 조사한 끝에 문에서 피 묻은 엄지손가락 지문을 발견했다. 그는 부체티크를 불렀고, 부체티크는 그 지문이 프란체스카의 것과 일치한다는 사실을 밝혀냈다. 지문 증거를 들이밀자 그녀는 자기가 자식들을 살해했다고 자백했다.

하지만 모든 곳에서 즉시 범죄자 신원 확인 방법으로 지문이 사용된 것은 아니었다. 적어도 미국에서는 '두 명의 윌 웨스트Will West' 사건이 발생한 뒤 이러한 변화가 일어났다. 1903년, 윌 웨스트라는 이름의 남자가 레번워스 교도소Leavenworth Penitentiary에 수감되었다. 그를 대상으로 베르틸롱 측정법이 시행되었는데, 결과가 이미 수감 중인 다른 남성의 것과 일치했다. 바로 윌리엄 웨스트William West였다. 그가 탈옥했던 것일까? 아니다. 그는 확실히 감옥 안에 있었다. 이제 교도소 측은 두 남성의 베르틸롱 수치가 일치한다는 문제를 해결해야 했다. 두 명의 웨스트는 서로 친척이 아니라고 주장했지만 겉모습만 흡사한 것이 아니라 이름까지 같았다. 반면 이들의 지문은 서로 달랐다. 이를 근거로 지문 제도 옹호자들은 신원 확인 방법을 지문으로 바꿔야 한다고 주장했다. 그 뒤로 베르틸롱 측정법의 자리를 지문 채취가 대신하게 되었고, 레번워스 교도소에 이어 모든 연방 교도소에서 수감자들의 지문

등록 절차가 정착되었다.

두 사람이 같은 베르틸롱 수치를 지닐 확률이 2억 8천 6백만분의 1이고 당시 세계 인구가 약 16억 명이었으므로, 우연히 이들의 수치가 일치할 가능성도 있었다. 하지만 이 사건에서 '우연'이란 아일랜드 형제에 대한 우스갯소리 같은 것이었다. 그 내용은 이렇다. 두 남자가 술집에 있다. 이들은 평생 닮았다는 소리를 듣고 살아 왔고 같은 학교를 다니다 같은 해 졸업했으며, 같은 동네, 같은 집에서 자랐다. 이런 우연이! 그런데 바텐더가 말한다. "쌍둥이 오말리O'Malley 형제가 또 취했군." 그렇다. 두 명의 윌 웨스트의 베르틸롱 수치가 일치한 것은 이 두 사람이 일란성 쌍둥이였기 때문이다. 동료 죄수들이 그 사실을 뒷받침하는 증언을 했다. 또한 서신 일지에 따르면 두 사람은 각각 형제 한 명, 여자 형제 다섯 명, 조지 삼촌Uncle George에게 편지를 썼고 이들 모두는 다 동일 인물이었다. 일란성 쌍둥이가 드물고 일란성 쌍둥이가 둘 다 범죄자인 경우는 더욱 드문 만큼, 이런 일이 자주 발생하지는 않았을 것이다. 그러므로 이 사건이 베르틸롱 측정법에서 지문 인식으로 신원 확인 방법이 전환되는 실제적 계기가 되었는지에 대해서는 반론의 여지가 있다. 하지만 베르틸롱 측정법의 진짜 결함은 너무나도 명확했다. 일단 측정

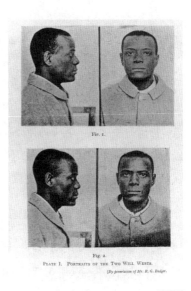

Fig. 1.

Fig. 2.

PLATE I. PORTRAITS OF THE TWO WILL WESTS.
[By permission of Mr. E. G. Bridges.

두 명의 윌 웨스트의 얼굴 사진

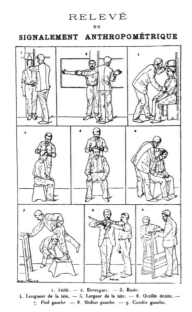

RELEVÉ
DU
SIGNALEMENT ANTHROPOMÉTRIQUE

1. Taille. — 2. Envergure. — 3. Buste.
4. Longueur de la tête. — 5. Largeur de la tête. — 6. Oreille droite.
7. Pied gauche — 8. Médius gauche. — 9. Coudée gauche.

베르틸롱 측정법을 보여 주는 삽화

에 시간이 너무 많이 걸렸다. 그리고 결정적인 것은 범인은 범행 현장에 치수가 아닌 지문을 남긴다는 사실이었다.

1894년에 이르러 영국과 당시 영국령이던 벵골Bengal에서는 모든 범죄자의 지문을 채취했다. 벵골 경찰 총경이던 에드워드 리처드 헨리Edward Richard Henry 경은 범죄자의 지문을 분류하기 위해 골턴과 협력했고, 그 결과 최초로 법정에서 지문 증거로 유죄 판결을 이끌어 냈다. 어느 날, 차나무 농장과 차 생산 공장을 보유한 사장이 목이 베어 숨진 채 발견되었다. 강도 사건의 희생자였다. 영화 「살인 무도회Clue」에서 용의자들만 바꾼 것 같은 사건이었다. 사장이 비열한 상사라는 평을 들었던 만큼, 용의자는 직원 전체는 물론 최근 출소한 전 직원, 옷에 핏자국이 묻어 있던 조리사, 사장과 바람을 피우던 여성의 친척, 근처에서 몰려다니던 범죄자들 등 누구라도 될 수 있었다.

조리사는 그날 저녁 식사 메뉴인 비둘기를 손질하던 중 피가 묻었다고 설명했다. 이제 혈액 검사가 충분히 발전했으므로 그것이 인간의 혈액이 아니라 동물의 혈액이라는 사실을 증명할 수 있었다. 곧이어 불륜 상대 여성의 친척과 범죄자들 역시 용의선상에서 제외되었다. 경찰은 이제 전과가 있는 전 직원에게 주의를 돌렸다. 이들은 그의 짐에서 총알 구멍이 난 달력을 찾아내 거기에 인간의 피와 지문이 묻어 있는 것을 알아냈다. 지문은 전 직원인 캉갈리 차란Kangali Charan의 것과 일치했다. 하지만 캉갈리는 살인을 제외하고 혐의가 입증된 절도에 대해서만 유죄를 선고받았다.

영국에서 지문 증거가 처음 살인사건 해결에 이용된 것은 1905년이다. 노부부 토마스Thomas와 앤 패로우Ann Farrow는 런던과 인접한 뎁트퍼드Deptford에서 페인트 가게를 운영하며 그 위층에 살고 있었다. 1905년 3월 27일, 가게에 도착한 직원은 아래층 가게에서 토마스를, 위층 아파트에서 앤을 발견했다. 두 사람 모두 구타당해 피투성이가 되어 쓰러져 있었다. 토마스는 이미 숨졌고 앤은 의식불명이었다. 앤도 결국 의식을 되찾지 못한 채 며칠 뒤 사망했다. 범죄 과학이 이 부부의 비극적 죽음에 대한 진실을 말해 줄 수 있을까?

동기는 명확했다. 강도였다. 가게의 금고는 비어 있었지만 런던 경시청은 금고에서 엄지손가락 지문을 발견했다. 하지만 이는 두 희생자의 지문과도, 기록에 있는 그 어떤 지문과도 일치하지 않았다. 경찰은 목격자가 있는지 인근 지역을 샅샅이 조사했다. 그런 가운데 우유배달원 한 명이 살인이 있던 날 가게에서 젊은 두 남자가 나오는 모습을 보았다고 말했다. 가게 문을 열어둔 채 떠나는 이들에게 주의를 주자, 뒤에 한 사람이 더 나올 것이라고 말했다는 것이다. 또 다른 증인 엘렌 스탠턴Ellen Stanton은 살인사건이 일어나던 시각 두 남자가 달려가는 것을 보았고, 그중 한 명의 이름이 알프레드 스트래턴Alfred Stratton이라고 말했다. 이렇게 하여 알프레드와 그의 형제 앨버트Albert가 용의선상에 올랐다. 우유배달원은 이들의 신원을 확인할 수 없었지만 앨버트의 엄지손가락 지문이 현장에서 발견된 것과 일치했다.

흥미로운 사실은 『네이처』에 지문에 대한 연구 결과를 게재한 헨리 폴즈가 피고인 측 증인으로 나섰다는 것이다. 그는 범행 현장에 남겨진 뭉개진 지문 한 개는 완전한 지문과 대조하기 어렵다면서, 그러한 증거를 근거로 살인에 대해 유죄를 선고해서는 안 된다고 주장했다. (이 문제는 오늘날까지 논란이 이어지고 있다.) 하지만 배심원단은 약 두 시간 만에 유죄를 평결했으며 스트래턴 형제는 교수형을 선고받았다.

몇 년 후, 배심원단이 지문을 더 확실한 증거로 받아들이게 된 계기가 생긴다. 1911년, 미국에서 찰스 크리스피Charles Crispi 강도 사건에 대한 드라마 같은 재판이 진행되는 동안 지문 분석이 증거로서 효력을 지닌다는 사실이 증명된 것이다. 전문가 증인인 조세프 포로우Joseph Faurot는 범행 현장의 유리문에 남겨진 지문이 찰스의 것이라고 증언했다. 지문은 새로운 형식의 증거였으므로, 포로우는 자신이 이 분야의 전문가라는 사실을 보여 주고자 했다. 그는 먼저 배심원단 전원의 지문을 채취했다. 그리고 자신이 법정 밖으로 나간 사이 배심원들이 유리에 각자 손가락을 대서 보이지 않는 자국을 남기게 했다. 그런 다음 법정으로 돌아와 유리에 찍힌 지문과 그 주인을 정확하게 짝지었다. 그리고 배심원단에게 자신이 어떻게 지문을 대조했는지 상세하게 설명했다. 이 시연 장면을 본 뒤 크리스피는 태도를 바꿔 유죄를 인정했다.

지문 증거에 대한 소식이 널리 퍼지자 범죄자들은 더욱 교묘해져서 장갑을 끼거나 자신이 만진 물건의 표면을 닦았다. 하지만 세상에 완벽한 사람은 없다. 1963년, 마치 영화 「오션스 일레븐Ocean's 11」처럼 열다섯 명의 남성이 영국 우편 열차를 턴 강도 사건이 발생했다. 이것이 바로 유명한 '대열차강도Great Train Robbery' 사건이다.

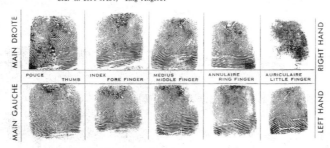

CONFIDENTIAL
Intended only for Police
and Judicial Authorities

BIGGS

Ronald, Arthur.

born on 8th August 1929 in BRIXTON/LONDON (Great Britain)
son of BIGGS given name not known
married to Renée ?
OCCUPATION : builder
NATIONALITY : British
IDENTITY HAS BEEN CHECKED AND IS CORRECT
DESCRIPTION : see photo and fingerprints, height 6'1", grey eyes, dark brown curly hair.
Scar on left wrist; long fingers.

MAIN DROITE / RIGHT HAND
MAIN GAUCHE / LEFT HAND

POUCE THUMB | INDEX FORE FINGER | MEDIUS MIDDLE FINGER | ANNULAIRE RING FINGER | AURICULAIRE LITTLE FINGER

FINGERPRINTED AND PHOTOGRAPHED IN LONDON (Great Britain) in 1963

PREVIOUS CONVICTIONS :
This man has a long criminal record in GREAT
BRITAIN : convicted five times for robbery; twice
for receiving; twice for taking and driving away motor
vehicles without the consent of the owner; seven times
for breaking and entering and burglary; etc.——
After the GLASGOW-LONDON mail train robbery on 8/8/1963,
he was sentenced to 30 years' imprisonment; he escaped
from WANDSWORTH prison in London on 8/7/1965 with three
other prisoners.

MISCELLANEOUS INFORMATION :
Was accompanied by : his wife; Robert Alves Anderson; Eric Flower; Patrick Doyle; Paul
Seabourne; Francis Victor Hornett.— Could be in the company of other members of the gang which
robbed the mail train at Cheddington on 8/8/1963, are at large and are the subjects of the following
I.C.P.O.-INTERPOL international notices : EDWARDS Ronald, notice 555/63 A 4786 of September 1963;
REYNOLDS Bruce Richard, n°550/63 A 4782 of September 1963; WHITE James Edward, n°551/63 A 4783 of
September 1963; WILSON Charles, Frederick, n°517/64 A 5167 of November 1964.——— A warrant of arrest
will be issued shortly.——— EXTRADITION WILL BE REQUESTED.

REASON FOR THIS CIRCULATION :
Done at the request of the BRITISH authorities in order to discover his whereabouts. If found
please detain and inform immediately : The British Representative, International Criminal Police
Organization, National Office, Criminal Investigation Department, New Scotland Yard, LONDON SW 1
(INTERPOL LONDON SW 1), and also : the I.C.P.O.-INTERPOL, General Secretariat, 37 bis rue Paul Valé-
ry. PARIS (INTERPOL PARIS).

I.C.P.O. PARIS
August 1965.

File N° : 387/65
Control N° : A. 5408

대열차강도 범인 중 한 명인 로니 빅스Ronnie Biggs의 인터폴 수배 전단

대열차강도범들의 은신처를 발견하고
주변을 경계하고 있는 경찰

이들은 현금 2천 6백만 파운드를 훔쳐 달아났다. 이는 당시에는 4백만 달러, 현재 시세로 약 3천 1백만 달러에 달하는 금액이다. 강도질에 성공한 뒤 이들은 농가에 숨어 실제 현금으로 모노폴리 게임을 하며 시간을 보냈다.

경찰이 들이닥쳤을 때 이들은 이미 지문을 모조리 닦아 내고 달아난 뒤였다. 아니, 적어도 그렇게 생각했을 것이나. 하지만 경찰은 모노폴리 게임판에서 지문을 찾아냈고, 이를 근거로 열다섯 명 전원을 체포했다. (두 명은 나중에 탈옥에 성공했다.)

범인이 자신의 지문이 아니라 다른 사람의 지문을 숨겨야 했던 사건도 있다. 찰스 헨리 슈워츠Charles Henry Schwartz는 캘리포니아에 사는 발명가였다. 그는 인조실크 제조법을 최초로 완성해 낸 사람 중 한 명으로서, 직접 회사를 경영했고 사업도 번창하고 있었다. 그런데 1925년 7월 30일, 실험실에서 폭발 사고가 발생했고 그는 미처 빠져나오지 못한 것처럼 보였다. 그의 아내는 시신이 남편이라고 확인했다. 유명한 범죄 현장 조사관 에드워드 오스카 하인리크Edward Oscar Heinrich도 시신에 발치한 흔적이 있는데, 이것이 찰스의 치과 기록과 일치한다고 확인했다.

하지만 하인리크는 이상한 점도 몇 가지 발견했다. 희생자가 불에 타기 전에 둔기에 맞아 살해당한 것이었다. 또한 눈이 도려내졌고 지문은 산으로 지워져 있었다. 그런데 경찰이 현장에서 순회 선교사 길버트 바브Gilbert Barbe의 성경을 발견했다. 시신은 찰스가 아니라 길버트일 가능성이 있었다. 하인리크는 찰스의 아내에게 남편의 사진을 달라고 했다. 그녀는 다른 것은 모두 사라졌다며 한 장 남은 사진을 건네주었다. 그리고 신문에 그 사진이 실린 순간 찰스의 행운도 끝이 났다.

사실 찰스는 이중생활을 하고 있었다. 바람둥이에 파티광인 헤럴드 워렌Harold Warren이 그의 또 다른 모습이었다. 그는 이 이름으로, 하숙집을 운영하던 헤이워드Hayward 부부와 친구가 되었다. 최근 '헤럴드'는 헤이워드 부부에게 와서는, 사고가 있었는데 경찰을 부를 수 없었다고 말했다. 당시 금주령이 내려진 상태였는데 그의 차에는 술이 있었기 때문이다. 그는 휴식을 취하며 회복할 곳이 필요했다. 하지만 헤이워드의 집에 머무는 동안 여전히 파티가 일상이었던 것으로 보아 그리 심각하게 다치지는 않았던 것 같다.

나중에 헤이워드는 자신의 딸을 위해 연 깜짝 파티에서 헤럴드가 어떻게 행동했는지 설명했다. "그는 농담하고 웃으며 다른 손님들과 거리낌 없이 어울렸습니다. 펀치를 만들고 새로운 게임을 만들어 냈으며, 심지어 무리를 이끌고 대행진을 하듯 거리를 유쾌하게 걸어다니기도 했어요."[2]

하지만 유쾌한 헤럴드에게 파티는 곧 끝이 났다. 디너파티를 하던 중 헤이워드는 친구들에게 위스키가 연루된 사고를 당한 뒤 자신의 집에 숨어 있는 하숙생이 있다는 말을 했다. 대화의 주제는 자연히 찰스 슈워츠의 이야기로 흘러갔다. 종적을 감춘 이 발명가 겸 사업가에 대해 모든 신문에서 떠들어 대고 있었기 때문이다. 그러다 수배 중인 찰스가 어떻게 생겼는지 전혀 모르는 헤이워드를 위해 누군가 신문을 가져와 사진을 보여 주었다. 바로 헤럴드가 아닌가! 헤이워드는 경찰에 찰스 슈워츠가 자신의 집에 하숙생으로 머물고 있다고 알렸다.

경찰이 헤이워드의 집을 포위했지만 찰스는 경찰에 체포되기 전에 권총으로 자살했다. 그의 주머니에는 아내에게 쓴 편지가 한 통 들어 있었다. 그는 순회 전도사인 길버트 바브가 돈을 요구해서 정당방위로 그를 살해했다고 주장했다. 그리고 범행을 저지른 뒤 집으로 돌아와 자신의 사진과 다른 소지품을 처분했다고 했다.

> 하지만 이 사실은 말하고 싶소, 내 사랑하는 아내여. 나는 그 남자를 모르오. 그의 차림새가 어떠한지 보지도 않았고 시신에 그 어떤 짓도 하지 않았소. 단 한 가지, 그를 불에 태우려 한 것을 제외하고 말이오. 나는 그저 그의 존재를 지우고 어디론 가 사라지게 하고 싶었소. 그곳이 어디인지는 모르지만.[3]

하지만 찰스는 시신을 '태우기만' 하지는 않았다. 손가락에 산을 붓고 눈을 도려냈으며 이를 뽑았다. 그다음 그는 가족 사진을 없애기 위해 자기 집으로 갔다. 정당방위로 누군가를 죽인 뒤에 하는 행동이라고 보기에는 하나같이 너무나도 이상했다. 그는 생명보험금을 타내기 위해 죽음을 가장한 것이다. 실제로 그는 사고사의 경우 배상액이 두 배로 늘어나는 배액지불 특약까지 가입해 놓고 있었다. 이렇게 해서 받게 되는 보험금은 경찰 추산 10만 달러 이상이었다. 인조실크 사업이 사실은 영 신통치 않았으므로 찰스에게는 절실한 돈이었다. 찰스는 길버트의 신원을 확인할 수 있는 특징을 모두 지웠지만 정작 자신의 외모는 바꾸지 않았고, 그 때문에 덜미를 잡혔다. 하다못해 콧수염이라도 길렀더라면 좋았을 것이다.

1924년, 새롭게 창설된 미국 수사국US Bureau of Investigation 산하 신원 식별부Identification division에 의해 레번워스와 다른 미국 법집행기관에 보관된 지문 자료들이 통합되었다. 에드거 후버J. Edgar Hoover는 이 부서를 이끌다가 이후 수사국의 국장으로 '장기집권'했다. 그리고 미국 수사국은 1935년에 미 연방 수사국FBI으로 명칭이 바뀌었다. 한 번 범죄를 저지른 사람은 재범 이상을 저지를 가능성이 높다. 그러므로 이들의 지문이 있다면 사건 현장에서 발견된 지문과 쉽게 대조할 수 있을 것이었다. 후버 시대에 FBI의 신원 식별부는 2억 개의 지문을 수집했다. 지금이야 FBI 등 수사 기관들이 컴퓨터를 사용해서 대부분의 지문을 검색할 수 있지만, 당시 형사들은 복잡한 분류 체계에 따라 지문을 찾았다. 1990년 연쇄살인범 에일린 워노스Aileen Wuornos의 검거를 이끌어 낸 것은 지문 증거였지만, 수사관들은 일치하는 지문을 일일이 수작업으로 찾아야 했다.

에일린이 등장하기 전에도 여성 연쇄살인범은 존재했다. 하지만 에일린 워노스 사건은 희생자가 모두 낯선 사람이라는 점, 그리고 살인 무기로 총을 선택했다는 점에서 독특하다. 불우한 어린 시절을 보낸 탓에 정신 이상 행동을 보였다는 건 너무나도 뻔한 얘기처럼 들릴 것이다. 하지만 에일린의 경우 이것은 그냥 하는 말이 아니었다. 어머니는 그녀를 버리고 떠났고, 아버지는 아동 성추행 유죄 판결을 받은 뒤 감옥에서 목을 매 자살했다. 부모를 모두 잃은 에일린은 조부모와 함께

여섯 명의 남성을 살해한 혐의로
치사 주사로 사형된 에일린 워노스

살게 되었지만, 그녀의 말에 따르면 이번에는 할아버지에게 학대를 받았다. 열세 살에는 성폭행을 당했고 이 때문에 임신을 했으며, 낳은 아이는 입양을 보냈다. 열여섯 살부터 고속도로에서 매춘을 해서 먹고살게 되었는데, 정신 이상 증세는 이때부터 나타났다. 에일린은 어릴 적 겪은 비극적 경험 때문에 어른이 되어서 공격적 성향을 띠었다. 그녀의 죄질은 점점 나빠지기만 했다. 살인 혐의로 조사를 받을 당시 그녀의 전과 기록에는 무장 강도, 자동차 대절도죄(일정액 이상의 재물을 훔쳤을 경우의 절도—옮긴이), 검거 불응, 폭력행위, 운행 중인 차에서의 총격 등이 포함되어 있었다.

1989년 12월 13일, 고철을 뒤지던 두 남성이 썩은 내가 나고 벌레가 꼬인 현장을 발견했다. 수사관들의 기록에 따르면, 그들은 이렇게 증언했다. "숲속을 돌아다니는데 고약한 냄새를 맡았어요. 야자수 사이를 지나갈 때 친구가 나에게 '이것 좀 봐!'라고 해서 봤죠. 그런데 방수천 사이로 사람 손이 삐져나와 있는 게 아니겠어요!"[4]

경찰은 총상을 입고 사망한 리처드 맬러리Richard Mallory의 시신을 발견했다. 그 후 1년 동안 총격에 의해 사망한 희생자가 여섯 명 더 발생했다. (에일린 워노스가 저지른 연쇄살인사건의 피해자는 모두 일곱 명이나, 그중 끝내 시신을 찾지 못한 네 번째 피해자를 제외한 여섯 명에 대한 살인 혐의만 인정되었다.—편집자) 모두 남성이었다. 이들을 살해한 범인에 대한 단서가 전혀 없는 것은 아니었다. 7월 4일, 여성 두 명이 네 번째 희생자 피터 시엠스Peter Siems의 차에서 나와 자리를 뜨는 모습을 본 증인들이 있었다. 이들은 몽타주 화가에게 인상착의를 설명했고, 플로리다 형사들은 이 스케치를 언론에 배포했다. 용의자들은 리 블라호베치Lee Blahovec와 타이리아 무어Tyria Moore였다.

그와 비슷한 시기에 한 보안관은 전당포를 돌아다니며 저당품 중에 희생자의 소지품이 있는지 수사했다. 그러던 중 첫 번째 희생자인 리처드 맬러리의 카메라와 속도감지기를 발견했다. 전당포에 물건을 맡기는 사람은 법에 따라 영수증에 오른쪽 엄지손가락 지문을 날인하게 되어 있었다. 여기에 적힌 이름은 캐미 마시 그린Cammie Marsh Greene이었다. 유감스럽게도 플로리다 수사관들은 영수증에 찍힌 것과 일치하는 지문을 컴퓨터 시스템에서 찾을 수 없었다. 결국 플로리다 경찰청 산하 올랜도 지부 법의학 실험실Florida Department of Law Enforcement's Orlando Regional Crime Laboratory의 지문 전문가 제니 에이헌Jennie Ahern과 동료 데비 피셔Debbie Fischr, 데이비드 페리David Perry는 옛날 방식으로 지문을 찾아야 했다.

이들은 여러 지역 경찰서를 방문하여 기록으로 보관하던 지문 카드를 일일이 들춰 보기로 했다. 운이 따랐는지 처음 방문한 볼루시아 카운티 보안관 사무실Volusia County Sheriff's Office에서 일치하는 지문을 찾았다. 카드에 적힌 이름은 로리 크리스틴 그로디Lori Kristine Grody였다. 이들은 사진을 확인하기 위해 전과 기록을 검색했다. 그 결과 로리, 리, 캐미가 모두 동일인물이라는 사실이 드러났다. 하지만 그 가운데 진짜 이름은 없었다. 이들은 로리의 기록을 FBI의 미국 범죄 정보센터 National Crime Information Center에 조회하고 나서야, 에일린 캐롤 워노스가 그녀의 본명임을 알았다. 에일린의 전과 기록은 채 성년이 되기 전부터 시작되었다. 경찰은 라스트 리조트Last Resort(최후의 수단이라는 의미 —옮긴이)라는 아주 적절한 이름의 술집에서 에일린을 찾아내 체포했다. 그녀의 친구인 타이리아는 기소를 피하려는 생각으로 살인을 자백했다. 에일린은 모든 살인이 정당방위였다고 주장했지만 배심원들은 이를 받아들이지 않았다. 에일린은 2002년 사형에 처해졌다.

지문은 사건 해결에 도움이 되지만 반대로 수사관들을 잘못된 방향으로 이끌기도 한다. 전당포 영수증에 찍힌 것과 같은 명확한 엄지손가락 지문을 기록과 비교하기는 쉽다. 하지만 부분 지문을 기록에 대응

에일린 워노스가 검거된 라스트 리조트의 외관

시키기란 어려운 일이다. 그렇다면, 누군가를 살인으로 단죄할 수 있을 만큼 지문 증거의 신빙성은 굳건한 것인가? 스트래턴 형제 사건에서 제기되었던 이 문제는 오늘날까지도 논란이 끝나지 않았다. 하지만 아무튼 지문 때문에 수사기관이 엉뚱한 사람을 용의자로 지목한 적이 있는 것도 사실이다.

그러한 일은 테러리스트를 수사하던 과정에서 일어났다. 2004년 3월 11일, 마드리드Madrid에서 네 량의 통근열차가 폭탄 테러를 당해 191명이 사망하고 1천 8백여 명이 부상을 당한 사건이 발생했다. 스페인 수사 당국은 용의자 몇 명을 체포하고, 현장에서 발견한 지문을 FBI와 공유했다. FBI는 이 지문을 검색하여 일치할 가능성이 있는 사람 스무 명을 찾아냈다. 이 중에는 오리건Oregon주 변호사 브랜든 메이필드Brandon Mayfield도 있었다. 그는 미 육군에 복무한 경력이 있어서 지문이 등록되어 있었다. 면밀히 비교해 보니 메이필드의 지문이 현장에서 발견된 지문과 일치하는 것 같았다.

FBI는 메이필드에 대한 24시간 감시를 명령했다. 그런데 그가 이집트 이민 여성과 결혼한 이슬람교도이며, 양육권 소송에서 테러로 유죄 판결을 받은 사람을 변호했다는 사실이 드러났다. 이러한 사실들은 수사의 진행에 영향을 미치게 되었다. 스페인 지문 선문가들은 메이필드의 지문이 일치하지 않는다고 생각했고, 스페인 경찰도 그와 테러를 연결할 다른 증거가 없었다. 하지만 FBI는 수사를 계속 진행했다. 기자들이 미국인 용의자가 있는지 질문하기 시작하자, 메이필드가 국외로 도주할까 우려한 FBI는 그를 주요 참고인으로 억류한 뒤 5월 6일 체포했다. 그런데 5월 19일, 스페인 수사관들이 현장 지문의 진짜 주인을 찾

스페인 마드리드 통근열차 폭탄 테러 뒤 구조요원들이 잔해를 수색하는 모습

아냈다. 알제리 국적의 오우나네 다오우드Ouhnane Daoud였다. 그럼에 도 법원은 메이필드를 석방하되 가택연금에 처하라고 명령했다. 그리 고 FBI는 5월 24일에야 그에 대한 모든 혐의를 취소했다.

그해 2004년 10월, 메이필드는 FBI, 미국 사법부, 그리고 몇 명의 사람을 대상으로 시민권, 개인 정보 보호법Privacy Act, 그리고 헌법에 명시된 권리의 침해에 대한 민사소송을 제기했다. 어떻게 수사관들이 지문에 대해 그렇게까지 잘못 짚을 수 있었을까? 미 법무부의 내사 보 고서에 따르면, FBI 지문 분석가들이 메이필드의 지문과 현장 지문 사 이의 유사점에만 초점을 맞추고 차이에는 주의를 기울이지 않은 것이 원인이었다. 이를 테면, 다른 점이 발견되면 다른 사람의 지문과 겹쳐 서 다르게 보이는 것이라고 합리화하는 식이었다. 겹친 지문 따위는 없고 자신들이 검토하고 있는 지문이 단 한 개임이 명백할 때도 말이다. 또 보고서는 스페인 경찰청이 두 개의 지문이 일치하지 않는다고 발표했을 때, FBI가 수사를 백지에서 다시 시작해야 했다고 지적한다. 하지만 메이필드의 사생활에 대한 정보 때문에 이들의 판단력은 흐려져 있었다.

지문 증거는 1세기 이상 사용되었지만 이 사건에서 보듯 여전히 오류가 발생할 수 있다. 범죄 과학 증거는 완벽하지 않다. 지문을 대조하기 위해서는 전문가의 판단이 요구되며, 역사상 사건들을 보면 편견이 이러한 판단을 흐릴 수 있다. 다행스럽게도, 메이필드 사건 이후 지문 기술이 개선되었다. FBI에 따르면, 차세대 식별 체계Next Generation Identification라는 새로운 검색 시스템은 더 향상된 컴퓨터 알고리즘으로 일치하는 지문을 찾는다. 그 자체로 수작업으로 지문을 대조해야 할 확률이 몇 퍼센트 포인트가 줄어들었다. 이 시스템은 2천 3백만 장의 머그샷mug shot(구치소에 수감되기 전에 찍는 사진—옮긴이)도 보관하고 있는데, 이를 기반으로 하면 앞으로 홍채 인식을 통한 신원 감식이 가능해질 것으로 보인다.

이렇게 FBI에서 지문이 활발하게 이용되고 있는 사이, 또 다른 법과학 기법이 활용되기 시작했다. 바로 총기 분석이다.

6장

빵빵! 너는 죽었어!:
총기 분석의 탄생 ●

　　20세기로 접어드는 무렵 독살이 만연했다면 이제는 총격에 의한 사건이 그 자리를 대신하고 있다. 현재 미국에서는 사고가 아닌 고의에 의한 총격으로 매일 평균 31명이 사망하고 151명이 부상을 당한다. 총기에 의한 자살 및 사고사의 희생자는 그보다 더 많다. 그러므로 너무나도 당연하고 자연스럽게 총기 분석이 범죄 과학에서 중요한 자리를 차지하게 되었다.

　　수사관들이 처음 살인사건 해결에 총기 증거를 사용한 것은 1794년

● 「빵빵! 너는 죽었어Bang Bang, You're Dead」는 미국 극작가 윌리엄 마스트로시몬William Mastrosimone의 일인극이자 동명의 영화 제목으로, 1998년 오리건주에서 발생한 킵 킨켈Kip Kinkel 사건을 주요 소재로 삼았다. — 옮긴이

구형 총알

이었다. 영국 랭커셔Lancashire의 한 외과의사는 총상 희생자의 시신을 부검하던 중 상처 안에서 종이를 발견했다. 당시에는 총을 한 번 장전하면 한 발밖에 쏠 수 없었다. 다시 장전하기 위해서는 총열(총신이라고도 한다―옮긴이)에 화약을 넣고 구형 총알round bullet을 넣은 다음, 이를 고정하기 위해 종이를 뭉쳐 넣고 꽂을대로 단단하게 다져야 했다. 이 사건에서 사용된 종잇조각은 거리의 발라드street ballad(통속적인 주제의 싯구나 노래, 또는 16~19세기 영국, 아일랜드, 미국 등지에서 그 내용을 인쇄해 팔던 싸구려 종이―편집자) 일부였다. 그리고 용의자의 주머니에서 그 나머지 종이가 발견되었다.

용의자는 체포되었다. 이렇듯 별것 아닌 종잇조각은 분명 다른 사건에서도 용의자 추적에 한몫을 할 수 있었을 것이다. 하지만 유감스럽

기관총 총열 내부의 선조

게도 종이가 필요 없는 총이 발명되었다. 그런데 1888년, 수사관들은 총알 자체가 중요한 단서라는 사실을 알게 된다. 여기서 알렉상드르 라까사뉴가 또 등장한다. 그는 일흔여덟 살로 생을 마감한 끌로드 무아루Claude Moiroud의 시신을 부검하던 중, 후두, 어깨, 척추 근처 등 세 곳에서 각각 한 개의 총알을 찾아냈다. 그리고 세 개의 총알이 모두 같은 위치에 같은 모양의 홈을 지니고 있다는 사실을 발견한다. 각 총알은 각기 다른 신체 부위를 통과했으므로 사람의 몸 때문에 그러한 무늬가 생겼을 리는 없었다. 그렇다면 총 자체가 이러한 무늬가 생긴 원인인 것일까? 이에 대한 해답을 찾기 위해 라까사뉴는 총 제작자를 찾아갔다. 총 제작자가 설명을 해 주었다. "총열 안에는 나선형 홈이 나 있습니다. 이걸 선조라고 하는데요, 총알이 선조를 통과하면 회전하게 되고 그 결과 더 정확하게 목표물을 타격할 수 있지요. 선조를 통과한 총알에는 새긴 자국이 남습니다." 라까사뉴에게는 눈이 번쩍 뜨이는 순간이었다. 총알을 찾으면 그 총이 발사된 총도 찾을 수 있다는 의미였기 때문이다.

한편 경찰은 무아루 사건에 대한 제보를 받던 중, 한 여인이 집에 남자친구의 총을 숨기고 있다는 정보를 입수했다. 경찰은 에칼리에르

Echallier라는 남자의 총을 압수하여 라까사뉴에게 검사를 맡겼다. 라까사뉴는 해부용 시신에 총을 발사해 보고, 총알에 무아루의 시신에서 발견된 것과 같은 홈이 생긴 사실을 알아냈다. 이 증거에 근거하여 에칼리에르는 유죄를 선고받았다. 이후 라까사뉴는 한 학생에게 발사된 총알에 나타나는 무늬를 조사해 달라고 부탁했다. 그리고 그와 함께 스물여섯 개의 총알과 각 총알이 발사된 총을 비교·대조한 연구 논문을 발표하였다.

　대부분의 범죄 과학 분야에서 그러했듯이, 프랑스는 총기 분석에서도 저만큼 앞서 나간 반면 미국은 한참 뒤처져 있었다. 무고한 남자가 살인사건의 범인이 되어 사형 선고를 받았던 한 사건에서 이러한 사실이 잘 드러난다. 1915년 3월 22일, 농장 노동자 찰리 스틸로우Charlie Stielow는 나이 든 농장주 찰스 펠프스Charles Phelps와 가정부 마거릿 월코트Margaret Wallcott가 총에 맞아 숨져 있는 것을 발견했다. 경찰은 범행에 사용된 무기가 22구경 리볼버라고 결론 내렸다. 찰리는 자신은 총이 없다고 말했지만, 경찰은 곧 이것이 거짓말이라는 사실을 밝혀냈다. 찰리는 체포되었다. 경찰은 총기 전문가 앨버트 해밀턴Albert Hamilton 박사를 불렀다. 하지만 사실 그는 '박사'나 '전문가'라는 호칭과는 전혀 관련이 없었다. 자칭 박사이자 전문가일 뿐 고등학교도 마치지 못한 사람이었다. 총기와 그 관련 분야에 정통하다고 광고했지만, 실제로 그 가운데 어떠한 분야에서도 교육을 받거나 관련 업무에 종사한 적이 없었다. 어쨌거나 해밀턴은 총과 총알을 '검사'했고 이 둘이 일치한다고 선언했다.

　수사가 진행되는 동안 찰리는 자백을 했다. 모든 상황은 그에게 불리했다. 독일에서 건너와 영어로 의사소통하기에 무리가 있었고, 학습장애까지 지니고 있는 듯 보였다. (두 번째 견해는 언어장벽에 기인한 것일 수도 있다.) 재판에서 변호사는 찰리의 자백이 강요에 의한 것이라고 주장했지만 판사는 그 자백을 증거로 인정했다. 상황은 해밀턴이 찰리의 리볼버가 살인에 사용된 총이 확실하다고 증언하며 더욱 악화되었다. 찰리가 소유한 총의 총열 안에 있는 아홉 개의 홈이 희생자의 시신에서 나온 총알의 홈과 동일하다고 증언한 것이다. 그는 이렇게 말했다. "나는 기술적으로 매우 뛰어난 사람이라서 알 수 있습니다. 배심원들은 육안으로 볼 수 없는 것을 나는 볼 수가 있어요."[1]

찰리는 유죄를 판결받고 사형 선고를 받았다. 하지만 그가 사형 집행을 기다리는 동안 몇몇 '착한 사마리아인'이 이 사건을 다시 조사했다. 그러자 어윈 킹Erwin King과 클라렌스 오코넬Clarence O'Connell이라는 떠돌이 두 명이 사건이 일어나던 시각 인근에 있었다는 사실이 밝혀졌다. 이들은 처음에는 경찰에 자백했지만 나중에 이를 번복했다. 그래도 뉴욕 주지사 찰스 위트먼Charles Whitman은 사건을 재수사할 수 있도록 형 집행 정지를 승인했다. 그리하여, 당시 뉴욕 검찰총장실에 있던 찰스 웨이트Charles Waite가 총기 증거에 대한 재조사를 맡게 되었다.

웨이트는 뉴욕시 경찰 총기 전문가 헨리 존스Henry Jones에게 총과 총알을 가져갔다. 존스는 즉시 문제점을 발견했다. 찰리의 총은 몇 년 동안 사용한 흔적이 없었던 것이다. 그럼에도 존스는 총을 발사한 뒤 총알을 검사했다. 이 총알은 시신에서 발견된 것들과 완전히 달랐다. 이 증거를 근거로 주지사는 찰리의 석방을 명령했다.

찰리의 사건이 다행스런 결말로 끝나기는 했어도, 비과학적인 총기 분석 때문에 무고한 사람이 감옥에 갇히고 죽음 직전까지 갔었다는 사실에 웨이트는 충격을 받았다. 그는 이런 시스템을 바꿔야겠다는 신념으로, 먼저 모든 미국 권총과 미국에서 판매되는 유럽제 권총의 목록을 작성했다. 그리고 새로 개발된 헬릭소미터helixometer를 사용하여 총열 내부를 관찰했다. 헬릭소미터는 한쪽 끝에 확대 렌즈가 달린 관이다. 1923년, 웨이트는 캘빈 고다드Calvin Goddard 등의 동료들과 함께 뉴욕에 법의탄도학 센터Bureau of Forensic Ballistics를 설립했다.

웨이트는 불과 3년 뒤 사망했다. 하지만 고다드는 총기 분석을 계속해 나갔다. 그가 참여한 사건 중에는 주요 사건도 몇 건 있었는데, 사코Sacco와 반체티Vanzetti의 재판도 그중 하나였다. 이들은 강도 및 살인 혐의로 기소된 무정부주의자들이었다. 사건이 발생한 1920년 4월 15일은 구두 공장 슬레이터 앤 모릴Slater & Morrill의 월급날이었다. 오후 3시경 슬레이터 앤 모릴의 경리부장 프레데릭 파멘터Frederick Parmenter와 무장 경호원 알렉산더 베라델리Alexander Berardelli는 본사 사무실에서 매사추세츠주 사우스 브레인트리South Braintree에 위치한 공장으로 모두 15,776달러 51센트가 담긴 현금 상자 두 개를 운반하고 있었다. 그때 두 남자가 나타나 파멘터와 베라델리를 총으로 쏘아 죽였고, 다른 일당들이 탄 도주용 차량이 디가와 섰다. 두 남자는 현금 상자를 싣고 차에 올라탄 뒤 전속력으로 사라져 버렸다. 그리고 차는 이틀 뒤 숲에서 발견되었다.

이 시기 경찰은 인근 브리지워터Bridgewater에서 발생한 유사한 강도 사건을 수사하고 있었다. 브리지워터 사건의 경우 도주용 차량은 뷰익Buick이었고 코체셋Cochesett 방향으로 도주했다. 두 사건의 증인들은 모두 범인들이 이탈리아 사람이었다고 말했다. 그래서 경찰은 코체셋에 거주하고 뷰익을 소유한 이탈리아 사람을 수소문했다. 그 결과 무정부주의자 마리오 보다Mario Boda와 스물아홉 살인 그의 친구 니콜라 사코Nicola Sacco, 그리고 역시 무정부주의자인 서른두 살의 바르톨로메오 반체티Bartolomeo Vanzetti가 용의선상에 올랐다.

1910년대 후반에서 1920년대 초반, 무정부주의자들은 위협적인 집단이었다. 이들은 노동자를 억압하는 자본주의 체제를 전복시켜야 한다고 믿었고, 유럽에서 발발한 제1차 세계대전을 비도덕적 전쟁이라고 비난했다. 미국인들은 무정부주의자들이 자국 내에서 러시아의 볼셰비키혁명Bolshevik Revolution과 같은 일을 일으킬까 봐 두려워했다. 1917년 11월에 일어난 볼셰비키혁명 뒤에는 끔찍한 내전과 로마노프 황가Romanov의 참혹한 암살이 이어졌었다. 적색 공포Red Scare 시대로 알려진 이 시기, 미국에서는 단지 이념 하나만을 이유로 삼아 무정부주의자 몇 명을 체포하고 구금한 뒤 추방하였다. 이들의 검거에 항의하기 위해 무정부주의 집단들은 정부인사들과 존 록펠러John D. Rockefeller 같은 부유한 사업가들을 공격할 계획을 세웠다. 1919년 6월 2일, 보다, 사코, 반체티의 친구이며 역시 무정부주의자인 카를로 발디노치Carlo Valdinoci가 법무부장관 미첼 파머A. Mitchell Palmer의 집에서 자살폭탄 테러를 감행한 것도 그런 이유에서였다.

하지만 이 폭탄 테러로 인해 오히려 더 많은 사람들이 체포되었다. 세 무정부주의자의 또 다른 친구인 안드레아 살세도Andrea Salsedo는 미 법무부에 의해 몇 주 동안 구금된 상태에서 정보를 털어놓을 때까지 구타당했다. 그리고 1920년 5월 3일에 법무부 건물에서 투신자살한 것으로 알려졌다. (떠밀려 추락사했을 가능성도 있다.) 살세도가 자신들에게 불리한 증거를 제공했을지 모른다는 걱정에 보다, 사코, 반체티는 무정부주의 서적과 계획된 공격에 필요한 물품을 최대한 숨기고 다른 동지들에게도 자신들처럼 하라고 경고하기로 한다. 그리고 이를 행동에 옮기기 위해 보다의 차를 타러 주차장으로 향했다. 그런데 이를 목격한 주차장 직원이 경찰에 알렸고, 경찰은 사코와 반체티, 그리고 함께 있던 또 다른 무정부주의자 리카르도 오치아니Riccardo Orciani를 추적해 검거했다. 보다는 빠져나갔다.

사코와 반체티는 두 건의 강도 사건의 용의자로 구금되었지만, 알리바이가 있었던 오치아니는 석방되었다. 다른 구두 공장에서 일하던 사코는 첫 번째 사건, 즉 브리지워터 강도 사건이 일어나던 날에는 근무를 했지만, 두 번째 사건인 브레인트리 강도가 일어난 날은 일을 쉬었다. 생선 장수인 반체티는 두 사건의 발생 시각에 장사를 하고 있었다고 말했지만 경찰이 이를 믿지 않았으므로, 브리지워터 사건 피고인으로서도 재판을 받게 되었다. 검찰은 브레인트리 강도 사건 혐의로 두 사람을 모두 기소했다. 그러자 이에 항의하기 위해 보다는 맨해튼 마차에서 폭탄을 터뜨려 서른 명이 죽고 수많은 부상자가 발생하는 사고를 일으켰다.

1921년 5월 31일, 재판이 시작되었다. 그리고 7주 동안 진행되며 전 세계에 수많은 뉴스를 제공했다. 사코와 반체티의 체포 및 기소가 강도 혐의 때문이 아니라 무정부주의 활동에 대한 처벌이라고 생각하는 사람도 있었다. 실제로 이들의 정치적 신념은 검찰 측의 공격 대상이 되었다. 사코와 반체티는 징집을 피하기 위해 멕시코로 도주한 적이 있었는데, 검사는 무정부주의 서적을 소유하고 병역을 기피한 데 대해 집중적으로 심문했다. 판사마저 피고인들에게 반감을 가진 것처럼 보였다. 재판 기간 중 판사가 법정 밖에서 이렇게 말한 적도 있었다. "전에 내가 저 빌어먹을 무정부주의자들에게 어떻게 했는지 봤는가? 아마 저들은 한동안 잊지 못할 거야."[2]

재판은 목격자 싸움이었다. 검사 측 증인이 쉰아홉 명, 변호인 측 증인이 아흔아홉 명이었다. 이들은 상반된 이야기를 했다. 예를 들어 브레인트리 사건 당일인 4월 15일 반체티가 플리머스Plymouth에서 생선을 파는 모습을 보았다는 증인이 여섯 명인 반면, 사건 현장 근처에서 보았다는 증인이 네 명이었다. 하버드 법대 교수이자 훗날 대법관으로 임명되는 펠릭스 프랭크퍼터Felix Frankfurter는 사코와 반체티를 적극적으로 옹호하는 사람이었다. 그는 재판에서 목격자 진술에 의존하는 것은 어리석은 짓이라고 주장했다. 목격자가 낯선 사람, 특히 '외국인'의 신원을 확인하는 경우는 더더욱 신뢰하기 어렵다는 이야기였다. 외국인이란 사코와 반체티가 이탈리아인이라는 사실을 언급하는 것이다. 프랭크퍼터의 주장을 뒷받침하는 좋은 예가 롤라 앤드류스Lola Andrews였다. 그녀는 검사 측의 주요 목격자로, 총격이 있던 시각 사건 현장 근처에서 사코를 보았다고 증언했다. 하지만 한 상점 주인에 따르면, 그녀는 용의자 두 명 중 그 누구의 얼굴도 보지 못했다고 말했다고 한다. 그는 법정에서 당시 대화를 이렇게 회상했다.

내가 "안녕, 롤라"라고 인사하자 롤라는 발걸음을 멈추고 내게 인사했습니다. 그리고 내가 "좀 피곤해 보이네?"라고 하자 그녀는 그렇다며 이렇게 말했죠. "사람 참

피곤하게 하네요." 내가 무슨 말이냐고 묻자 롤라는 "방금 교도소에 다녀오는 길이에요"라고 대답했습니다. "교도소에서 뭘 했는데?"라고 재차 묻자 이렇게 말했지요. "검사가 저를 앉혀 놓고 저 남자들을 알아보겠냐고 다그치잖아요. 아는 게 아무것도 없는데요. 본 적도 없는 남자들을 어떻게 알아보겠어요. 유감이지만, 전에 일자리 구하느라 거기 가서 모르는 남자를 아주 많이 보았어도, 그 가운데 그 누구도 눈여겨보지 않았어요."[3]

반체티에 대해 긍정적 신원확인positive identification(자신이 목격한 사람이 피고인 등 질문의 대상이라고 증언하는 행위—옮긴이)을 한 증인 가운데는, 처음에는 토니Tony라는 포르투갈 남자를 본 것으로 착각했다고 말한 사람도 있었다.[4]

이탈리아인 무정부주의자 사코와 반체티의 사형 집행 전 모습

프랭크퍼터는 긍정적 신원확인 가운데 다수가 경찰이 잘못된 라인업(피의자를 알아내기 위해 여러 명을 한 줄로 늘어서게 한 다음 목격자가 지목하는 방식)을 사용해서 발생한 것이라고 주장했다. 아니, 애초에 라인업 자체가 없었다고 볼 수도 있다. 보통 경찰은 용의자가 남성이면 남성들로, 여성이면 여성들로 라인업을 구성한 다음 증인이 그 가운데 용의자를 식별하게 한다. 하지만 이 사건의 경우 사코와 반체티 두 명만 세워 놓고 증인에게 강도 사건 현장이나 그 근처에서 본 사람이 맞는지 물었다.

재판에 사용된 또 다른 핵심 증거는 사코와 반체티가 검거된 뒤 경찰에 거짓말을 했다는 사실이었다. 이러한 행동은 죄의식consciousness of guilt이라고 알려져 있다. 하지만 이들이 죄를 지은 것 같이 행동했다 해도, 이는 자신늘이 부정부주의자라는 이유로 체포되있다고 생깃했고 실제로 그에 대해 유죄였기 때문이었다. 그래도 어찌됐든 두 목격자의 증언에 피고인들의 죄의식에 의한 행동까지 의심 증거로 더해진 상황이었으므로, 이 사건에서 진실을 밝히기 위해서는 과학적 총기 분석이 특히 중요했다.

사코와 반체티는 모두 총을 소유하고 있었다. 사코는 구두 공장에서 야간 경비를 서기 때문에 총을 가지고 있었고, 반체티는 호신용이라고 설명했다. 반체티는 생선을 팔기 때문에 수중에 (오늘날 약 1천 달러 정도 되는) 현금 1백 달러를 지니고 있을 때도 있었다. 사코의 총은 32구경 콜트 자동소총이었고 반체티의 총은 38구경 리볼버였다. 두 구의 시신에서 발견된 총알 여섯 발 가운데 한 개는 사코의 총과 같은 32구경 콜트 자동소총에서 발사된 것이었다. 반면 나머지 다섯 발이 발사된 총은 두 사람이 갖고 있는 총들과 전혀 다른 유형이었다.

매사추세츠 경찰의 윌리엄 프록터William Proctor 경감은 검찰 측 전문가 증인이었다. 그는 시신에서 발견된 총알이 사코가 소유한 것과 같은 32구경 콜트에서 발사되었다고 증언했다. 검사는 배심원단에게 이 증언으로 사코의 총에서 문제의 총알이 나왔음을 알 수 있다고 주장했다. 하지만 재판이 끝난 뒤 프록터는 자신은 단지 시신들에서 수거한 총알이 사코의 것과 같은 모델의 총에서 나온 총알이라고 했을 뿐, 정확히 사코의 총에서 발사되었다는 증거는 전혀 발견하지 못했다고 해명했다. "사람을 죽인 총알이 정확히 사코의 권총에서 발사되었다는 그 어떤 확실한 증거라도 발견했느냐는 질문을 받았다면 사정은 달라졌을 수도 있다. 지금도 그렇지만 나는 '아니오'라고 주저 없이 말했을 것이다."[5] 하지만 질문에 따라 증언이 달라질 수 있었다는 해명을 하기에는 너무 늦은 상태였다. 사코와 반체티는 유죄가 선고되었고 재심을 받을 수 있을지도 장담할 수 없었다.

사건 막바지에 일은 예상치 못한 쪽으로 전개되었다. 사코와 반체티가 평결에 항소하는 동안 누군가 범죄를 자백한 것이다. 셀레스티노 마데이로스Celestino F. Madeiros라는 남자는 은행 강도로 복역하는 중에 교도소 내의 심부름꾼을 통해 사코에게 전갈을 보냈다. "나는 여기서, 사우스 브레인트리 강도 사건 현장에 있던 것은 니이며 사코와 반체티는 그 사건에 관여한 사실이 없음을 고백한다."[6]

마데이로스는 죄책감 때문에 자백한다고 말했다. "사코의 아내가 아이들을 데리고 교도소에 오는 모습을 보고 아이들에게 너무나도 미안했다."[7] 마데이로스가 주장하는 줄거리에서 그의 역할은 사소했다. 고참 범죄조직원들이 범행을 저지르는 동안 자동차 뒷좌석에 앉아 망을 보았다는 것이다. 그는 범행에 참여한 다른 사람들의 이름을 대기를 거부했지만, 수사관들은 브레인트리에서 열차 화물 절도로 기소된 모렐리Morelli 범죄조직을 의심했다.

마데이로스의 이야기는 몇 가지 점에서 신빙성이 있었다. 범죄조직원인 조 모렐리Joe Morelli는 당시 32구경 콜트를 소유하고 있었고, 수 감 중에 동료 죄수에게 자신을 위해 1920년 4월 15일의 알리바이를 대 달라고 사주했다. 이 역시 범죄였다. 또 다른 범죄조직원 만치니Mancini 는 시신들에서 발견된 다른 총알들과 일치하는 유형의 총을 가지고 있 었다. 마데이로스는 은행 계좌에 2,800달러가 있었고, 이는 강도 사건 으로 탈취한 돈에서 챙긴 몫으로 보기에 적절한 금액이었다. 더욱이 마

사코와 반체티의 유죄 선고에 대해 항의하는 시위대

데이로스의 이야기는 일부 수사관들의 직감과도 일치 했다. 그들은 브레인트리 사건이 생선장수 무정부주 의자가 아니라 강도질에 대 해 훤히 아는 전문가의 소 행이라는 느낌을 받았다고 했다.

하지만 마데이로스는 사건의 세부 사항 몇 가지 를 잘못 알고 있었다. 예를 들어, 그는 현찰이 가방에 들어 있었다고 했지만 실제

로는 상자에 들어 있었다. 또 범행 장소가 정확하게 어디인지도 설명하지 못했다. 마데이로스의 자백을 관찰하던 수사관들은 그가 그저 허풍을 떤다고 생각했다. 마데이로스는 자백으로 얻을 게 아무것도 없었지만 그와 동시에 딱히 잃을 것도 없었다. 결국 문제의 강도 사건에서 담당했다는 역할도 살인이나 절도가 아닌 그저 '망보기'였으니 말이다.

사코와 반체티의 재심 신청은 모두 기각되었다. 그리고 1927년 4월 9일, 전 세계에서 항의가 이어지는 가운데 사형이 선고되었다. 항의가 계속되자 앨번 풀러Alvan. T. Fuller 매사추세츠 주지사는 특별 위원회를 구성하여 사코와 반체티를 석방해야 할지 판단하게 했다. 위원회는 유죄 판결을 유지해야 한다고 권고했다. 그 직후 고다드가 자신이 총알을 검사해 보겠다고 나섰다. 그는 사코의 총을 여러 번 발사한 뒤 그 탄피와 총알을 범행 현장에서 발견한 것들과 비교했다. 그런데 흥미롭게도 현장의 탄피 한 개와 총알 한 개가 사코의 총에서 나온 것과 일치했다. 그 뒤 1961년에 범죄 총기 전문가단이 확인해 보았을 때도 결과는 같았다.

그렇다면 사코와 반체티는 유죄였던 것일까? 일부는 두 명 가운데 한 사람만 유죄라고 생각하기도 했다. 무정부주의의 지도적 인사이자 처음 이들의 변호인으로 재판정에 섰던 카를로 트레사Carlo Tresa는 이렇게 말했다. "사코는 유죄지만 반체티는 결백했다."[8] 피고인 측 변호인 가운데 다른 한 명도 이렇게 말했다. "사코는 유죄였다. 하지만 반체티는 적어도 실제적인 살인 가담에 관해서는 결백했다."[9] 반체티의 유죄 평결을 목격한 보조 검사가 눈물을 흘렸다는 이야기가 있는 것을 보면, 검찰 측조차 둘 중 하나만 유죄라고 생각했을 수도 있다.

비교적 최근인 2005년, 사코와 반체티 사건에 대한 새로운 정보를 담은 편지 한 통이 등장했다. 유명 소설『정글The Jungle』의 작가 업턴 싱클레어Upton Sinclair가 1929년에 자신의 변호사에게 보낸 편지였다. 싱클레어는 여기서 사코와 반체티 재판을 픽션화한 새로운 소설『보스턴Boston』을 집필하며 느낀 혼란에 대해 이야기했다. 소설을 쓰기 위해 취재를 하는 동안 피고인 측 변호인 프레드 무어Fred Moore로부터 충격적인 소식을 접했던 것이다. 무어에 따르면, 두 명 모두 유죄였고 변호인단이 이들의 알리바이를 조작했다. 하지만 싱클레어는 그 정보가 신빙성이 없다고 결론 내렸다. (그는 무어가 마약 중독자가 아닌가 의심했고 변호인단의 다른 변호사들과 사이가 나빠졌다는 사실을 알았다. 또한 무어의 전처는, 재판 도중 남편이 두 사람의 결백을 믿는다고 말했다고 전했다.) 부정부주의 난체의 나른 사람들도 싱클레어에게 제각각인 이야기를 했다. 두 사람 모두 유죄라는 사람들, 둘 다 무죄라는 사람들, 그리고 사코만이 유죄라고 말하는 사람들이 모두 존재했던 것이다. 싱클레어는 분명 의혹을 품고는 있었지만, 사코와 반체티가 무죄인 듯이 소설을 써 나갔다. 반체티는 몰라도 사코는 유죄라는 생각이 정말 사실과 일치한다면, 총기 분석은 그날 브레인트리에서 일어난 일의 진실에 대해 일부라도 밝혀낸 셈이다. 그의 총과 사건 현장에서 발견된 총알을 연결했으니 말이다.

고다드는 1920년대에 세상을 들썩이게 만든 또 다른 살인사건에도 몰두했다. 바로 '성 밸런타인데이 대학살St. Valentine's Day Massacre'이라고 알려진 암흑가의 총격 사건이다. 1929년, 시카고는 도처에서 총을 이용한 폭력사건이 일어나고 있었다. 도시는 마피아의 손아귀에 있었고 그 마피아의 두목은 악명 높은 알 카포네Al Capone였다. 금주령은 사실 카포네와 다른 범죄조직 두목들에게 유리한 상황이었다. 1920년 주류의 제조, 배포, 판매가 법적으로 금지되었지만 밀주업자를 통해 이 모든 일은 여전히 일어나고 있었다. 밀주업 자체가 이미 불법이었으므로 이들은 그 어떤 규칙도 지킬 필요가 없었다. 이들은 원하는 만큼 증류소, 양조장, 술집을 차지할 수 있었지만 '독과점'이라고 불리지도 않았다. 또한 평범한 사람들처럼 타협을 통해 일을 해결하는 것이 아니라 방해가 되는 자가 있으면 그냥 죽여 버렸다. 이렇듯 밀주업자들은 수단과 방법을 가리지 않는 사업 방식으로 막대한 돈을 벌어들이고 있었다. 카포네의 불법 기업들은 연간 1억 달러를 벌어들였다. 밀주 판매로 얻은 이익 가운데 일부는 경찰과 정치인에게 뇌물로 건네졌고, 그 덕에 카포네의 불법 사업장들은 마음 놓고 사업을 할 수 있었다. 범죄조직들

알 카포네(왼쪽)와 조지 '벅스' 모런

은 점점 더 강해졌고 금주령 덕분에 번영을 누렸다. 1928년에는 전국 집회까지 개최했다. 모두 이탈리아의 시칠리아섬 출신인 스물세 명의 범죄조직 두목들은 협력하고 아이디어를 공유하기 위해 오하이오Ohio 주 클리블랜드Cleveland에서 만났다. 하지만 서로 경쟁 관계에 있는 범죄조직들이 항상 신사적인 방법을 쓰는 것은 아니었다.

1920년대, 노스 시카고 범죄조직의 우두머리인 조지 '벅스' 모런 George 'Bugs' Moran은 카포네의 밀조 위스키 선적을 가로채기 시작했다. 하지만 누군가에게서 위스키를 훔칠 생각을 했어도 카포네만은 피했어야 했다. 그는 범죄자이자 아무도 말릴 수 없는 사이코패스였다. 언젠가 회식 도중 한때 자신의 수하로 있었던 세 사람을 야구방망이로 때려죽인 일도 있었다. 벅스는 곧 카포네가 분노하면 어떤 일이 벌어지는지 알게 되었다.

카포네는 벅스의 조직 내부에 첩자를 심었다. 그 첩자는 도난당한 위스키가 1929년 2월 14일 밸런타인데이에 벅스의 창고로 배달되도록 일정을 맞췄다. 그날 아침 벅스의 조직원들이 사건 현장에 도착하기 시작했다. 조니 메이Johnny May, 애덤 헤이어Adam Heyer, 피트Pete 구센버그와 프랭크 구센버그Frank Gesenberg 형제, 제임스 클라크James Clark, 그리고 앨버트 웨인생크Albert Weinshank였다. 안과의사 라인하르트 슈위머Reinhardt Schwimmer도 이 자리에 참석했는데, 그는 조직원은 아니었지만 이들과 친구 사이였다. 카포네의 조직원들은 벅스가 나타나면 작전을 개시하려 했지만 한 가지 문제가 발생했다. 그들 중 한 명이 벅스와 생김새가 매우 닮은 웨인생크를 보고 진짜 목표물인 벅스가 도착하기도 전에 계획을 실행에 옮긴 것이다.

성 밸런타인데이 대학살을 재연하는 시카고 경찰

카포네의 조직원들은 당시 경찰차와 같은 검은색 패커드Packard 차량에서 대기하고 있었다. 그 가운데 두 명은 경찰 복장을 하고 다른 두세 명은 코트를 입고 있었다. 벅스는 라이벌 조직의 작전 개시와 비슷한 시각에 도착했지만 경찰이 습격할 것이라고 생각하여 현장에서 달아났다. 하지만 그의 조직원들은 그리 운이 좋지 않았다. 가짜 경찰관으로 위장한 카포네의 부하들은 벅스의 부하들에게 무기를 버리고 벽을 보고 줄지어 서라고 명령했다. 그리고 기관총을 꺼내 난사했다. 그런 다음 그들은 범인을 체포하는 경찰관 행세를 하며 현장을 빠져나갔다. 코트를 입은 자들이 항복의 표시로 양손을 들고 앞서면 경찰 복장을 한 자들이 그 뒤에서 총을 겨누고 가는 식이었다.

진짜 경찰이 현장에 도착해 발견한 것은 그야말로 피바다였다. 시신들에서 나온 총알과 총알 파편의 수는 서른아홉 개였다. 그리고 그보다 많은 수의 총알과 파편이 수십 개의 탄피와 함께 바닥에 흩어져 있었다. 고다드는 이 사건의 총기 증거 분석을 요청받았다. 이런 일에 그만한 적임자는 또 없다고 했다. 그는 한 건의 살인 현장에서 그토록 많은 총알과 탄피를 본 적이 없었다. 하지만 그럼에도 몇 가지 결론을 이끌어 낼 수 있었다. 먼저 총알과 탄피는 모두 하나 또는 그 이상의 45구경 자동 경기관총에서 발사된 것이었다. 탄피 흔적이 여러 가지인 것으로 보아 적어도 두 정 이상의 총이 사용되었다. 총알에는 시계 반대 방향으로 여섯 개의 홈이 나 있는데, 이는 '토미 건Tommy gun'이라 불리는 톰슨Thompson 경기관총의 총열에서 발견되는 흔적이었다.

카포네의 부하들이 경찰로 위장했기 때문에 경찰을 의심하는 사람도 있었지만, 고다드는 총알이 시카고 경찰의 토미 건에서 발사된 것이 아니라는 사실을 증명해 냈다. 고다드의 분석으로 밝혀진 정보에 근거하여 용의자 몇 명을 체포했지만, 경찰은 여전히 일치하는 총을 찾을 수 없었다. 벅스는 자진해서 경찰 심문을 받겠다고 나섰다. 당시 그가 남긴 말은 유명하다. "이렇게 사람을 죽일 수 있는 건 카포네뿐이다."[10] 하지만 카포네에게는 알리바이가 있었다. 사건 발생 시각, 다른 범죄와 관련해서 마이애미 경찰에게 심문을 받고 있었던 것이다.

10개월이 지난 뒤, 미시건Michigan주에서 프레드 버크Fred Burke라는 남성이 교통사고를 일으켰다. 그리고 경찰서로 연행되던 중 경찰관 한 명을 총으로 쏴 죽이고 그곳을 지나던 차를 탈취해 달아났다. 그 차는 나중에 버려진 채 발견되었다. 차 안에 남아 있던 자동차 등록증을

근거로 버크의 집을 수색한 경찰은 두 정의 토미 건을 발견했고, 고다
드는 이 총들이 성 밸런타인데이 대학살과 연관된 것이라는 사실을 밝
혀냈다.

1930년 봄, 버크는 마침내 체포되었지만 시카고 성 밸런타인데이
대학살 사건의 혐의가 아니라 미시건 경찰관 살해 혐의로 재판을 받고
종신형에 처해졌다. 또 다른 용의자인 잭 맥건Jack McGurn은 1936년 경
쟁 관계에 있던 조직의 단원이 쏜 기관총에 맞아 살해되었다. 시카고
범죄조직의 우두머리 알 카포네는 정작 폭력적인 범죄로 재판에 부쳐
진 적이 없다. 하지만 1931년 탈세로 유죄를 판결받았다. 출소했을 때
그는 매독을 앓고 있었고 다시 권력을 거머쥐기에는 너무 병약해져 있

성 밸런타인데이 대학살에 사용된 것으로 추측되는 기관총을 조사하고 있는 관계자들

었다. 벅스 모런은 훗날 은행 강도 혐의로 유죄를 선고받고 복역 중 사망했다. 한편 범죄와 싸운 고다드의 노력은 행복한 결말을 맺었다. 성밸런타인데이 대학살 사건에서 그가 펼친 활약을 들은 부유한 자선가가 그를 위해 새로운 실험실을 설립할 기금을 기부한 것이다. 그렇게해서 탄생한 것이 바로 노스웨스턴대학교Northwestern University의 과학수사 연구소Scientific Crime Detection Laboratory이다.

1930년에 이르자 범죄사건 수사에서 일상적으로 총기 분석이 이루어졌다. 범죄 현장에서 어떤 총알이 발견되면 용의자가 어떤 유형인지 알 수 있는 경우도 종종 있었다. 1937년 6월, 한 여인이 뉴욕 브루클린의 영화관을 나서다가 갑작스레 쓰러지며 남편에게 말했다. "존, 나총에 맞은 것 같아요."[1] 구급차가 도착해서 보니 실제로 그녀는 총상을 입은 상태였다. 처음 경찰은 범죄조직의 소행이 아닌가 의심했다. 남편이 건설 하청업자였고 당시 건설업에는 범죄조직이 개입하고 있었기 때문이다.

그들이 개입하는 과정은 이러했다. 범죄조직원이 노조에 가입하여높은 지위에 오른다. 그런 다음 노조원의 임금과 연금, 노조의 조합비를 횡령한다. 당연히 노조원들은 이에 대해 분노했지만 딱히 항의할 수는 없었다. 범죄조직의 '고객 상담실' 직원은 총을 갖고 있기 때문이다. 노조위원장이 범죄조직과 연합하여 임금을 높이기 위해 고용주들에게폭력을 행사하는 일도 있었다. 1933년에 금주령이 해제된 뒤 밀주 제조자들은 더 이상 설 자리가 없어졌으므로 범죄조직들은 대신 갈취에 더욱 집중했다. 이러한 까닭에 경찰은 범죄조직이 이 총격 사건과 연관이있고 실제 목표물은 아내가 아니라 남편이었다고 생각했다.

하지만 경찰이 밝혀낸 바에 의하면 살인에 사용된 총알은 22구경 소총에서 나온 것이었고, 이것은 조직범죄와 연관되었다고 보기 힘든 총이었다. 범죄조직원들은 구경이 큰 무기를 선호했다. (구경은 총열의 크기를 말한다. 22구경 소총은 총열의 직경이 약 100분의 22인치로 비교적 작은 구경에 속하는 총이다. 반면 38구경과 45구경은 총열의 직경이 100분의 38인치, 45인치이며 상대적으로 구경이 크다.) 지금도 그렇지만 당시에도 22구경 소총은 보통 이제 막 사격을 배우는 젊은 사람이 사용했다. 총알은 사입구로 추측했을 때 길 건너 공동주택에서 발사된 것이었다. 경찰은 아파트 전체를 수색하여 마침내 22구경 총을 갖고 있던 열여덟 살 청년을 찾아냈다. 그는 영화관 차양에 붙은 전구를 겨냥했지만 치명적인 오발 사고를 낸 것이었다.

범죄조직원들은 흔히 38구경의 총을 사용했다. 그 가운데는 금주령 시대에 호황을 누리던 수많은 범죄조직 중 하나에 몸담았던 프란시스 '투 건' 크로울리Francis 'Two Gun' Crowley도 있었다. 사건 현장에 남겨진 탄피를 추적하면 그가 계속해서 폭력적인 범죄를 저지르고 있다는 사실이 분명했지만, 정작 그를 추적하기는 어려웠다. 1911년 핼러윈데이에 태어난 프란시스는 가난하지만 사랑으로 가득한 앤 크로울리Anne Crowley의 위탁 가정에 맡겨졌다. 앤의 보살핌을 받는 동안 그는 자기보다 나이가 많은 다른 위탁자녀 존을 숭배하게 되었다. 하지만 안타깝게도 존은 롤 모델로 삼기에 그다지 적합한 인물이 아니었다.

존은 끊임없이 불법행위에 연루되다가 결국 경찰과 '진짜' 문제를 일으켰다. 그는 특히 모리스 할로우Maurice Harlow 경관을 싫어했다. 만취와 문란 혐의로 할로우 경관에게 체포당한 적도 있었다. 어느 날 밤,

존이 와자지껄한 파티를 즐기고 있는데 신고를 받은 경찰이 출동했다. 운명이 그러하듯 그 경찰은 바로 할로우였다. 존은 할로우를 보고 총을 발사했고 할로우는 대응사격을 했다. 이 사건으로 두 사람은 모두 사망했다. 당시 겨우 열세 살이던 프란시스는 형의 죽음을 경찰의 탓이라고 여기게 되었다. 훗날 그는 경찰을 싫어한 이유를 이렇게 설명했다. "내 수양 형제가 순찰 경찰관과 싸우다가 살해당한 사건 때문에 경찰은 무슨 일만 생기면 날 의심했다."[12]

프란시스는 범죄조직원이 되어 자동차를 훔치기 시작했고, 이 범죄조직의 세력은 매우 강해졌다. 1931년, 그는 지명수배자가 되었다. 하지만 체포가 임박한 순간마다 총격을 가해 경찰관들에게 심각한 부상을 입히며 달아났다. 뛰어난 총기 전문가 해리 버츠Harry Butts 상사는 프란시스가 남기고 간 총알을 조사한 뒤, 뉴욕 브롱크스의 재향군인회American Legion 무도회장 총격전에서 발견된 총알들과 일치한다는 결론을 내렸다. 같은 유형의 총알은 용커스Yonkers에서 발견된 버지니아 브래넌Virginia Brannen의 시신에서도 발견되었다. 스물세 살이던 버지니아는 무도회장 직원이었다. (당시 무도회장에서는 한 곡당 10센트를 받고 손님들과 춤을 추는 업무를 맡은 직원을 뒀는데, 버지니아도 그중 하나였다.) 경찰은 이 신기루 같은 살인자를 잡겠다는 의지로 가득 차 지명수배 전단을 배포했다. 경찰관 프레드 허쉬Fred Hirsch 역시 이 전단을 주머니에 넣고 다녔다. 그러던 어느 날, 그는 수상쩍은 자동차가 블랙셔트 거리Black Shirt Lane에 정차되어 있는 것을 보고 다가갔다. 그리고 운전석에 프란시스가, 조수석에 그의 여자친구 헬렌 월시Helen Walsh가 앉아 있는 것을 보았다. 허쉬가 운전면허증을 요구하자 프란시스는 면허증을 꺼내는 척 팔을 뻗어 총을 집어 들었다. 프란시스는 허쉬를 총으로 쏜 뒤 허쉬가 지니고 있던 리볼버를 빼앗아 총의 주인을 죽인 다음 달아났다. 네 아이의 아버지인 허쉬는 이미 교대했어야 할 시각이었지만 어린 파트너를 돕기 위해 근무하던 중이었다.

경찰은 살인사건을 목격했다는 이유로 프란시스가 열여섯 살밖에 안 된 헬렌을 죽였을 것이라고 생각하고 기자들에게도 이렇게 말했다. 하지만 사실 서로 열렬히 사랑하는 사이인 이 두 사람은 그때 프란시스의 친구인 루돌프 '터프 레드' 두링거Rudolph 'Tough Red' Duringer와 함께 도주하는 중이었다. (프란시스의 총을 사용했을 뿐 실제로 무도회장 직원 버지니아를 살해한 것은 터프 레드였다. 그는 질투심 때문에 그녀를 살해했다고 했지만 증언에 따르면 청부살인이었다.) 헬렌은 어머니를 안심시키려 자신이 안전하다는 편지를 보냈다.

엄마, 나는 아주 잘 지내고 있으니 제 걱정은 마세요. 프란시스가 잘 돌봐 주고 있어요. 우리 오늘 결혼했어요. 그는 오늘밤 저를 캐나다로 데려간다고 했어요.

헬렌은 허쉬가 살해되던 당시 둘이 차 안에서 뭘 하고 있었는지에 대해서도 설명했다.

애무를 한다든지 하는 일은 없었어요. 그냥 차에 앉아 이야기를 나눴을 뿐이에요. 쇼티Shorty는 제가 총에 맞을까 봐 두려워 그렇게 빨리 달아난 거예요.[13]
('키가 작은 사람'을 뜻하는 쇼티는 실제로 다소 작은 편에 속했던 프란시스 크로울리의 또 다른 별명이었다.—편집자)

이 편지 덕에 경찰은 프란시스를 추적할 수 있었다. 이제 도시 전체가 프란시스의 옷자락이라도 발견하기를 원하는 경찰과 기자들로 넘쳐 나고 있었다. 프란시스에게는 은신처 마련과 관련해 선택의 여유가 별로 없었다. 하지만 아무리 그렇더라도 막 헤어진 전 여자친구에게 도움을 청하는 일보다는 나은 방법이 있었을 것이다. 하지만 프란시스는 하필 그 방법을 택했다. 그는 헬렌과 사귀기 위해 최근에 차 버린 아이린 '빌리' 던Irene 'Billie' Dunne의 아파트로 헬렌과 터프 레드를 데려갔다. 그리고 곧 경찰이 들이닥친 사실로 보아 빌리가 정보를 흘린 것으로 추측된다. 경찰관 도미니크 카소Dominick Caso와 윌리엄 마라William Mara가 웨스트 19번가에 위치한 빌리의 아파트에 도착했다. 문에는 '시장을 보러 외출 중'이라는 메모가 붙어 있었지만 안에 누군가 있는 것이 분명했다. 카소와 마라는 지원을 요청했고 형사 몇 명이 도착했다. 그 과정에서 소란이 일었고, 프란시스가 아파트 문과 벽을 향해 총을 발사한 것을 보면 이를 들었음이 분명했다. 이들은 재차 지원을 요청했다.

곧 무려 150명의 경찰이 아파트 아래 주변 도로에 모였다. 프란시스는 창문 너머로 이들을 향해 총격을 가했고 그 사이 헬렌과 터프 레드는 번갈아 침대 아래 몸을 숨겼다. 경찰과 구경꾼 모두 자동차 뒤로 몸을 던져 총알을 피했다. 다시 경찰이 대응사격을 했고 총알 세례로 건물에서 잔해가 떨어졌다. 경찰 팀이 벽을 타고 건물 옥상으로 올라가서 빌리의 아파트 천장에 구멍을 뚫은 다음 최루탄을 투척했다. 하지만 프란시스는 그 최루탄을 다시 거리로 던진 다음 옥상에 있는 경찰을 공격하기 위해 천장을 향해 총질을 해 댔다. 하지만 탄약은 점점 떨어지고 있었다.

이제 최후의 순간이 다가왔음을 안 프란시스는 자신의 폭력적인 행위에 대해 설명하는 쪽지를 남겼다. 어느 정도 운율이 있었는데 논리도 어느 정도만 있는 글이었다.

이 편지를 읽을 사람들에게

나는 31일에 태어났고 그녀는 13일에 태어났소. 우리는 맺어질 운명이었겠지. 내가 죽거든 손에 백합을 들려서, 소년들에게 그들의 미래를 보여 주시오. 내 코트자락 안으로는 무엇도 해치지 않을 조심스러운 마음이 있다오. 내겐 다른 할 일이 없었소. 내가 경찰을 죽이면서 돌아다닌 이유가 바로 이것이오. 처음 느껴 보는, 영화에서나 경험할 법한 짜릿함이 있었소. 내 죽음을 보고 한 가지 명심하기 바라오. 경찰 나부랭이가 당신의 무릎 위로 1인치도 기어오르게 놔두지 마시오. 그들은 당신을 아낀다고 말하겠지만 당신이 등을 돌리는 순간 곤봉으로 후려치며 이렇게 말할 것이오. "웃기시네!" 이제 나는 죽음을 목전에 두고 있소. 문 뒤에서는 형사두어 명이 이리 나오라고 말하고 있소. 나는 38구경 세 정을 쥔 채 그들과 문 하나를 사이에 두고 서 있소. 그 세 정 가운데 하나는 노스 메릭North Merrick에서 순식간에 거대한 힘에 스러져 간 친구의 것이오. 제대로 된 총알을 사용했다면 그는 나를 잡았을 것이오.[14]

마지막 구절은 허쉬 경관을 지칭하고 있었다. 그는 프란시스가 총을 쏘자 반격했지만 권총에 문제가 있어 명중시키지 못한 것으로 보인다. '거대한 힘에 스러져 갔다'는 것은 납 총알의 힘, 즉 총에 맞아 사망했다는 의미였다.

경찰은 어서 총격을 끝내고 싶어 안달이 났다. 이미 1만여 명의 인

프란시스 크로울리 일행이 체포된 아파트 옥상에서 대기하는 경찰들

파가 모여들어 접근 금지선을 침범하고 있었고, 인근 건물 주민들은 작전 실행을 보려 창문으로 고개를 내밀고 있었다. 경찰은 누군가 총에 맞을까 봐 우려했다. 그들은 프란시스가 또다시 최루탄을 창문 밖으로 내던지는 순간 기관총을 마구 발사한 뒤, 그의 부상을 확신하고 아파트로 돌진해 갔다. 문을 부수고 들어갔을 때 헬렌은 구석에 몸을 숙이고 있었고 터프 레드는 그다지 터프하지 않은 모습으로 침대 밑에 숨어 있었다. 프란시스는 가까스로 선 채 이렇게 말했다. "총에 맞았소. 항복하오. 어쨌든 당신들은 날 죽이지 않았으니까." 그는 총알이 떨어진 듯 보였고 다리에 두 발, 팔에 한 발, 모두 세 발의 총을 맞은 상태였다. 구급차 안에서 경찰은 프란시스의 다리에 고정된 권총 두 정을 발견했다.

프란시스는 그 총들을 이용해 이 위기에서 탈출할 계획이었던 것이다. 그는 사형을 선고받았고, 형이 집행되기 직전 이렇게 말했다. "마지막 소원이 있소. 어머니에게 사랑한다는 말을 전해 주시오."[15] 그의 사랑이 자기 어머니 외에 다른 인간들에게까지 미치지 않은 것은 매우 유감스러운 일이다.

오늘날 총과 상습 범죄자들은 여전히 떼려야 뗄 수 없는 관계에 있다. 그런데 현장에서 발견된 총알이 청부살인업자의 총과 일치했는데도 결말이 나지 않은 사건이 있다. 심지어 청부살인업자

디트로이트에서 네 명을 살해했다고 자백한 다본테 샌포드. 그가 이 범행을 저질렀을 가능성은 매우 낮다.

가 자백까지 했는데도 무고한 한 남자가 교도소에 갇힌 상태이다. 모든 일의 원인은 거짓 자백에 있었다. 학습장애를 지닌 열네 살의 다본테 샌포드Davontae Sanford는 자주 이야기를 지어냈다. 그리고 그 때문에 비극적인 상황에 몰리게 된다. 2007년 9월 이느 날 새벽 1시, 디트로이트Detroit 경찰은 신고를 받고 네 사람이 총격에 의해 사망한 러니언가Runyon Street로 출동했다.

근처에 살던 다본테는 무슨 소동인지 구경하려고 사건 현장으로 가 한 경찰과 이야기를 나누기 시작했다. 다본테는 처음에는 총을 쏜 사람을 안다고 말했다가, 나중에는 총을 쏜 사람이 자기 친구들이라고

했다. 경찰은 심문을 하기 위해 그를 서로 데려갔다. 다본테의 어머니 타미코 샌포드Tamiko Sanford는 그저 아들이 경찰에 증언을 하는 것이려니 하고 동행하지 않았다. 하지만 다본테는 사실 언제든 '증인'에서 '피의자'로 바뀔 수 있는 심리 상태에 있었다. 학계의 연구 결과 연령이 낮은 데다 인지장애가 있는 경우, 외부로부터 영향을 받아 거짓으로 자백하기 쉽다는 사실이 밝혀졌다. 실제로 다본테는 부모도 변호사도 없는 상태에서 밤새 심문을 받은 뒤 범행을 자백했다. 게다가 그의 변호사는 죄를 인정하고 형량 협상을 해야 한다고 어머니 타미코를 설득했다. 타미코는 유죄를 인정하지 않으면 아들이 평생을 감옥에서 보내야 한다는 말을 들었다고 회상했다. "하지만 내 아들은 죄를 인정하려 하지 않았어요. 계속해서 '엄마, 아니에요. 전 하지 않았어요'라고 말헀어요. 하지만 억지로 인정하게 만들었죠. 37년 형에서 90년 형까지 선고받을 수 있었기 때문이에요."[16]

다본테는 정말로 범행을 저지르지 않았다. 적어도 빈센트 스마더스Vincent Smothers에 따르면 그러했다. 빈센트는 전문 청부살인업자로서 다본테가 거짓 자백한 사건의 진범이었다. '착한 어린이들'과 어울리는 모범생이었던 빈센트는 도저히 청부살인업자라고 생각할 수 없는 인물이었다. 우범지역에 살았지만 그의 부모는 자식들이 정직한 생활을 하도록 키워 냈다. 그런데 두 가지 비극적인 사건이 가족을 덮쳤다. 그의 여동생이 집 앞에서 사고로 총에 맞아 사망하고 아버지가 암으로 세상을 뜨게 된 것이다. 그때부터 빈센트가 범죄에 가담하기 시작했다. 냉난방용 덕트를 만드는 번듯한 직업이 있었지만 그는 부업으로 차량 절도를 시작했다. 그러다가 더 수지가 맞지만 동시에 위험도가 더 높은 부업을 하게 되었다. 바로 마약 판매상을 터는 일이었다. 빈센트는 그 일로 거물급 마약상들과 줄이 닿아 청부살인업자로 고용되었다. 그는 무자비한 살인자였다. 고용주의 명령으로 나이 지긋한 버스 기사를 살해한 적도 있었다. 하지만 빈센트는 일면 여전히 부모님이 키운 대로 책임감 있는 사람이기도 했다. 간호사와 결혼해서

러니언가 총격 사건의 진짜 범인이라고 주장하는
전문 청부살인업자 빈센트 스마더스

두 딸을 둔 가장 역할도 하고 있었던 것이다.

러니언가 총격은 빈센트가 마지막으로 받은 의뢰였다. 원래 목표는 마리화나 판매상이었지만 어쩌다 보니 세 명의 손님까지 휘말려 죽게 되었다. 약 한 달 뒤 경찰은 빈센트를 체포했다. 게임은 이미 끝난 것이나 다름없었다. 정보원이 경찰에게 빈센트의 불법적인 직업에 대해 이야기한 것이었다. 이제 빈센트는 경찰에 자신은 어떻게 되든 상관없지만 아내만큼은 석방시켜 달라고 말했다. (그의 아내는 그의 무기 일부를 숨긴 혐의를 받고 있었다.) 결국 그는 자신이 저지른 모든 살인에 대해 자백했고 그 가운데는 러니언가의 사건도 있었다.

마지막 자백에 경찰은 그대로 얼어붙었다. 러니언가 총격의 범인은 이미 잡았는데 이게 무슨 소리란 말인가! 하지만 빈센트는 당시 사

건과 관련한 세세한 일까지 모두 묘사하며 일관된 내용을 자백했다. 마치 한 사건을 두고 두 사람이 서로 자신의 범행이라고 주장하는 형국 같았다. 하지만 다본테는 자백을 번복한 상태였다. 또한 빈센트의 자백과 더불어 총기 증거마저 빈센트가 살인자라는 사실을 증명하고 있었다. 범행 현장에서 발견된 탄피와 총알은 빈센트의 소유인 45구경 및 AK-47과 일치했다.

빈센트는 자신이 자백하면 다본테가 석방되리라고 믿었다. 두 사람이 교도소에서 우연히 마주쳤을 때 빈센트는 다본테에게 곧 나가게 될 것이라고 안심시키기까지 했다. 하지만 그런 일은 일어나지 않았다. 다본테의 새로운 변호사는 빈센트가 자백했다는 소식을 듣고 무죄 판결을 위한 재판을 요구했다. 하지만 빈센트는 증언을 거부했다. 이미 러니언가 총격 사건에서의 자기 역할을 설명하고 다본테가 공범이 아니라는 상세한 진술서를 작성했기 때문이었다. 2014년, 미시건주 대법원Michigan Supreme Court은 다본테가 유죄를 인정한 것을 되돌릴 수는 없지만, 항소를 할 수는 있다고 판결했다.

다본테가 체포되고 연이어 빈센트가 범행을 자백한 지 거의 8년이 지난 2015년 6월, 웨인 카운티 검찰Wayne County Prosecutor's Office은 주 경찰에 재수사를 요청했다. 그리고 약 1년 뒤 다른 살인사건으로 유죄를 선고받고 복역 중이던 빈센트 스마더스와 공범 어네스트 데이비스Ernest Davis에 대한 체포영장을 발부받았다. 또 검찰은 디트로이트시 경찰 당국에 위증죄를 물었다. 빈센트가 당시 전혀 모르는 사이던 다본테를 살인에 끌어들였다는 주장은 사실상 말이 안 되는 소리였으므로, 다본테는 곧 석방될 것처럼 보인다. 한편, 디트로이트 경찰은 당시 사건을 맡았던 형사들에 대한 수사를 진행하고 있다. 이 사건은 법의학적 증거가 자백의 거짓 여부를 밝힐 수 있음을 보여 준다. 또 안타깝게도 강요에 의한 자백이 가능하며, 일단 자백한 뒤에는 이를 번복하기가 얼마나 어려운지도 보여 준다.

총기 분석은 1920년대에 탄생한 이후 미국에서 가장 중요한 사건들을 해결하는 데 일조해 왔다. 너무도 많은 범죄자가 총을 무기로 선택한다는 사실을 생각하면 이는 놀랄 일도 아니다. 독살이 만연했을 때 그랬던 것처럼 총기에 의한 사망을 줄이기 위해 엄격한 법률이 제정될지 지켜보는 것도 흥미로운 일이다.

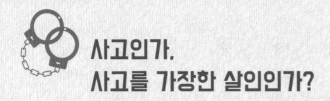

사고인가,
사고를 가장한 살인인가?

1937년 7월 4일 저녁, 뉴욕시 법의관 에드워드 마틴 박사는 중년 여성이 총에 맞아 사망했다는 소식을 들었다. 정신이 나간 듯한 그녀의 남편에 따르면, 오후 5시 반에 그는 소파 쿠션 아래에서 총을 꺼내 독립기념일을 축하하는 의미로 허공에 총을 쏠 것이라고 말했다. 아내가 만류하자, 그는 총기 안전이라는 낡고 멍청한 이유로 재미를 망친 아내에게 화가 나서 총을 케이스에 집어넣어 소파로 던져 버렸다. 그런데 그 즉시 아내가 옳았다는 사실이 증명되었다. 아주 비극적인 사건으로 말이다.

"나 총에 맞았어요!"[17] 남편이 총을 던지자마자 아내가 소리를 질렀다. 그는 아내를 부축해 침실로 데려가 눕히려 했지만 아내는 바닥에 쓰러졌다. 그는 밖으로 뛰쳐나가 도와 달라고 소리를 지른 뒤 아내의 곁으로 돌아왔다. 소리를 듣고 남자 두 명이 달려와 보니 남편이 바닥에 엎드린 채 아내에게 키스를 하며 이렇게 말하고 있었다. "내가 아내를 죽였어, 내가 죽인 거야!"[18]

마틴은 남편의 이야기가 진실인지 밝혀야 했다. 시신을 검사한 결과, 사망 시각과 남편이 도움을 청한 시각이 일치한다는 결론이 나왔다. 남편이 사고로 위장할 시간이 전혀 없었던 것이다. 또 권총 케이스에 난 구멍도 총이 그 안에서 발사되었다는 사실을 뒷받침해 주었다. 총알의 사입구도 그 궤적이 소파 쿠션에서 시작되었고, 누군가를 의도적으로 쏜 것으로 보기에는 각도가 맞지 않았다. 결국 마틴은 남편이 살인에 대해 무죄라고 결론지었다. 죄가 있다면 단지 너무나 부주의했던 것뿐이었다.

7장

생각보다 피는 진하다:
최초의 혈흔 분석 사건

혈흔 분석의 역사는 고대까지 거슬러 올라간다. 서기 72년의 로마 기록에서도 관련 사건을 찾아볼 수 있다. 앞을 보지 못하는 한 소년의 아버지가 살해당한 채 발견되었다. 그리고 마치 소년이 벽을 짚고 걸어간 듯이 시신에서부터 계단을 따라 피 묻은 손자국이 나 있었다. 하지만 손자국은 사건 현장에서 멀어질수록 흐려져야 하는데 그렇지가 않았다. 마치 어린아이의 손바닥이 그려진 벽화처럼 너무나도 선명했다. 이렇게 혈흔이 남으려면 소년은 계속해서 손바닥에 피를 묻혀야 했을 것이다. 정말로 소년의 손바닥에 계속 피를 묻힌 사람이 있기는 했다. 하지만 그것은 소년 자신이 아니라 바로 계모였다. 계모가 남편을 죽이고 의붓자식에게 누명을 씌우려 한 것이었다.

현대에 접어들어, 적어도 미국에서 본격적으로 혈흔 분석이 시행된 것은 1950년대였다. 이것은 메릴린 셰퍼드Marilyn Sheppard 살인사건 수사에서 혈흔 분석이 핵심적인 역할을 한 후의 일이다. 이 충격적인 사건은 TV 드라마와 영화 「도망자The Fugitive」의 소재가 되었다. 젊고 부유하며 외모까지 뛰어난 메릴린과 새뮤얼 셰퍼드Samuel Sheppard 부부는 클리블랜드 교외 베이빌리지Bay Village에 살고 있었다. 샘은 아버지와 두 형들이 의사로 일하는 베이뷰 병원Bay View Hospital에서 역시 의사로 일하고 있었다. (새뮤얼은 흔히 샘으로 불린다.—편집자) 고등학교 때부터 사귀었던 샘과 메릴린은 이제 둘 사이에 칩Chip이라는 애칭을 지닌 아들 샘 리스 셰퍼드Sam Reese Sheppard도 두고 있었다. 셰퍼드 부부는 완벽한 삶을 누리고 있는 것처럼 보였다. 하지만 실제로 이들의 결혼 생활은 불행했고, 그 자세한 내용이 재판이 진행되는 과정에서 밝혀지게 되었다.

1954년 7월 4일 이른 아침, 샘은 친구 스펜서 훅Spencer Houk에게 전화를 걸어 이렇게 소리 쳤다. "맙소사, 스펜! 당장 이리 와 줘. 그들이 메릴린을 죽인 것 같아."[1]

놀란 스펜서와 그의 아내 에스더Esther는 차를 몰아 샘의 집으로 향했다. 그리고 서재에서 완전히 정신이 나간 샘을 발견

새뮤얼 셰퍼드 박사와 아내 메릴린

했다. 스펜서는 무슨 일이 있었는지 물었고 샘은 이렇게 대답했다. "나도 모르겠어. 소파에서 잠을 자다가 문득 깼는데 메릴린이 비명을 지르는 거야. 그래서 위층으로 달려가다가 누군가에게 주먹으로, 아니 무기였나? 하여튼 뭔가로 한 방 얻어맞고 정신을 잃었어. 그다음에 기억나는 건 내가 해변을 따라 걷고 있었다는 거야."[2]

에스더는 위층으로 달려갔다 오더니 이렇게 말했다. "경찰 불러요! 구급차도 부르고요. 아니, 뭐가 됐든 전부 다 불러요!"[3]

오전 6시경 무전을 받은 순찰대원 프레드 드렝컨Fred F. Drenkhan이 현장에 출동했다. 그는 샘이 서재 의자에 웅크리고 앉아 있는 것을 보았다. 바지는 입고 있었지만 셔츠는 입지 않았고 얼굴은 붓고 멍이 들어 있었다. 에스더는 드렝컨에게 위층에 가서 메릴린을 봐 달라고 말했다. 드렝컨이 위층에 가서 발견한 것은 심하게 구타당한 시신과 피로 흥건히 젖은 침대, 피가 흩뿌려진 벽이었다. 일곱 살짜리 칩은 곤히 잠들어 있었고 반려견 코코 역시 조용했다.

드렝컨은 샘에게 무슨 일이 있었냐고 물었고 샘은 스펜서 부부에게 한 것과 똑같은 이야기를 들려주었다. 드렝컨은 현장을 더 자세히 조사했다. 강제로 침입한 흔적은 없었다. 서재 책상 수납 공간의 덮개와 문짝은 모조리 떨어져 바닥에 나뒹굴고 있었다. 거실 책상 서랍은 열려 있고 종이가 여기저기 흩어져 있었다. 하지만 귀중품은 전혀 도난당하지 않았다. 드렝컨은 의사와 경찰서장에게 무전을 보냈다. 곧 클리블랜드 경찰서 형사들과 쿠야호가 카운티Cuyahoga County 검시관 샘 거버Sam Gerber가 현장에 도착했다.

시신을 조사하고 사건 현장을 관찰하고 샘과 이야기를 나눈 뒤, 거버는 한 형사에게 이렇게 말했다. "남편이 한 짓이 분명해요."[4] 거버가 부검을 하자, 메릴린이 서른다섯 차례 가격당했으며 그 가운데 다수가 죽음과 직결될 정도로 강력한 타격이었다는 사실이 드러났다. 그녀의 치아는 구타로 인해 깨져 있었다. 입고 있던 잠옷이 일부 벗겨지기는 했지만 성폭행의 흔적은 없었다. 그녀는 임신 4개월째였다.

샘의 형들은 동생의 목과 머리 부상을 치료하기 위해 그를 베이사이드 병원으로 데리고 갔다. 형사들은 부상이 자해로 인한 것이라고 생각했고 샘을 가장 유력한 용의자라고 확실히 밝혔다. 로버트 쇼트키 Robert Schottke 형사는 이렇게 말했다. "내 파트너는 어떻게 생각하는지 모르겠지만 나는 당신이 아내를 살해했다고 생각하오."[5]

언론도 같은 의견이었다. 신문에는 샘의 체포를 촉구하는 글이 실렸다. 7월 30일자 『클리블랜드 프레스Cleveland Press』지 사설은 샘이 인맥 좋은 가족과 친구들의 보호를 받고 있으며, 수사관들이 이를 그냥 내버려 두고 있다고 비판했다.

이 남자는 아내를 살해했다는 의심을 받는 용의자다. 그의 아내는 늦은 밤, 혹은 이른 아침에 잔혹하게 구타당해 숨졌다. 그리고 그 시각에 레이크로드에 위치한 그의 집에 다른 누군가가 있었다는 증거는커녕 흔적조차 없다.

쿠야호가 카운티 경찰 역사상 살인 용의자를 이렇게 부드럽게 대한 적은 없었다. 경찰은 그 젊은이가 슬퍼할까 봐 끝없이 배려하고 기분이라도 상할까 봐 노심초사하고 있다. 베이빌리지, 쿠야호가 카운티, 그리고 클리블랜드의 법집행자들이여, 지금 당신들이 풀어야 할 것은 살인사건이다. 응접실에 앉아서 푸는 수수께끼가 아니다.[6]

마침내 샘은 체포되어 재판에 넘겨졌다. 그를 법률적으로 대리하는 일은 변호사 빌 코리건Bill Corrigan이 맡았다. 코리건은 샘을 증언대에 세워 배심원단의 신뢰를 사려는 전략을 세웠다. 샘은 배심원들에게 사건 현장에 도착했던 친구들에게 한 것과 똑같은 이상한 이야기를 했다. 서재에서 잠들어 있다가 아내의 비명 소리를 듣고 잠에서 깼다는 이야기 말이다. 그가 직접 한 말은 다음과 같다.

위층의 침실로 달려 들어가자 꼭대기 부분이 밝게 빛나는 어떤 형체가 보였다. 메릴린에게 다가가려는데 뭔가 나를 방해했다. 아니, 붙잡은 것 같기도 하다. 그것을 떨치든 쓰러뜨리든 하려는 순간 뒤에서 공격을 받았고 그 이후로 기억이 끊겼다. 그다음에 내가 메릴린 침대 바로 옆에 앉아 복도가 있는 남쪽을 쳐다본 것이 아주 희미하게 기억난다. 그리고 어렴풋이 지갑을 확인한 기억이 있다.[7]

그 이후 무슨 일이 있었는지에 대해 심문이 계속되었다.

샘: 우선 내가 다쳤다는 사실을 깨달았습니다. 그리고 조금씩 정신이 돌아와 아내를 살폈습니다.
질문: 어땠습니까?
샘: 상태가 아주 안 좋았어요. 너무, 너무 심하게 맞았습니다. 이미 숨을 거둔 것 같았어요. 그리고 곧 칩에게 무슨 일이 생겼으면 어쩌나 하는 두려움이 일었습니다. 그래서 방으로 가서 아이가 괜찮은지 확인했습니다. 어떻게 했는지는 모르겠지만 어쨌든 확인을 했어요. 그리고 그 순간, 아니 아주 잠시 뒤였나, 아래층에서 무슨 소리가 났습니다.

질문: 아래층에서 나는 소리를 들었을 때 피고인은 어떻게 했나요?

샘: 이걸 뭐라고 설명해야 할지 모르겠지만 나는 사건에 책임이 있는 게 누구든, 뭐든 쫓아가서 잡겠다는 일념뿐이었습니다. 그래서 아래층의 거실로 내려갔죠. 그리고 거실의 동쪽으로 가는 순간 어떤 형체를 보았습니다.[8]

샘은 해변에서 몸싸움을 한 일로 이야기를 이어 나갔다. 그 와중에 다시 한번 '형체'에게 맞아 쓰러졌다고 하면서, 이제 그 형체의 머리가 텁수룩했다고 말했다. 그 뒤에 그는 몸의 일부가 물에 잠긴 상태에서 깨어나 메릴린의 상태를 다시 확인하러 집으로 돌아갔다. 그리고 끔찍하게 구타당한 아내를 보고 혼란과 두려움에 어쩔 줄 모르고 집안을 서성거렸다. 그러다가 마침내 스펜서 훅에게 전화를 걸었다.

배심원단이 듣기에 샘의 이야기는 수상하기 이를 데 없었다. 일단 침입자에 대한 설명이 아주 모호했다. 그는 침입자를 '꼭대기가 밝

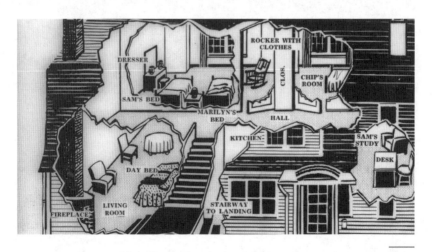

재판에서 사용된 셰퍼드 부부 집의 스케치

아내를 살해한 혐의로 재판을 받는 새뮤얼 셰퍼드 박사

게 빛나는 어떤 형체'라고 불렀다가 '어떤 사람'이나 '어떤 것'이라고 불렀다. 침입자가 사람인지 아닌지조차 모른다는 말인가? 곰에게 공격받기라도 한 것인가? 아니면 외계인? 검사는 증거를 봤을 때도 시간과 논리의 법칙을 생각했을 때도 샘의 이야기는 말이 안 된다고 주장했다. 샘이 메릴린의 비명 소리를 듣자마자 위층으로 달려갔고 침실에 도착했을 때 이미 공격이 완료된 상태였다면, 범인이 그 잠시 동안에 서른다섯 번이나 메릴린을 가격했다는 의미가 된다. 또한 침실에도 해변에도 싸운 흔적은 없었다. 메릴린을 공격한 범인이 따로 있다면 살인범은 분명 피를 뒤집어썼을 것이다. 그리고 샘이 그에게 저항했다면 그 피는 샘에게, 그리고 바닥과 해변의 모래사장에 묻었을 것이다. 하지만 싸움이 일어났을 법한 장소에서 혈흔은 발견되지 않았다.

반면 샘의 시계에서는 혈흔이 발견되었다. 공격 도중 흩뿌려진 것 같은 작은 핏방울들이었다. 구타당해 쓰러진 아내를 살필 때 이 시계를 차고 있었다면 피가 시계 표면에 흩뿌려지는 것이 아니라 내부로 스며들었어야 한다. 즉, 샘의 이야기와 비교했을 때 혈액이 있어야 할 곳에는 없고 없어야 할 곳에는 있었다. 검사는 더욱 의심스러운 혈액 증거를 제출했다. 검시관 거버가 베개에서 발견한 혈흔으로, 도구를 내려놓아서 생겼으리라 추측되는 것이었다. 거버는 그것이 외과 수술용 도구이자 살인 무기였을 것이라는 의견을 내놓았다.

검사는 혈액 증거 외에 샘의 사생활에도 주목했다. 샘의 전 직장동료인 수전 헤이즈Susan Hayes는 한동안 자신이 그와 불륜을 저질렀다고 증언했다. 메릴린이 불행한 결혼 생활을 하고 있었다는 사실은 또 다른 증언으로도 드러났다. 그녀가 스펜서에게 샘은 '지킬 박사와 하이드 씨 a Jekyll and a Hyde'라고 말한 적이 있었다는 것이다.[9] 며칠간 심의한 끝에 배심원단은 샘에게 유죄를 평결했고 그는 경비가 가장 삼엄한 교도소로 보내졌다. 하지만 이야기는 여기서 끝나지 않았다.

1955년, 샘 셰퍼드의 변호인 코리건은 사건 현장 분석을 위해 범죄학자criminalist 폴 커크Paul Kirk 박사를 고용했다. 커크 박사는 폭행이 일어난 현장, 바로 침실에 초점을 맞췄다. 침실 벽에 난 혈흔을 보면 혈액이 적게 튄 공간이 있었다. 살인자가 그 앞을 가로막아 피가 튄 양에 차이가 생긴 것이었다. 커크에 따르면, 범인은 샘처럼 바지 무릎 부분에 핏자국을 묻히는 정도가 아니라 완전히 피를 뒤집어썼어야 했다. 커크는 살인 무기가 외과 수술용 도구라는 거버의 주장도 거짓임을 밝혔다. TV 드라마 「덱스터Dexter」에 나올 법한 혈흔 패턴 실험을 하여 무기가 손전등이었다고 밝혀낸 것이다. (샘의 이웃 주민 가운데 사건 발생 시각과 비슷한 때에 인근 이리호Lake Erie에서 손전등을 발견한 사람이 있었다.) 그는 베개에 난 자국도 외과 수술용 도구 때문이 아니라 베갯잇이 접혀 생긴 것이라고 했다. 더 나아가 샘은 오른손잡이인 반면 살인자는 왼손잡이라는 견해

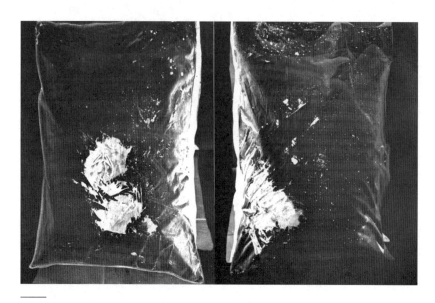

살해당한 메릴린 셰퍼드의 혈액이 묻은 베개의 앞뒷면

를 내놓았다.

결정적으로, 커크는 메릴린의 시신에서 깨진 치아가 발견된 사실로 보아 그녀가 살인자의 손을 물었을 가능성이 높고, 그랬다면 살인자가 피를 흘렸을 것이라는 주장을 했다. 현장에서는 실제로 O형 혈흔이 발견되었는데, 이 피는 메릴린의 O형과는 달랐으므로 살인자가 흘린 것임에 틀림없었다. 이로 보아 범인의 혈액형은 O형이 분명하며, A형인 샘은 범인이 아니다. 이것이 커크의 결론이었다.

판사는 코리건이 첫 재판 때 이러한 분석 결과를 제시할 수도 있었음을 지적했고, 결국 새로운 재판은 열릴 수 없었다. 항소 직후 코리건은 사망했고 샘은 리 베일리F. Lee Bailey를 새로운 변호사로 선임했다. 베일리는 언론이 샘에게 불리한 면만 집중적으로 기사화하여 샘이 공정한 재판을 받을 권리를 부정당했다며, 유죄 평결이 번복되어야 한다고 주장했다. 항소는 결국 대법원까지 올라갔다. 대법원은 재판이 '가십이 난무하는 소란스러운 분위기'에서 진행되어 배심원들이 샘에 대해 편견을 가질 가능성이 있었다는 주장을 받아들였다.[10] 그리고 유죄 판결은 번복되었다.

1966년, 오하이오주 검찰은 샘을 다시 재판정에 세웠다. 이번에 샘의 변호인은 커크의 전문가 증언을 사용할 수 있었다. 여론 역시 바뀐 상태였다. 인기 TV 드라마 「도망자」는 샘 셰퍼드의 살인사건과 너무나도 흡사한 설정을 담고 있었다. 주인공 리처드 킴블Richard Kimble 박사 역시 의사였고 아내를 살해한 혐의를 받고 있었다. 또한 진짜 살인범을 목격했는데, 드라마에서는 샘이 묘사한 텁수룩한 머리를 한 형체가 아니라 한쪽 팔이 없는 사내였다. 킴블은 연방 교도소에서 탈출하여 진짜 살인자를 쫓았다. 배심원단에게 이 드라마를 아느냐고 물은 것으로 보아, 베일리도 이 드라마가 샘에게 유리한 영향을 미치리라는 사실을 알고 있었던 듯하다.

하지만 베일리는 샘을 증언대에 세우지 않았다. 대신 진짜 살인자의 정체에 대해 전혀 새로운 주장을 역설했다. 메릴린이 스펜서 훅과 불륜을 저지르고 있었고, 메릴린을 죽인 범인은 바로 스펜서의 아내 에스더라는 것이었다. 이는 텁수룩한 머리를 한 형체가 범인이라던 샘의 기존의 주장과 충돌했으므로 검찰의 공격을 받을 수 있었다. 하지만 샘이 증언대에 서지 않기 때문에 검찰 측은 반대심문을 할 수 없었다. 결국 샘은 무죄 판결을 받고 석방되었다. 대배심은 에스더 훅을 기소하지 않았다. 이후 샘은 '킬러 셰퍼드Killer Sheppard'라는 이름으로 프로 레슬링 선수로 활동하다가 1970년에 사망했다. 하지만 이번에도 이야기가 끝난 것은 아니었다.

1996년, 메릴린과 샘 셰퍼드의 아들 샘 리스 셰퍼드가 오하이오주를 상대로 소송을 제기했다. 자신의 아버지를 허위 사실로 기소하고 불법적으로 수감했다는 것이 그 이유였다. 샘 리스와 그의 법률 대리인 테리 길버트Terry Gilbert는 살인자에 대해 새로운 주장을 펼쳤다. 셰퍼드 저택에서 창문을 닦던 노동자 리처드 에벌링Richard Eberling을 범인으로 지목한 것이다. 에스더 훅이 범인이라는 주장은 설득력이 없었지만 이번에는 달랐다. 리처드는 실제로 파란만장한 과거를 지니고 있었다. 1989년, 그는 자신이 돌보던 노년의 여성 에델 더킨Ethel Durkin을 살해하고 유언장을 위조해 자신의 이름을 수혜자로 올린 혐의로 유죄 판결을 받았다. 리처드는 감옥에서 샘 리스에게 편지를 보내 메릴린을 죽인 범인을 안다고 했다. 진범은 사실 에스더 훅이며 그 남편인 스펜서와 친구 샘 셰퍼드가 그 사실을 은폐했다는 것이었다. 샘 리스는 아버지의 명예를 되찾고 싶었지만 에스더 훅이 범인이라는 이야기는 믿지 않았다. 대신 리처드가 범행을 저질렀다고 생각했다. 그런 추측을 뒷받침하는 증거도 몇 가지 있었다. 리처드의 한 지인은 리처드가 메릴린을 죽였다고 고백하는 것을 들었다고 했다. 또한 원고 측이 확인한 바에 의하면, 범행 현장에서 발견된 혈액의 DNA가 리처드의 것과 일치했다. 하지만 리처드는 이 소송이 시작되기 전에 사망했다.

샘 리스가 제기한 민사소송에 맞서기 위해 오하이오주는 전직 FBI 프로파일러 그레그 맥크러리Gregg McCrary를 소환하여, 샘 셰퍼드 사건에 대한 분석을 맡겼다. 처음 사건의 수사관들처럼 맥크러리도 현장의 특정 부분에서 혈액이 발견되지 않았다는 사실에 주목했다. 샘은 범인과 두 번 몸싸움을 했다고 말했고, 이 말이 사실이라면 범인은 피에 완전히 젖었어야 했다. 하지만 피를 뒤집어쓴 사람이 몸싸움을 벌인 흔적은 어디에도 없었다. 범인이 엉망으로 어지럽힌 듯 보이는 책상에도 혈흔이 없었다. 하지만 그가 집안을 뒤지기 전에 피를 씻어 냈다는 증거역시 없었다. 그러면 범인이 메릴린을 죽이고 샘을 기절시키기 전에 집을 어지럽혔다는 말인데, 그 소리는 분명 바로 근처에서 자고 있던 샘을 깨우고도 남았을 것이다.

맥크러리는 피해자학victimology이라고 알려진 방법을 사용해서 사건을 들여다보았다. 이는 희생자가 살해될 가능성을 높이는 요소를 밝히는 방법이다. 이 방법을 이용하면 동기, 더 나아가 용의자에까지 닿을 수 있다. 예를 들어 마약 판매상이 희생자인 사건이 발생했다고 가정하자. 마약 판매상은 살해될 가능성이 매우 높은 직업이다. 범인은 마약을 훔치거나 훔친 마약을 다시 판매하기 위해 살인을 저질렀을 수 있다. 하지만 메릴린은 위험도가 높은 생활방식을 영위하고 있지 않았다. 그녀가 희생자가 될 확률을 높이는 것은 오로지 불안정한 결혼 생활뿐이었다. 더구나 그녀가 바람을 피우는 남편에게 복수하려 했다는 증언까지 나왔다. 친구들의 경찰 진술에 따르면, 살인이 발생하기 몇 주 전 메릴린은 이혼으로 남편에게 재정적 파탄을 선사하고 그의 평판을 땅에 떨어뜨릴 생각이라고 말했다.[11] 샘이 살인이 일어나는 동안 현장에 있었다는 사실도 그를 더욱 의심스럽게 만들었다.

맥크러리는 경찰 수사에 혼선을 주기 위해 범행 현장이 조작되었음을 암시하는 적신호의 목록을 적어 이를 검토해 보았다. 그 사항들은 다음과 같았다.

1. 힘이 약한 사람이 치명상을 입은 반면 강한 사람은 작은 부상을 입었다. 메릴린보다 체격이 큰 샘이 침입자에게 더 큰 위협이었지만, 살인자는 메릴린을 구타하여 살해하고 샘은 그저 기절시키기만 했다.

2. 범행 동기가 절도라고 한다면 엉뚱한 물품들이 사라졌다. 책상과 화장대가 들춰져 있었지만 범인은 귀중품은 한 개도 가져가지 않았다.

3. 성폭행처럼 보이려고 꾸몄지만 성폭행이 일어났다는 증거는 없다. 메릴린이 입고 있던 잠옷 상의는 올려지고 하의는 내려져 성폭행이 암시되었지만 실제 성폭행은 발생하지 않았다.

4. 필요 이상의 폭력을 가한 과잉 살인의 양상을 띤다. 이 사건 역시 그러하다.

5. 누군가 다른 사람이 시신을 발견하도록 설정되었다. 샘은 친구들에게 전화를 걸어 자신의 집으로 와 "메릴린을 봐 달라"라고 말했다.

6. 범행 현장이 희생자의 집이거나 가해자의 집이다. 이 역시 이 사건에 해당된다.

재판이 진행되는 동안, 맥크러리는 샘이 아내의 살인범이라는 의견을 법정에서 밝힐 수 없었다. 배심원단의 평결이 단 한 개의 질문으로 좌우될 때 전문가들이 그러한 질문에 답하는 일이 허용되지 않았던 것이다. (이것은 전문가가 '종국적 쟁점ultimate issue'에 관한 결론적인 증언을 할 수 없다는 법률 때문이다. 이 경우 종국적 쟁점은 샘이 살인범인가 아닌가 하는 문제였다.—편집자) 하지만 증거로 볼 때 가정폭력에 의한 살인처럼 연출되었다는 증언은 할 수 있었고, 맥크러리는 그렇게 증언했다. 한편, DNA 증거를 근거로 리처드 에벌링을 범인으로 지목하려던 원고 측 시도는 실패하고 말았다. 리처드의 혈액 DNA는 검사를 할 필요조차 없었다. 현장에서 발견된 문제의 혈액은 메릴린의 것과 같은 O형이었지만, 리처드는 샘처럼 A형이었기 때문이다. (이 뒤로, 현장에서 두 가지 유형의 O형 혈액이 발견되었다고 한 커크 박사의 검사 결과는 신빙성을 잃게 되었다.) 배심원단은 오하이오주의 손을 들어 주었다. 이는 법의 잣대로 보았을 때 샘 셰퍼드가 여전히 유죄로 판단된다는 의미였다. 그리고 이것이 이 이야기의 끝이다. 하지만 앞으로 또 어떤 일이 일어날지는 아무도 모른다.

메릴린 셰퍼드 사건은 용의자의 이야기가 혈액이 남긴 이야기에 의해 거짓으로 드러날 수 있음을 보여 준다. 반면 용의자가 실제로 진실을 이야기하고 있다는 것이 혈흔을 통해 밝혀진 사건도 있다. 1964년 1월 5일, 범죄학자 래리 레이글Larry Ragle은 캘리포니아주 뉴포트 비치Newport Beach의 한 저택으로 불려 갔다. 저택의 주인 윌리엄 바톨로메William Bartholomae는 사금 채취, 유전 발굴, 목장 경영 등으로 순식간에 갑부가 된 인물이었다. 하지만 이제 그 많은 재산도 아무 의미가 없게 되었다. 윌리엄이 자신의 집 주방에서 흉기에 찔려 사망한 것이다.

시신은 병원으로 이송되었다. 그날 사건의 생존자인 두 명의 여성, 카르멘Carmen과 미놀라Minola도 함께 병원으로 향했다. 윌리엄은 남동생 찰스, 찰스의 아내 카르멘, 그리고 이 부부의 갓 태어난 아기와 함께 살고 있었다. 또 스페인에서 온 카르멘의 여동생 미놀라도 언니 부부의 육아를 돕기 위해 집에 머물고 있었다. 카르멘은 출산 뒤 건강이 좋지 않았고 구토, 어지럼증, 기억상실 등의 증상 때문에 병원 진료를 받고 있었다.

사건 당일 이들은 윌리엄의 요트 '씨다이아몬드Sea Diamond'를 타고 오전 항해를 나가기로 했었지만 강풍 때문에 계획을 취소했다. 윌리엄은 유람이 취소되어 화가 났고 모든 사람이 그의 눈에 띄지 않으려고 애썼다. 미놀라도 아기를 돌보러 위층으로 올라갔다. 끔찍한 일이 벌어진 것은 그 이후였다.

레이글은 주방에서 혈액을 발견했지만 자상에서 나온 것이라고 보기에는 양이 적었다. 현장에서 나온 칼은 손잡이가 부러져 있었다. 그는 혈흔을 따라 갔다. 혈흔은 주방에서 문을 통과해 집 밖으로 이어진 뒤, 잔디밭을 지나 씨다이아몬드호까지 도달했다. 그리고 건널판자 gangplank(배에서 부두에 걸쳐 놓는 이동식 다리─옮긴이)에서 멈췄다. 레이글은 이를 보고 출혈을 일으킨 사람이 배까지 가기 위해 안간힘을 썼다고 판단했다. 씨다이아몬드호의 선장은 사건 당시 배에 승선해 있었다. 그는 찰스가 자신을 도와 장비를 정리하고 있는 와중에 미놀라가 건널판자 끝으로 달려와 "아유다Ayuda(스페인어로 '도와주세요'라는 의미)!"라고 소리를 질렀다고 했다.[12] 선장은 그녀의 손이 피범벅인 것을 보고 놀라 경찰에 신고했다.

레이글은 찰스와 이야기를 나누었고 그 과정에서 카르멘과 미놀라가 스페인어밖에 하지 못한다는 사실을 알았다. 이들 자매는 윌리엄을 두려워했다. 윌리엄이 스페인어를 하지 못해서 대화가 전혀 안 되는 데다 그들을 심술궂게 대했기 때문이었다. 찰스는 윌리엄이 겉으로만 괴팍하지 속은 좋은 사람이라고 했지만 자매는 분명 그 말을 믿지 않았던 것 같다. (나중에 AP 연합통신 기사에 "그는 정말 좋은 사람이었어요. 찰스와 저에게 참 잘해 주었습니다"라고 한 카르멘의 인터뷰가 실리기는 했지만 말이다.)[13]

윌리엄의 시신을 부검하자 사인은 간의 자상으로 인한 내출혈로 밝혀졌다. 시신에는 다른 자상도 있었지만 먼저 치명상을 입은 다음에 생긴 것들이었다. 현장에서 적은 양의 혈액이 발견되었다는 것은 희생자가 부상을 입은 지 얼마 안 돼서 사망했음을 뜻했다. 심장이 멈추었기 때문에 상처를 통해 흘러나온 혈액도 적은 것이다. 반면 현장에 다량의 혈액이 있다면 이는 희생자가 부상당한 상태에서 한동안 생존해 있었음을 의미한다. 레이글은 윌리엄의 얼굴에서 초승달 모양의 상처도 발견했는데, 이는 손톱자국일 가능성이 있었다. 그는 카르멘과 미놀라의 손톱 스크래핑 샘플을 채취했고, 미놀라의 샘플에서 윌리엄의 것으로 보이는 인간의 피부와 흰 수염을 찾아냈다. 이제 현장에서 수집한 혈액의 혈액형 검사가 실시되었다.

스크래핑 샘플과 혈액 증거를 근거로 레이글은 종합적인 이야기를 그려 냈다. 카르멘은 설거지를 하던 중 산후증후군 때문에 정신을 잃었다. 이를 본 윌리엄이 그녀를 도우려 했다. 그런데 그 순간 현장으로 들어선 미놀라의 눈에는, 언니가 바닥에 쓰러져 있고 윌리엄이 그 옆에서 무릎을 꿇은 채 그녀를 내려다보고 있는 장면이 들어온다. 근처에는 칼도 있었다. (설거지를 하는 중이었기 때문이다.) 미놀라는 윌리엄이 카르멘을 공격했다고 생각했다. 윌리엄은 스페인어를 전혀 하지 못했으므로 사정을 설명할 수도 없었다. 미놀라는 뒤에서 윌리엄을 덮쳐 언니에게서 떼 내려 했고 그 과정에서 그의 얼굴을 할퀴었다. 윌리엄은 자신을 방어하기 위해 칼을 집어 들어 미놀라의 손에 상처를 입혔다. 그는 미놀라를 해칠 생각이 전혀 없었기 때문에 매우 조심스러웠다. 반면 미놀라는 언니의 목숨이 달렸다고 생각했으므로 죽기 살기로 싸워 윌리엄의 손에서 칼을 빼앗았다. 윌리엄은 손에 상처를 입으면서도 한동안 미놀라의 공격을 잘 피했다. 하지만 결국 미놀라는 그의 간에 칼을 꽂고 말았다. 그리고 나서 미놀라는 카르멘을 깨우려 했지만 언니가 여전히 의식을 찾지 못하자 요트로 가서 도움을 요청했다.

미놀라는 재판에 회부되었다. 재판에서 변호사는 레이글이 혈액 증거를 근거로 재구성한 이야기와 같은 설명을 제시했다. 한 가지 다른 점이 있다면 카르멘은 설거지를 하던 중이 아니라 버섯을 다지던 중이었다는 것이다. 미놀라는 무죄를 선고받았다. 그녀의 행동이 '법적으로 납득된다legally excusable'는 판단에서였다. 모든 것이 오해에서 비롯된 일이었다. 단지 너무 치명적인 오해여서 비극이 발생한 것이다.

지금까지 소개한 사건에서는 수사관들이 육안으로 볼 수 있도록 혈흔이 드러나 있었다. 하지만 범행 현장이 은폐되었다면 어떨까? 그렇다고 해도 혈액 증거는 범인을 알려 줄 수 있다. 피는 결코 완전히 닦아 낼 수 없다. 1960년대에 이르자, 새로운 법과학적 도구가 개발되어 수사관들이 육안으로 볼 수 없는 혈액을 확인할 수 있게 되었다. 그리고 독일의 한 남성은 그 도구가 얼마나 효과적인지 쓰라린 경험을 통해 알게 된다.

프리드리히 린되르페르Friedrich Linderfer는 독일의 한 지방 소도시 라이헬쇼펜Reichelshofen의 작은 집에서 아내와 장성한 두 아들, 딸과 사위, 딸 부부의 아이들, 그리고 쉰두 살의 여동생 리나Lina와 함께 살고 있었다. 프리드리히는 고관절병이 있는 여동생을 쫓아내지 않는다는 조건으로 부모님으로부터 집을 물려받았고 마지못해 약속을 지키고 있었다. 1962년 어느 봄날, 리나의 친구 안나 에켈Anna Eckel이 집을 방문했다. 하지만 리나는 집에 없었고 먹다 만 음식과 꿰매다 만 바느질거리가 그녀의 방 테이블 위에 놓여 있었다. 리나는 지저분한 것을 절대 못 참는 성격이었기 때문에 안나는 이상하다고 생각했다. 게다가 방 자물쇠도 부서져 있었다. 하지만 프리드리히가 지나가며 노려보는 통에 안나는 자리를 뜰 수밖에 없었다.

안나는 친구가 집에 없는 상황에 대해 의혹을 가지고 리나의 이웃과 이야기를 나누었다. 이웃은 리나가 집을 떠나는 것을 보지 못했다며, 안나와 마찬가지로 이 모든 상황이 이상하다고 했다. 이웃은 프리드리히에게 쫓아가 리나의 행방을 물었다. 프리드리히는 여동생이 모르는 남자와 차를 타고 떠나 버렸다고 대답하더니, 안나가 자물쇠를 망가뜨렸다면서 폭언을 퍼부었다. 안나는 그의 폭언을 그냥 넘기지 않고 경찰에 가서 프리드리히를 비방으로 고소했다. 리나는 예전에 경찰에 불만을 접수한 적이 있었는데, 오빠가 자신을 쫓아내려 한다는 것이 그 내용이었다. 이를 생각해 낸 경찰은 프리드리히에게 여동생의 행방을 알아내서 무사한지 알려 달라고 요구했다. 하지만 리나의 행방이 오리무중이자 경찰은 살인사건의 가능성을 염두에 두고 실종에 대해 수사하기 시작했다.

며칠이 흘렀다. 경찰은 프리드리히의 집을 수색했지만 증거라 할 만한 것을 발견하지 못했다. 그러던 가운데 8월 23일, 헤베르거Heberger 경위가 혈액을 탐지하는 특수한 램프를 들고 현장에 도착했다. 혈흔은 발견되지 않았지만 수색을 하는 내내 프리드리히의 얼굴에는 불안한 기색이 역력했다. 이는 헤베르거가 옳은 방향으로 수사하고 있음을 암시했다. 그는 혈액을 연구하는 혈청학 분야의 최고 권위 기관 에를랑겐Erlangen의 법의학 연구소Institute of Forensic Medicine에 연락했다. 그리고 라우텐바흐Lautenbach라는 과학자가 수사에 참여하게 되었다.

헤베르거는 다시 한번 수색영장을 발부받아 더 명확한 결과를 얻기 위해 야간에 프리드리히의 집을 찾았다. 라우텐바흐는 집 안에 루미놀을 분사했다. 루미놀은 혈액의 존재를 탐지하는 데 사용되는 화학 물질이다. 라우텐바흐는 손전등을 들고 집 안을 수색했다. 이제 혈액이 존재하는 부분은 푸른색 빛을 발산할 것이었다. 그는 계단과 문지방, 바닥 등 시신을 끌고 갔을 만한 경로, 그리고 문손잡이, 걸쇠, 수도꼭지 등 살인자가 만졌을 법한 장소를 수색했다. 계단은 빛나지 않았지만 최근 페인트칠을 새로 한 흔적이 있었다. 리나의 방에서도 혈흔은 발견되지 않았다. 그런데 다락방으로 향하는 문에서 푸른색 빛이 났다. 그리고 다락방 안에 들어서자 널찍한 바닥마루, 석탄 더미, 일부 판지, 도끼, 구두 골(구두의 모양이 찌그러지지 않게 넣어 두는 것—옮긴이) 등도 푸르게 빛났다. 라우텐바흐는 그중 일부 물건을 실험실로 가져가 혈액형 검사를 했다. (리나의 혈액형은 A형이었다.) 하지만 혈액형을 밝혀낼 수는 없었다. 그러자 추가로 검사를 할 새도 없이 관할 검사가 증거불충분으로 사건을 기소유예 처리했다.

이 사건의 수사는 발렌틴 프로인트Valentin Freund 경위가 새로 부임하며 다시 시작된다. 그는 미제 사건들을 검토하던 중, 린되르페르 사건에서 추가로 혈액 검사를 하면 뭔가 단서를 잡을 수 있을 것이라는 생각을 하게 되었다. 그래서 1963년 4월 9일, 프리드리히의 집을 찾았다. 안타깝게도 초기의 증거는 대부분 사라졌지만, 갈색 얼룩이 있는 여성용 구두 한 켤레를 찾을 수 있었다. 검사 결과 이 얼룩은 A형 혈액으로 드러났다. 라우텐바흐가 다시 수사에 참여하여 다락방 여기저기에 고압 루미놀 스프레이건을 분사했다. 그러자 더 많은 혈흔이 드러났다. A형 혈액형을 지닌 누군가가 다락방에서 부상을 당하거나 살해된 것이 틀림없었다.

라우텐바흐와 프로인트는 나무로 다락방 모형을 만들고 혈흔이 발견된 모든 곳에 표시를 했다. 이를 근거로 관할 검사는 프리드리히를 체포했다. 프로인트에게 심문받는 이틀 내내 프리드리히는 여동생이 낯선 사람과 자동차를 타고 떠났다는 주장을 굽히지 않았다. 그런데 사흘째 되는 날, "다 밝혀질 거야. 결국엔 다 그러니까"[14]라고 말하더니 흐느끼기 시작했다. 프로인트가 다락방 모형을 내밀자 프리드리히는 공포에 질린 눈으로 이를 바라보며 자백을 하기 시작했다. 첫 번째 거짓 자백이긴 했지만 말이다.

프리드리히의 설명은 이러했다. 점심을 먹은 뒤 통 만드는 일을 하는 두 아들과 사위는 다시 일터로 돌아가고 아내와 딸은 텃밭에서 일하고 있었다. 그는 리나에게 가서 좀 도우라고 말했지만 그녀는 다림질을 하며 너무 바쁘다고 말했다. 그래서 익명의 편지를 쓸 정도면 전혀 바쁘지 않은 것 아니냐고 대꾸했다. (이웃들은 그녀가 다른 이웃이 불륜을 저지르고 있다고 비난하는 익명의 편지를 써 왔다고 수군거렸다.) 남매는 말다툼을 벌였다. 리나는 다리미를 휘두르며 오빠를 쫓아 버리려 했지만 오빠에게 다리미를 빼앗겼다. 리나가 도망가자 프리드리히는 다리미를 든 채 리나를 쫓아갔다. 그가 다리미를 던졌고 그에 맞은 리나는 죽고 말았다. 그래서 그는 벌판에 동생의 시신을 묻었다.

라우텐바흐는 혈흔 증거와 자백 내용이 일치하지 않는다고 말했다. 흩뿌려진 혈액의 양으로 보아 리나는 한 번이 아니라 몇 차례에 걸쳐 가격당해 사망한 것이 분명했다. 프리드리히는 사실 리나가 다툼 중에 침실 문을 잠가서 자기가 부쉈다고 말을 바꿨다. 그다음 그녀를 질질 끌고 다락방으로 가서 다리미로 두 번 내리쳤다는 것이다. 리나는 피를 흘리며 석탄 옆에 쓰러졌다. 프리드리히는 시신을 일단 문에서 보이지 않는 곳으로 끌고 갔는데, 그 와중에 상자, 구두, 판지 등에 피를 묻히게 되었다. 그리고 그 다음에야 시신을 매장했다.

하지만 수사관들은 프리드리히가 말한 장소에서 시신을 찾을 수 없었다. 그러자 그는 더 소름 끼치는 방법으로 시신을 유기했다고 시인했다. 가족들이 집에 없는 사이 헛간에서 여동생의 시신을 토막 낸 다음 난로에서 태웠다는 것이다. 라우텐바흐는 헛간에서 혈흔은 확인했지만 난로가 시신을 태우기에는 너무 작다고 판단했다. 마침내 프리드리히는 네 번째이자 마지막 자백을 했다. 시신을 태우려고 한 것은 사실이지만, 그럴 수 없었기 때문에 커다란 냄비에 넣고 끓였다는 이야기였다. 그리고 뼈에서 살을 발라내 태우고, 가족으로서의 의무감에서 재의 일부를 어머니의 무덤에 묻었다고 했다. (그야말로 체면치레는 한 것이다.) 그다음 뼈를 종이 가방에 담아 숲에 버리고 시신을 끓인 물은 집 주변 수풀에 버렸다. 땅바닥 나뭇잎에 지방 조각들이 붙어 있었지만 경찰은 물론 그 누구도 알아차리지 못했다.

프리드리히는 이렇게 말했다. "인간이 어떤 짓까지 할 수 있는지 믿을 수 없을 거요. 인간이 차마 못할 짓은 없소. 게다가 그런 짓을 하고도 나는 평소처럼 잠자리에 들었다오."[15]

여동생을 살해한 뒤 프리드리히는 잠시라도 시간이 날 때마다 계단, 헛간, 작업장, 다락에 묻은 핏자국을 지웠다. "눈에 보이지는 않았지만 그래도 닦았소."[16] 그는 집에 다시 들이닥친 경찰이 아무것도 찾지 못할 것이라고 생각했다. 하지만 카인이 아벨을 죽인 사실을 신이 알았듯, 피는 프리드리히가 한 짓을 알고 그 진실을 폭로했다.

훗날 혈액형 검사는 DNA 프로파일링이라는 더욱 정확한 과학에 자리를 내주게 된다. 이는 DNA 조각들을 비교하여 같은 사람의 것인지를 밝히는 기술이다. 하지만 당시에는 혈액형만으로도 용의자, 혹은 이 사건에서처럼 희생자를 밝혀내는 데 도움이 되었다. 시신이 발견되지 않은 상태에서는 살인자를 기소하기 어려웠으므로 혈액형 검사는 정말 중요한 역할을 했다. 혈액 증거가 아니었다면 리나도 가출한 것으로 처리되고 진실이 묻힐 수 있었다. 하지만 이 사건은 살인자가 아무리 애를 써도 시신을 완벽하게 숨기기는 어렵다는 사실을 보여 준다. 이런저런 방법을 다 쓰더라도 말이다.

8장

무덤이 중요하다:
숨겨진 시신

죄체corpus delicti는 말 그대로 '범죄의 실체'를 뜻하며, 법률 용어로서 범죄가 발생했음을 뒷받침하는 실질적 증거를 의미한다. (라틴어 corpus delicti는 우리나라 법률 용어에서 '범죄될 사실'로 부르기도 한다.—편집자) 이를 근거로 보면 살인을 증명하려면 시신이 있어야 한다. 하지만 실제로는 시신 없이도 살인사건의 성립은 가능하며, 드물기는 해도 실제로 '시신 없는' 살인사건들이 재판까지 간 일도 있다.

2009년, 한 전직 경찰관이 아내를 살해한 혐의로 기소되었다. 끝내 시신은 발견되지 않았지만 그는 유죄를 판결받았고, 이는 조지아 Georgia주에서 시신 없이 유죄 판결이 난 여섯 번째 사례였다. 이 사건의 경우 범죄를 입증할 다른 증거가 충분했다. 피해자 테레사 파커

Theresa Parker는 어느 날 갑자기 종적을 감추었다. 그와 동시에 친정 식구와 매일 하던 전화 통화를 비롯한 모든 일상 활동이 중단되었다. 그리고 그녀의 차 트렁크에서 혈흔이 발견되었다. 가정폭력 신고 기록이 있었으므로 경찰은 남편 샘 파커Sam Parker를 용의자로 지목했다. 그는 사건 당일 자기 트럭을 몰고 여기저기 돌아다녔다고 말했지만, 이웃들은 그의 차가 차고 진입로에 계속 주차되어 있었다고 진술했다. 법정에서 검찰 측은 어떻게 해서 살인이 일어났는지 매우 설득력 있게 설명해 보였다. 경찰이 처음 심문했을 때 샘의 팔에는 멍이 들어 있었다. 경찰은 범인을 체포할 때 '촉홀드chokehold'(한 팔로 목을 조르는 동작—옮긴이)라는 기술을 사용하기도 하는데, 이때 당하는 사람은 빠져나가기 위해 상대방의 팔을 잡아 방어흔을 남긴다. 검찰은 시연을 통해 샘의 팔에 난 멍과 이러한 방어흔이 일치한다는 사실을 보여 주고, 샘이 한때 경찰관이었음을 지적한 것이다. (2010년 채터누가 카운티Chattanooga County의 한 농부가 옥수수를 수확하던 중 테레사의 턱뼈를 발견했다. 수사관들은 최근 대홍수가 났던 그 지역에서 시신의 다른 부위들을 발굴할 수 있었다.)

시신 없는 사건이 재판까지 갈 경우 유죄 판결이 날 확률은 매우 높아서, 미국의 경우 88퍼센트에 달한다. 이는 검사가 시신이 없는 사건을 기소하는 데 매우 신중하기 때문일 것이다. 미국과 미국령 버진아일랜드US Virgin Islands를 통틀어 재판까지 간 시신 없는 살인사건은 역사상 단 408건에 지나지 않으며, 아이다호Idaho주에서는 단 한 건도 없었다. 실종 사건에서 살인이 의심돼도, 수사관들은 시신 없이는 사망원인, 살인 무기, 사망 시각을 밝힐 수 없다. 게다가 대부분 사건 현장도 알 수 없으므로 수사를 계속할 단서가 거의 없는 상태가 된다.

하지만 시신은 언젠가는 드러나게 되어 있다. 인적 없는 숲속으로 굴러 들어간 축구공, 덤불에서 장난치는 개, 그리고 수상하게 보이거나 이상한 냄새가 나는 것에 호기심을 갖는 사람은 늘 있게 마련이다. 어떤 일을 계기로 비밀스런 무덤이 드러날지 모르는 일이다. 또한 법의관들이 활동하기 시작한 뒤부터, 심하게 부패된 시신의 신원까지 밝히고 사건 현장을 몰라도 사망 시각과 원인을 밝힐 수 있는 정교한 방법들이 개발되었다.

첫 번째로 다룰 사건은 뉴욕 법의관실의 초창기로 돌아간다. 이는 TV 드라마 「SVU:성범죄 전담반Law & Order」의 한 편과도 같이 시작된다. 1942년 11월 2일, 한 남자가 센트럴파크Central Park에서 자신의 저먼셰퍼드와 산책하고 있었다. 그런데 키가 큰 수풀 속으로 들어간 개가 짖어 대기 시작했다. 따라 들어가 보니 층층나무 아래에 목 졸려 죽은 여자의 시신이 있는 것이 아닌가! 형사들은 이 시신의 신원이 스물네 살의 웨이트리스 루이스 알모도바Louise Almodovar라는 사실을 밝혀 냈다. 함께 살던 부모님이 전날 딸이 실종되었다고 신고를 한 상태였다. (도시에서는 은밀한 무덤이 그리 오래 비밀로 머무르지 않는다.) 루이스에게서 지갑이나 돈은 보이지 않았지만 금목걸이는 여전히 목에 남아 있었고, 따라서 범행 동기가 절도는 아닌 것으로 보였다. 형사들은 그녀의 남편 아니발 알모도바Anibal Almodovar에게 수사의 초점을 맞췄다. 아니발은 계속해서 바람을 피웠고, 그 때문에 루이스는 다섯 달 전부터 그와 별거를 시작하여 부모님 댁에 들어가 살고 있었다. 심문을 하자 아니발은 거리낌 없이 아내가 죽어서 잘됐다는 말을 했다. 최근 루이스가 자기 여자친구 중 한 명을 흠씬 두들겨 팬 적이 있었던 것이다. 하지만 아

니발은 살인은 부정했다. 그리
고 결정적으로 알리바이가 있
었다.

　뉴욕시 법의관 토마스 곤
잘레즈Thomas A. Gonzalez는 루
이스의 사망 시각을 11월 1일
오후 9시에서 10시 사이로 보
았다. 그 시간 동안 아니발은
루이스가 때렸다는 그 여자친
구와 함께 룸바 팰리스Rumba
Palace 댄스홀에 있었다. 그곳
에서 그를 본 사람이 많았으므

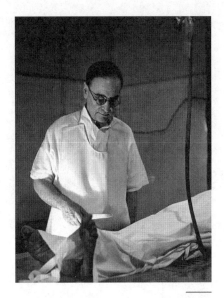

1940년대 뉴욕시의 법의관 토마스 곤잘레즈

로 아니발은 용의선상에서 벗어나는 듯 보였다. 그런데 루이스의 부모
가 경찰에게 아니발이 루이스에게 보낸 협박 편지를 보여 주었다. 알리
바이만 없다면 그는 루이스 살인사건의 범인으로 딱 들어맞는 인물이
었다. 정말 그가 사건과 무관할까? 수사관들은 룸바 팰리스에 직접 가
보고 모든 의문을 풀 수 있었다. 그곳은 시신이 발견된 센트럴파크에서
약 한 블록 떨어져 있을 뿐이었다. 아니발이 누구도 눈치 채지 못하게
몰래 빠져나갔다 돌아올 수 있을 만한 거리였던 것이다.

　당시 사건 수사에 협력하고 있던 알렉산더 게틀러 박사는 사건 현
장 사진을 보고 시신 아래에 있던 풀이 특이한 종이라는 사실을 발견했
다. 전에 조사를 할 때 아니발의 주머니와 바짓단에서 풀 씨앗이 발견
된 적이 있었다. 그는 2년 이상 센트럴파크에 발도 디디지 않았다고 주

장했으므로, 그 씨앗은 다른 공원에서 묻어 온 것이어야 했다. 게틀러는 아니발의 씨앗이 문제의 풀과 일치하는지, 또 그 풀이 얼마나 흔한 것인지 알아내기 위해 식물학 교수 조세프 코플랜드Joseph Copeland에게 자문을 구했다. 코플랜드는 풀은 창질경이Plantago lanceolata, 개기장Panicum dichotomiflorum, 그리고 왕바랭이Eleusine indica이며, 그 세 종이 서식하는 곳은 뉴욕에서 단 한 군데뿐이라고 했다. 바로 센트럴파크, 그 가운데서도 특히 루이스가 숨진 채 발견된 그 언덕이었다. 그리고 아니발의 주머니에서 나온 씨앗은 역시 루이스의 시신이 발견된 곳의 풀과 일치했다.

생사가 걸린 식물학 퀴즈에서 오답을 말했다는 사실을 안 아니발은, 깜빡하고 있었는데 9월에 센트럴파크를 지나간 적이 있다고 둘러댔다. 역시 오답이었다. 이 풀들은 10월이 되어야 씨앗을 퍼뜨리는 종이었다. 그러자 이번에는 센트럴파크에서 아내를 만나기로 약속했었다고 자백했다. 만나서 말다툼을 하다 화가 폭발해서 살인을 하게 되었다는 것이었다. 아니발은 나중에 자백을 번복했지만 유죄를 선고받았다. 루이스는 한갓 작은 풀 씨앗 덕분에 자신의 살인범을 벌할 수 있었다.

오늘날에는 범죄사건을 해결하기 위해 식물을 연구하는 법의식물학 전문가들이 활약하고 있다. 다른 모든 범죄 증거가 그렇듯이, 식물의 생애 주기는 용의자의 진술을 증명하거나 반박하는 데 이용할 수 있다. 영국의 법의곤충학자 자카리아 에르징클리오글루Zakaria Erzinçlioğlu의 회고록 『구더기, 살인, 그리고 인간Maggots, Murder, and Men』에는 용의자가 거짓 자백을 한 사건의 이야기가 나온다. 목수인 윌리엄 퍼넬William Funnell과 바텐더 앤 부부는 슬하에 세 아들을 두고 있었다. 앤은

1984년 4월 24일 사라졌고, 11일 뒤 국영 초지의 덤불 속에서 주검으로 발견되었다. 윌리엄은 용의자로 체포되어 범행을 자백했다. 그는 아내가 일하는 바에서 바람을 피운다고 의심하여 며칠 동안 말다툼을 했다고 진술했다. 그리고 화요일, 다시 싸움이 일어났다. 하지만 이번은 여느 때와 달랐다. 다툼이 극단으로 치달은 것이다. 윌리엄은 아내를 목졸라 살해한 뒤 날이 어두워질 때까지 시신을 침실에 그대로 두었다. 그런 다음 공유지 풀밭으로 시신을 옮겼다.

방부처리를 한 뒤 봉인된 관 안에 넣은 시신은 몇십 년 동안 그 상태가 보존된다. 시신이 관 안에 들어가 지하 1.8미터에 묻히면, 소름 끼치는 동요처럼 '벌레가 입으로 기어들어 오고 기어 나가고 콧잔등에서 카드놀이 판을 벌이는' 일은 일어나지 않는 것이다. (소름 끼치는 동요란 영미 지역에서 유명한 작자미상의 「영구차의 노래The Hearse Song」를 말하며, 강조 표시를 한 부분은 그 노랫말이다.—편집자) 하지만 공기 중에 노출된 상태라면 즉시 부패하기 시작하고, 그 냄새를 맡은 곤충들이 몰려들어 산란을 한다. 알에서 깨어난 구더기와 유충은 시신의 살을 먹으며 만찬을 즐긴다. 이 덕분에 구더기나 유충의 생애 시기를 살펴보면 희생자가 사망한 지 며칠이나 되었는지 알 수 있다. 그래서 에르징클리오글루 같은 법의곤충학자가 소환되어 시신에서 나온 구더기 증거를 조사하여 사망 시기를 알아내는 것이다.

에르징클리오글루는 앤의 시신에서 채집된 모든 구더기가 아주 늙었거나 아주 어리다는 사실에 주목했다. 이는 매우 특이한 경우였다. 시신에는 여러 종류의 파리가 끊임없이 알을 낳기 때문에 다양한 시기의 구더기가 발견되는 것이 보통이다. 그런데 이 시신은 파리가 꼬일 수 있는 환경에 있었다가 며칠 동안은 그럴 수 없는 곳에 있었고, 다시 처음과 같은 환경에 놓였던 것 같았다. 초지에 있던 앤의 시신을 옮기는 모습을 담은 영상을 본 에르징클리오글루는 한 가지 더 이상한 점을 발견했다. 시신 아래에 있는 풀들이 녹색이었던 것이다. 슬립앤 슬라이드Slip'N Slide(튜브로 된 물놀이용 미끄럼틀―옮긴이)를 아는 사람이라면, 풀 위에 뭔가를 놓으면 풀이 금방 누렇게 변한다는 사실도 알 것이다. 시신이 11일 동안이나 풀밭에 놓여 있었다면 시신 밑의 풀색이 그대로일 리가 없었다.

다른 증거 역시 일치하지 않았다. 부검 결과 앤은 목이 졸렸을 뿐만 아니라 머리에 강한 타격을 받아 출혈을 일으켰던 것으로 드러났다. 하지만 침실에는 극히 소량의 혈흔만 있었고 이마저도 아들 중 한 명이 흘린 코피로 추정되었다. 더욱이 윌리엄은 시신을 밤이 깊어질 때까지 침실에 놔뒀다고 했는데, 아들 중 한 명이 방과 후 집으로 와 침실에 들어간 적이 있지만 아무것도 보지 못했다고 했다. (침대가 너무 낮았기 때문에 그 밑에 시신을 숨길 수도 없는 상황이었다.) 에르징클리오글루는 윌리엄이 아들 중 하나가 혐의를 받을까 두려워 거짓 자백을 했다고 생각했다. 아들들이 범인이라는 증거가 없었음에도 형사들은 윌리엄이 기소되지 않는다면 아들 중 한 명이 기소될지 모른다고 암시했던 것이다. 윌리엄이 자백한 것은 이 때문이었다. 그는 법정에서 진실을 밝힐 수 있으리라고 생각했고 실제 재판 중에 자백 내용을 철회하고 결백을 주장했다. 하지만 이 책에 나오는 다른 사건들이 보여 주듯이, 일단 자백을 한 뒤 재판으로 결백을 밝히려는 것은 위험한 생각이다. 윌리엄은 유죄 판결을 받았다.

구더기를 범죄 수사에 활용한 것은 1855년부터였다. 그해, 파리 외곽에 살던 한 부부가 집을 리모델링하던 중 벽난로 선반 뒤에서 시신을 발견했다. 집의 소유자인 부부는 즉시 용의자가 되었다. 하지만 이들은 그 집에 거주한 지 오래되지 않았으므로 시신이 숨겨진 시기를 밝히는 일이 중요했다. 시신의 부검은 스위스 의사 베르제레 다르부아Bergeret d'Arbois가 맡게 되었다. 그는 사망 시각을 밝히기 위해 시신에 들끓는 구더기와 진드기를 조사했다. 그리고 구더기와 진드기의 생애 주기를 근거로 시신이 7년 전에 사망했다는 사실을 밝혀냈다. 그때는 시신을 발견한 부부가 이사 오기 전이어서 이전 거주자가 수사를 받게 되었다.

오랜 세월 동안 곤충은 이따금씩 사건 수사에 활용되었지만, 시신에서 발견된 곤충을 제대로 연구하기 시작한 것은 1970년대와 80년대였다. 1987년, 윌리엄 베이스William Bass 박사는 녹스빌Knoxville에 위치한 테네시대학University of Tennessee에 미국 최초로 시신 농장body farm

시신 농장에서 부패한 시신을 연구하고 있는 윌리엄 베이스 박사

을 만들었다. 시신 농장은 기증받은 시신을 야외에 놓아두고 연구자들이 시신이 어떻게 부패하는지 관찰할 수 있도록 한다. 이런 관찰은 법의학자들이 사망 시각을 밝히는 데 도움을 준다. 사망 시각은 타임라인 timeline을 만들고 희생자가 마지막으로 목격된 시각을 밝히고 용의자의 알리바이를 확인하는 데 필수적인 정보다.

법의곤충학자들은 시신에서 발견된 곤충을 근거로 희생자가 사망한 계절도 알 수 있다. 에르징클리오글루가 맡은 또 다른 사건을 살펴보자. 어느 해 10월, 한 주민이 이웃집에서 나는 지독한 냄새를 이상하게 여겨 살펴보다가, 그 집에 사는 노년의 여성이 숨진 것을 발견했다. 시신에는 몇 종의 번데기가 있었는데, 곤충학자들은 이를 현미경으로 관찰하여 모두 다섯 종류의 파리를 확인했다. 그 가운데 네 종은 6, 7월에만 활동하는 파리였다. 이는 이 여성이 여름에 이미 사망한 상태였음을 의미했다. 그때라면 그녀의 집에서 일하던 남자가 마을을 떠난 시기였다. 경찰은 남자를 사건의 용의자로 조사했다. 실상을 알고 보니, 그녀는 거만한 고용주였지만 그에게 유산을 물려주겠다는 약속을 했던 것으로 드러났다. 그는 돈 때문에 노인을 살해했지만 막상 범행을 저지르자 두려워져 달아났던 것이다. 하지만 마을을 떠났다는 사실로 인해 오히려 수사관들의 의심을 사게 되었다. 물론 애초에 그를 밀고한 것은 파리였지만 말이다.

법의곤충학은 로클랜드 카운티Rockland County 법의관 페레드릭 저기비가 '얼굴을 난도질당한 여인Slash-Faced Woman' 사건을 해결하는 데도 한몫했다. 1984년 10월, 뉴욕주 나누엣Nanuet에 위치한 한 호텔의 직원들이 축구를 하고 있었다. 경기 도중 숲으로 굴러간 공을 쫓아간 직원은 그곳에서 얼굴을 난도질당한 여자의 시신을 발견했다. 상처에는 이미 구더기가 있었다. 호텔 보안 카메라는 어쩐 일인지 주차장이 아닌 다른 곳을 향해 있었다. 그렇지 않았다면 범인의 모습이 찍혔을 것이다. 결국 사건은 해결하기 훨씬 더 어려워졌다.

이 시신의 주인은 서른두 살의 마리 제퍼슨Marie Jefferson으로 밝혀졌다. 그녀는 브롱크스Bronx에 살았었는데, 약 일주일 반 전에 실종 신고가 되어 있었다. 그녀가 마지막으로 목격된 것은 맨해튼에서 전 약혼자 새뮤얼 맥컬러프Samuel McCullough와 함께 있는 모습이었다. 상처의 특성상 강도 사건일 가능성은 제외되었다. 강도는 희생자의 얼굴을 난도질하는 데 시간을 들이지 않고 신속하게 살해하기 때문이다. 불필요한 폭력을 가했다는 것은 살인의 동기가 분노라는 사실을 암시했다. 사망 원인은 흉부에 난 자상이었고, 저기비는 이 상처를 통해 살해 도구가 날카로운 칼이라는 결론을 내렸다. 상처 부위를 보면 칼날의 날카로운 면이 오른쪽을 향했으므로 살인자가 왼손잡이라고 추측할 수 있었다. (어떤 손을 쓰느냐에 따라 칼날이 각각 오른쪽과 왼쪽으로 향하는 경향이 있다.)

마리가 사망하고 시간이 어느 정도 경과했기 때문에 저기비는 사후경직, 체온, 동공 변화 등을 살펴보는 기존의 방법으로 사망 시각을 밝힐 수 없었다. 그래도 그는 이런저런 검사를 해 보았고 그중에는 안구의 칼륨 수치 검사도 있었다. 이 수치는 사망한 뒤에 높아지므로 이를 측정하면 사망 시기를 알 수 있다. 하지만 사실 사망 시각은 TV 드라마에서처럼 정확하게 알아내기 힘들다. 이 사건의 경우 피해자가 사망한 것은 6일에서 20일 전으로 추정되었는데, 이런 추정일이 수사관들에게 도움이 될 리 없었다. 저기비는 더 정확한 사망 시기를 밝히기 위해 법의곤충학자의 도움을 구했다. 곤충학자는 희생자의 상처에서 검정파리 구더기를 수집하고 시신에서 살아 있는 검정파리 성체를 채취하여 생애 주기를 관찰했다. 그리고 이를 근거로 희생자가 7일에서 9일 전에 사망했다는 사실을 밝혔다.

한편 수사관들은 마리의 전 약혼자 새뮤얼이 마리에게 폭력을 행사한 전력이 있으며 그녀를 스토킹하고 협박했다는 사실을 알아냈다. 이들은 마리가 새뮤얼과 함께 있는 것을 마지막으로 본 목격자들을 수소문하여, 두 사람이 어떤 자세로 어떻게 걸어갔는지 보여 달라고 했다. 목격자들의 진술에 의하면 새뮤얼은 마리의 한쪽 팔을 뒤로 꺾은 상태에서 끌고 갔다. 이들이 말한 날짜는 저기비가 제시한 사망 추정일과 일치했다. 새뮤얼은 재판에 회부되어 살인 혐의로 유죄 판결을 받고 복역하던 중 교도소에서 사망했다.

저기비가 다룬 사건 중에는 사망 시각을 밝히기 유난히 까다로운 것도 있었다. 1983년 9월, 한 경찰관은 도로 옆 돌담에서 여성의 블라우스를 발견했다. 이를 자세히 살펴보기 위해 차에서 내렸지만 그의 시선은 오히려 다른 곳으로 향했다. 그 옆에 시신으로 추정되는 무언가가 담겨 있는 커다란 쓰레기봉투가 있었던 것이다. 현장에 도착한 저기비가 보니 봉투는 사실 몇 겹이었다. 그것을 풀자 벌레가 쏟아져 나왔다. 안에는 신장 약 182센티미터, 체중 약 90킬로그램인 중년 남성의 시신이 있었다. 사망 원인은 머리에 난 총상이었다. 희생자는 3주에서 4주전에 사망한 것으로 보였지만 시신에는 몇 가지 이상한 점이 있었다.

먼저, 시신이 부풀어 오르지 않았다. 보통 사후에는 세균이 죽은 조직을 먹고 소화하는 과정에서 가스를 내뿜어 시신이 팽창한다. 하지만 이 사건의 경우 이런 현상이 발생하지 않았다. 두 번째, 피부가 베이지색을 띠었다. 이는 사후에 정상적으로 나타나는 색이 아니었다. 마지막으로, 밖에서 안으로 부패가 진행되고 있었다. 원래 시신은 내부 장기가 가장 먼저 부패하는데, 이 경우는 부패 과정이 거꾸로 진행되어 많은 장기가 손상되지 않은 상태였다.

저기비는 사건 현장이 조작되었다고 의심했다. 살인이 최근에 발생한 것처럼 꾸미기 위해 시신을 냉동했다면 장기가 나중에 부패될 수도 있었다. 냉동 칠면조가 해동될 때와 마찬가지로 냉동된 인간의 사체도 내부 장기가 가장 나중에 해동된다. 저기비는 현미경으로 세포가 일그러진 상태라는 사실을 확인했다. 이는 실제로 사체가 몇 달, 혹은 심지어 몇 년 동안 냉동되어 있었다는 의미였다.

시신의 양손이 미라화되어 있었기 때문에 저기비는 브루클린 도살자 사건에서처럼 손가락 끝마다 화학용액을 주사한 뒤 지문을 채취했다. 지문은 2년 반 동안 실종 상태에 있던 루이스 매스게이Louis Masgay의 것과 일치했다. 시신이 냉동됐다는 저기비의 이론은 정확했다. 루이스와 인상착의가 비슷한 시신이 창고 냉동고에 걸려 있는 모습을 목격했다는 정보 제공자가 있었던 것이다. 이 창고는 청부살인업자로 의심되는 리처드 커클린스키Richard Kuklinski의 소유였다. FBI는 리처드를 감시하기 시작했다. 리처드는 위장근무 중인 요원에게 무심코 냉동 시신에 대한 이야기를 하여, 스스로 사건 해결의 실마리를 제공했다. "저치들이 영리한 것 같수? 들어 봐요. 전에 발견한 남자 시신을 부검하고는 죽은 지 2주 반밖에 안 됐다고 하지 않았소. 그런데 아니거든. 그놈은 죽은 지 2년 반이나 지났다고."[1]

살인사건의 재판정으로 인도되는 리처드 커클린스키

　　사건의 전말은 이랬다. 루이스는 자신의 잡화점에서 판매할 해적판 영화를 구입하기 위해 커클린스키를 만날 약속을 잡았다. 하지만 커클린스키는 물건을 파는 대신 루이스를 죽이고 그가 지니고 있던 9만 5천 달러를 빼앗았다. 그런 다음 시신을 얼려서 범행 현장을 조작했다. 이 사건으로 '아이스맨the Iceman'이라는 별명을 얻게 된 커클린스키는 여섯 건의 살인에 대해 종신형을 선고받았는데, 자기가 저지른 살인사건을 모두 합하면 250건이라고 주장하기도 했다.

　　법의관이 아무리 부단히 노력해도, 비밀스런 무덤에서 발견된 시신 가운데 일부는 신원이 밝혀지지 않고 결국 사건도 미제로 남게 된다. 1989년, 위스콘신대학University of Wisconsin 인근의 음반 매장 굿앤라우드 뮤직Good'nLoud Music의 주인은 지하실에서 난방 기구 누수 원인을 찾던 중 인간의 두개골을 발견했다. 신고를 받고 현장에 도착한 경찰과 화재 감식반은 전신 해골을 찾아냈다. 범인은 희생자를 발부터 굴뚝의 슈트chimney chute(물, 곡물, 석탄, 화물, 우편물 등을 아래로 떨어뜨리는 관 등을 의미한다.―옮긴이)에 밀어 넣은 것 같았다. 시신의 연조직은 모두 부패해 사라진 상태였다.

시신은 소매 없는 페이즐리Paisley 무늬 원피스와 보풀이 인 진한 색 스웨터를 입고 발목양말과 여성용 구두를 신었다. 하지만 법의학자들은 하나같이 희생자는 스물두 살에서 스물일곱 살 사이의 남성이라고 했다. 수사관들은 희생자가 성전환자이고, 이 때문에 살해되었을 것이라고 추측했다. (성전환자는 폭력 피해자가 될 확률이 28퍼센트 높다.) 하지만 법의학자들은 애초에 이것이 살인사건인지도 확신하지 못했다. 희생자는 골반 골절 외에는 외상이 없었고, 이는 시신이 좁은 슈트 아래로 밀려 내려오는 과정에서 사후에 발생했을 수도 있기 때문이었다. 더 많은 단서를 기대하며 형사들은 희생자의 얼굴을 클레이 모델로 만들고, 컴퓨터 기술을 사용해서 초상화를 그려 대중에 공개했다. 하지만 이 시신의 신원을 확인하겠다고 나서는 사람은 아무도 없었다. 대학가의 특성상 인구 이동이 많으므로 희생자를 아는 사람들이 이미 예전에 다른 곳으로 이주했을 수도 있었다. 아니면 희생자를 남자로 그려 알아보는 사람이 없었을 수도 있다. 어떤 이유든 그 사람의 삶 또는 죽음에 대해 더 알 수 있는 것은 없었다.

9장

인간의 뼈:
법의인류학의 시초

시신이 심각하게 부패되었거나 뼈만 남은 채 발견되었을 때 법의
인류학자가 수사에 참여하기도 한다. 법의인류학은 1970년대에 공식적
으로 범죄 과학의 한 분야가 되었고, 그 이후 오래된 사건은 물론 새로
발생한 사건을 해결하는 데도 활용되어 왔다.

수사에 참여한 법의인류학자가 가장 먼저 하는 일은 그 시신이 사
망한 지 5백 년 이상 된 고대ancient 시신인지, 50년 이상에서 5백 년 미
만인 역사적historic 시신인지, 50년 미만인 현대 시신인지 판단하는 것
이다. 그다음 그 사람이 자연사했는지 살해되었는지를 규명한다. 1991
년 9월 19일, 독일 등산객 두 명이 이탈리아 알프스Italian Alps에서 시신
을 발견했다. 신고를 받고 출동한 구조 팀은 처음에는 시신을 길을 잃

고 헤매다 동사한 등산객으로 추정했다. 눈 속에 묻혀 있던 덕분에 시신이 잘 보존되기는 했지만, 곧 시신의 주인은 동사한 것도 아니고 등산객도 아니라는 사실이 드러났다. 그는 아주 오래전 사람으로 살해당한 것이었다.

오스트리아 고대사 교수인 콘라드 스핀들러Konrad Spindler는 처음 이 시신이 최소한 4천 년은 된 것이라고 판단했다. 하지만 방사성 탄소 동위원소 분석 결과 시신은 그보다 더 이전인 5천 년 전 사람이라는 사실이 밝혀졌다. 즉, 그는 석기시대 말기에 살았던 사람이었다. 외츠탈 알프스Otztal Alps(오스트리아 서부와 이탈리아 북동부 사이에 있는 산맥으로, 외츠탈러 알프스산맥Otztaler Alps이라고도 부른다.—옮긴이)에서 발견되어 외치Otzi 라는 애칭으로 불리는 이 남성은 사망 당시 마흔 살에서 쉰세 살 사이였다. 석기시대 말기는 가혹한 시기였다. 그는 어릴 적 굶주림으로 인해 발육부진이었고 추위를 피하려 계속 모닥불을 피워 폐는 검게 변해 있었다. 발가락은 반복해서 동상을 입었고 충치와 치주 질환을 앓았다. 시신에서는 다량의 비소가 검출되었는데, 아마도 구리를 캐내다 그렇게 되었을 것이다. 손톱을 분석한 결과 그는 사망하기 전 마지막 여섯 달 동안 기생충 감염 등 몇 번의 병치레를 했는데, 그 가운데는 라임병 Lyme disease도 있었던 것으로 보였다. 이러한 질병 중 일부는 오늘날 재원과 의료 지원이 결핍된 최극빈층만이 걸리는 것들이다. 하지만 석기시대에는 누구나 그 정도로 궁핍했다.

건강 상태는 매우 나빴지만 외치는 꽤 왕성한 식욕을 지녔던 것 같다. 그의 위는 매우 잘 보존되어 있었기 때문에 과학자들은 그가 마지막 식사로 붉은사슴 고기와 곡물을 섭취했다는 사실을 알 수 있었다.

5천 년 전 살인사건 희생자 외치를 재현한 모습

또 사망 직전에 들염소 고기와, (위에서 밀가루와 숯가루가 나온 사실로 미루어 보아) 덮개 없이 피운 불에 구운 빵도 먹은 것으로 보였다. 이 냉동 인간은 광활한 지역을 이동한 것으로 추정되었다. 고식물학자들은 그의 몸 내부와 표면에서 80종의 이끼와 선태식물, 그리고 수십 종의 화분립을 발견했다. 그 가운데 새우나무 화분립도 있었는데, 이는 알프스 산맥 아래 계곡에서 자생하는 수종으로 봄에 꽃을 피운다.

고고학자들은 외치의 여정이 계곡에서 시작하여 눈 덮인 알프스 산맥에서 끝났다고 추측했다.

때늦은 눈폭풍에 갇혀 얼어 죽었을 가능성도 있지만 그가 당한 부상을 봤을 때 사인은 다른 데 있었다. 그의 왼쪽 어깨에서 화살촉이 발견된 것이다. 사입구는 등 쪽이었다. X레이 검사 결과 화살이 혈관을 관통했고 외치는 출혈 과다로 사망했다. 그는 살해된 것이었다.

5천 년 동안 잠자고 있던, 아니 얼어붙었던 살인사건의 원인을 밝혀낸 것은 대단한 성과였다. 그렇다면 살인자와 동기도 밝힐 수 있었을까? 고고학자들은 외치가 자신을 공격한 자를 알고 있었다고 추측했다. 어깨 상처에 화살대가 없는 것으로 보아 누군가 이를 뽑았음이 틀림없었다. 당시에는 사용하는 사람이 직접 화살을 제작하여 화살마다 독특한 특성이 있었으므로 화살대를 제거하지 않으면 살인자의 신원이 드러날 수 있었다. 또한 외치의 소지품이 석기시대에는 귀한 물건들이 었는데도 살인자는 여기에 손대지 않았다. 물론 이러한 물건을 갖고 있다가는 외치를 살해했다고 의심받을 수 있었다.

법의학자들이 현대 사건의 해결을 위해 그러하듯 고고학자들도 사망 당시 외치가 지니고 있던 소지품을 조사했다. 어쩐 일인지 그는 험한 여행길에 미리 대비한 것 같았다. 옷을 세 겹이나 껴입고 곰가죽으로 신발 밑창을 대고 불쏘시개를 지니고 있었다. 또 훌륭한 단검을 지니고 있었던 것으로 보아 사회적 지위가 높았으리라 추측된다. 다른 무기도 있었지만 만드는 중이었다. 화살은 완성되지 않았고 긴 활의 시위는 묶이지 않은 상태였다. 이러한 사실을 바탕으로 추측해 보면 외치는 갑작스레 살던 곳을 떠난 것 같았다. 그의 손에는 회복 중인 상처가 있었고, 이는 죽기 하루 전쯤에 벌어진 싸움에서 생긴 듯 보였다. 또한 머리의 부상은 도주나 습격 중에 추락하여 얻은 것 같았다.

이러한 증거를 근거로 고고학자들은 외치가 한 부족의 족장이었다는 가설을 세웠다. 그가 나이가 들고 병약해지자 부족 내의 도전자들은 그 자리를 빼앗으려 했다. 마을의 도전자들이 싸움을 걸어 오자, 살해당할까 봐 두려웠던 외치는 달아났지만 적들에게 따라잡혀 죽임을 당한 것이다. 하지만 고고학자들도 실제로 이런 일이 일어났었는지 확실히 밝힐 수는 없다. 그래도 한 가지 분명한 사실은 있다. 그 누구도 이 사건으로 기소되지 않았다는 것이다.

고대 사건의 경우에는 사인이 명확하지 않을 때도 많다. 유럽 북서부 습지에서 (기원전 1200년에서 서기 550년 사이) 철기시대 시신 몇 구가 발견되었다. 사망한 지 수천 년이 지났지만 괴어 있는 물속에 있었고 산소가 부족해서 부패하지 않았기 때문에 시신들은 상대적으로 잘 보존되어 있었다. 피부와 머리카락은 물론, 심지어 입고 있는 옷이 썩지 않은 시신도 있었다. 처음 이 시신들을 담당한 연구자들은 이들이 형벌로 습지에 매장되었다고 생각했다. 한 로마 역사가의 기록에 따르면, 게르만 민족은 수치스러운 죄를 지은 사람은 머리카락을 모두 민 다음 죽여서 당시 통상적인 장례 방법대로 화장을 하지 않고 습지에 유기했다. 1952년, 독일의 습지에서 미라가 된 두 구의 시신이 발견되었을 때 이들은 비밀스런 연인으로 여겨졌다. 그중에는 붉은 머리카락이 반만 밀린 시신이 있었는데, 연구자들은 그 시신에 '빈데비 소녀 Windeby Girl'라는 이름을 붙였다. 형벌의 집행자들이 빈데비 소녀를 죽이기 전에 머리를 민 것은 수치심을 주기 위해서일 것이라고 추측됐다.

훗날 DNA 검사 결과 빈데비 소녀는 사실 남자였던 것으로 드러났다. 뼈의 상태로 보아 그는 병약했고 사형 집행이 아니라 질병으로 사망했을 가능성이 높았다. 그의 머리카락은 습지에 서식하는 물이끼 때문에 붉은색으로 변색되었고, 시신을 발굴하는 과정에서 반이 빠졌을 가능성도 있었다. 또 바로 옆에서 발견된 '연인'은 빈데비 소녀보다 3백 년 전에 살았던 사람이었다. 이와 마찬가지로 많은 습지 미라들에 심각한 부상의 흔적이 있었는데, 검사를 통해서도 이것이 야만적인 공격에 의한 것인지 단순히 습지에 매장되어 있는 동안 발생한 것인지 명확하게 밝힐 수 없었다. 습지 미라들은 역사적으로 매우 흥미로운 연구 대상임에는 분명하지만 딱히 범죄 수사의 대상은 아니었다. 하지만 실제로 습지에서 시신이 발견된 덕분에 영영 묻힐 뻔한 살인사건이 해결된 사례가 있다.

습지는 이탄을 생성하는데, 사람들은 이를 토양에서 캐내어 연료로 사용한다. 1983년, 영국에서 이탄을 채취하던 노동자가 인간의 두개골을 발견했다. 수사관들은 이 두개골이 서른 살에서 쉰 살 사이 여성의 것이라고 판단했다. 그로부터 20년 전, 말리카 레인-바르트Malika Reyn-Bardt가 실종된 사건이 있었고 경찰은 오랫동안 남편 피터를 의심해 왔다. 피터는 눈앞에 놓인 두개골이 아내의 것이라고 생각하고, 아내를 살해했다고 자백하여 유죄를 선고받았다. 하지만 나중에 이 두개골은 약 1600년 전의 것으로 밝혀졌다. 피터는 털끝만큼도 상관없는 사건에 대해 자백을 하고 자기 진짜 죄에 대한 대가를 받은 셈이다.

법의인류학은 50년에서 100년 전에 일어난 역사적 사건을 현대로 소환하기도 한다. 1918년, 정치적 소요 속에서 러시아 황족 로마노프Romanov 일가가 몰살되었고, 그 뒤부터 탈출에 성공한 황녀나 황자의 존재에 대한 추측이 난무했다. 심지어 수십 년 동안 자신이 아나스타시아 로마노프Anastasia Romanov라고 주장한 여자까지 있었다.

제1차 세계대전 중 러시아 군인 가운데 전사자의 수는 1백 7십만 명, 부상당하거나 포로로 잡히거나 작전 도중 실종된 사람의 수는 7백 5십만 명이었다. 전쟁 자금을 대느라 러시아 재정은 휘청거렸다. 민중은 차르 니콜라스 2세Tsar Nicolas II 때문에 이런 재난이 일어났다며 폭동을 일으켰다. 니콜라스 2세는 1917년 황제의 자리에서 축출되었고 그 자리에 임시정부가 들어섰다. 하지만 몇 달 뒤 블라디미르 레닌Vladimir Lenin이 이끄는 급진파 볼셰비키 정당Bolshevik Party이 임시정부를 전복

러시아 로마노프 황가의 초상화

했고 레닌의 독재 시대가 열렸다. 유럽에서 벌어진 제1차 세계대전에서
는 발을 뺐지만 레닌은 자국 내에서 벌어진 내전에 맞닥뜨렸다. 친왕가
세력과 반볼셰비키 파로 구성된 백색군대White Army가 권력을 되찾기
위해 투쟁했다. 그러는 동안 로마노프가는 볼셰비키의 감시 아래 우랄
산맥Ural Mountains의 한 저택에 머물고 있었다. 백색군대가 이들을 향
해 진군하고 있었으므로 구조될 희망은 아직 남아 있었다.

　　그러던 중 1918년 7월 17일 한밤중, 볼셰비키 군인들이 잠자던 로
마노프 가족을 깨웠다. 인근에서 벌어진 전투 때문에 다른 곳으로 거
처를 옮겨야 한다는 이유였다. 황제 니콜라스 2세, 황후 알렉산드라 표

도로브나Alexandra Feodorovna, 황녀 올가Olga, 타티아나Tatiana, 마리아 Maria, 아나스타시아Anastasia, 황자 알렉세이Alexei 등 가족 모두가 아래 층으로 내려갔다. 이들과 더불어 알렉세이의 혈우병을 치료하던 의사 예브게니 보트킨Yevgeny Botkin, 조리사 이반 하리토노프Ivan Kharitonov, 하인 알렉세이 트루프Alexei Trupp, 하녀 안나 데미도바Anna Demidova 도 함께 대기했다. 이들은 베개에 보석과 가보를 숨기고 아나스타시아 의 코르셋 솔기 안에도 보석을 넣어 들고 있었다.

하지만 황실 가족은 곧 최후의 순간이 왔음을 알게 되었다. 볼셰비 키 군사령관인 야코프 유로프스키Yakov Yurovsky가 암살단과 함께 방에 들어와 사형 명령서를 읽은 것이다. 암살단은 가장 먼저 니콜라스 황제 를 쏘았다. 그리고 무차별 사격을 가했다. 이들은 자신들이 야만적인 행위를 하고 있다는 사실을 망각하기 위해 만취한 상태였다. 안나는 보 석이 채워진 베개 뒤에 숨었지만 발각되어 살해되었다. 아나스타시아 는 코르셋이 방탄조끼 역할을 한 덕분에 총격 초기에는 살아남을 수 있 었다. 이후 암살단은 이들의 옷을 모두 벗겨 불에 태우고 보석은 모스 코바Moscow로 보냈다. 이들의 처형은 국가 기밀이었으므로 유로프스 키는 시신들을 폐광에 숨겼다. 하지만 이곳에 시신들이 숨겨졌다는 소 문이 돌았다. 결국 그는 장소를 옮기는 것은 물론 황제와 황후로 추측 되는 사체들은 신원을 감추려 염산을 뿌리고 불에 태우기까지 했다.

잔혹한 학살이 발생한 지 8일 뒤, 백색군대는 시베리아에 위치한 도시 예카테린부르크Ekaterinburg까지 진격하여 폐광을 수색했다. 이들 은 황제의 안경집 등 시신이 그곳에 있었다는 증거를 찾아냈지만 새로 옮겨진 장소는 찾지 못했다. 이후 오랜 세월 동안 이들이 묻힌 위치는 미스터리로 남았고, 사람들은 로마노프 황가 사람 중에 생존자가 있는지 궁금해했다.

　1920년, 한 여성이 베를린 운하에서 자살을 시도했다가 구조되었다. 보호시설에 구금된 그 여성은 놀랄 만한 이야기를 털어놓았다. 자신이 러시아 암살단의 총격에서 살아남아 시신을 운반하던 트럭에서 숨이 붙은 채 발견되었다는 것이었다. 그 뒤 그녀는 은밀하게 탈출하여 베를린까지 당도했다. 결국 자신이 바로 아나스타시아 로마노프라는 이야기였다. 1928년에 이 여성은 미국으로 건너갔다. 총격 때 입은 턱의 부상 때문에 수술을 받아야 한다는 명목이었다. 그녀를 유명인으로 반기는 사람도 있었고, 친한 친구로 반기는 사람도 있었다. 황가와 함께 학살당한 보트킨 박사의 아들 글레브 보트킨 Gleb Botkin은 어릴 적 아나스타시아와 함께 놀던 사이였다. 그는 너무나 기쁜 마음으로 아나스타시아를 맞았다. 하지만 일부를 제외한 대부분의 사람은 그녀의 정체에 대해 회의적이었다. 러시아 황족이 고용한 사설탐정은 아나스타시아라고 주장하는 그 여인이 실제로는 프란

자신이 니콜라스 황제의 막내딸이라고 주장한 안나 앤더슨

치스카 샨즈코브스카Franziska Schanzkowska라고 했다. 폴란드 소작농인 프란치스카는 베를린 운하의 다리에서 자살 소동이 일어나기 사흘 전 사라졌고 정신질환을 앓은 병력이 있었다. 하지만 안나 앤더슨Anna Anderson(아나스타시아라는 이름 대신 한 호텔 투숙객 명단에 적은 가명)이라고 알려진 이 여인은 1984년에 사망할 때까지 한결같이 자신의 주장을 굽히지 않았다.

1980년대에 들어 소비에트 연방의 지도자 미하일 고르바초프 Mikhail Gorbachev는 볼셰비키 정권 문서의 기밀을 해제했고, 여기에는 암살에 대해 기록한 유로프스키 문건Yurovsky Note도 포함되어 있었다. 이 기록에 따르면 아나스타시아는 잠시 동안 쏟아지는 총알을 피할 수 있었지만 결국 이 공격에서 사망했다. 이제 유로프스키가 시신을 매장한 숲을 수색하면 증거를 발견할 수 있을 듯 보였다.

사람들은 직접 이 기록이 사실인지 밝히기로 했다. 1992년, 미국 법의인류학자 팀은 총격으로 살해된 사람들의 신원을 파악하기 위해 로마노프 황가의 무덤을 발굴했다. 그런데 열한 구가 있어야 할 유골은 아홉 구밖에 없었다. 발굴 팀은 대부분의 유골과 희생자를 연결시킬 수 있었다. 쭈그리거나 무릎을 꿇고 앉아 발목 관절이 넓어진 유골은 하녀 안나의 것이었고, 위쪽 치아가 많이 빠진 것은 보트킨 박사의 유골이었다. 키가 크고 체격이 건장한 유골은 키가 180센티미터가 넘었던 하인이었다. 그리고 황제의 유골은 눈썹 부위가 튀어나오고 승마로 인해 골반이 뒤틀린 것을 근거로 확인되었다. 황후의 치과 기록과 일치하는 유골도 확인되었다. 어금니가 완전히 자라지 않은 유골은 사망 당시 열아홉 살이던 마리아, 아니면 열일곱 살이던 아나스타시아였다. 자매들 가운데 키가 가장 컸던 타티아나는 신장을 비교해서 찾을 수 있었다. 올가는 가로로 넓찍한 이마를 지닌 것으로 알려져 있었다. 그러므로 나머지 성인 남성의 시신은 조리사였다. 이게 다였다. 그렇다면 알렉세이의 시신은 어디 있는 것일까? 마리아, 혹은 아나스타시아의 시신은 또 어디 있는 것일까? 혹시 안나 앤더슨이 진실을 이야기했던 것은 아니었을까?

영국 여왕 엘리자베스 2세Queen Elizabeth II의 남편 필립 공Prince Philip의 할머니는 알렉산드라 황후와 자매지간이었다. 따라서 필립 공과 황족으로 추측되는 시신들의 DNA 대조 검사가 가능했고, 결과는 일치했다. 안나 앤더슨은 이미 사망했지만 그녀의 조직 샘플은 보존되어 있었다. DNA 검사 결과, 안나의 DNA는 황족의 시신들과 일치하지 않은 반면, 사설탐정이 오래전 추적했던 폴란드 친척과는 일치했다. 하지만 여전히 찾지 못한 아이들이 있었다. 이제 노인이 되었을 그 아이들이 어디 있는지는 그 누구도 모르는 일이었다. (혈우병을 앓고 있었던 만큼 알렉세이가 총격에서 살아남았을 가능성은 매우 낮기는 했다.)

그런데 2007년, 발굴 팀이 로마노프 황가의 매장지 근처에서 사람의 뼈를 발견했다. 더 깊이 땅을 파 들어가자 산과 불에 의해 심하게 훼손된 유골들이 나왔다. DNA 검사를 해 보니 로마노프 황가의 일원이었다. 마침내 사라졌던 황녀와 황자가 돌아온 것이다. 이야기는 여기서 끝을 맺게 되었다. 단지 누구도 원하지 않던 비극적 결말이었다.

현대 시신의 유골에서 아주 많은 것을 밝힐 수 있다는 사실은 어쩌면 당연한 일인지 모른다. 단 한 개의 두개골은 물론 치과 기록도 희생자의 신원에 대해 많은 정보를 알려 준다. 골반과 두개골을 관찰하면 뼈의 주인이 남성인지 여성인지 알 수 있다. 시신의 뼈가 몇 개로 이루어졌는지를 보면 시신의 나이를 알 수 있다. 인간은 270개의 뼈를 가지고 태어나지만, 시간이 지나면서 일부가 융합하여 스무살에 이르러 성인이 되면 206개의 뼈만 지니게 된다. 뼈를 관찰하면 그 사람이 오른손잡이인지 왼손잡이인지도 알 수 있다. 주로 사용하는 쪽의 팔이 골밀도가 높고 상대적으로 약간 길기 때문이다. 또한 뼈에 난 자국을 관찰하면 사망자가 어떤 유형의 부상을 당했는지 알 수 있다.

1982년 7월, 버지니아주 구칠랜드 카운티Goochland County에서 블랙베리를 수확하던 노동자들이 인간의 뼈를 발견했다. 시신의 하반신은 사라진 상태였는데, 동물들에게 먹힌 것으로 추정되었다. 시신의 것으로 보이는 청바지와 붉은색 티셔츠는 근처에서 발견되었다. 스미소니언 박물관Smithsonian의 큐레이터이자 FBI 자문 법의인류학자이며 언론이 '셜록 본스Sherlock Bones'라고 부르던 로렌스 엔젤J. Lawrence Angel 박사는 이 유골 주인공의 연령을 열여덟에서 스물네 살 사이로 판단했다. 또한 두개골과 눈썹 부위가 튀어나오지 않은 것으로 보아 여성이었다. 그녀는 약 153센티미터의 신장에 말랐지만 어깨가 넓은 편이었다. 큰 두개골과 각진 턱을 지녔으며 좁고 좌우가 비대칭인 코를 지니고 있었다. 왼쪽 새끼손가락의 부상은 칼로 공격당했을 때 생긴 방어흔일 가능성이 있었다.

다음 해 1월, 이 시신이 알링턴Arlington에서 실종된 빌마리스 리베라Bilmaris Rivera의 것으로 드러났다. 1980년 5월 24일, 그녀는 화학자로 근무하던 해군 기지로 가려고 집을 나섰지만 출근은 하지 못했다. 그녀의 차는 이틀 뒤 불에 탄 채 발견되었고 안에는 시신이 없었다. 본국인

푸에르토리코Puerto Rico에서 입수한 치과 기록 역시 일치했다. 하지만 이는 미제 사건으로 남았고 유골은 장례를 치르기 위해 가족이 있는 푸에르토리코로 보내졌다. 그후 엔젤 박사는 사망했다.

1991년 5월, 구칠랜드 카운티의 검사는 이 사건의 용의자를 체포한 뒤 시신의 발굴을 명령했다. 그는 엔젤의 후임자 더글러스 우빌레이커Douglas Ubelaker에게 시신을 검사해 달라고 요청했다. 특히 그는 부상을 당한 새끼손가락에 대한 정보를 찾고자 했다. 하지만 실망스럽게도 빌마리스의 무덤은 물에 잠겨 있었다. 그렇다면 손가락이 유실되었을 수도 있는 일이었다. 그러나 관을 연 수사관들은 봉지에 담겨 고이 보관되어 있는 손가락을 발견했다. 봉지에는 엔젤이 직접 손으로 내용물에 대해 적은 메모가 붙어 있었다. 엔젤은 어떻게 알았는지 각별한 주의를 기울여 이 손가락을 보존해 놓았던 것이다.

습지 시신들의 상처와 마찬가지로 법의인류학자들은 이 손가락의 부상이 사망 전에 발생한 것인지 사후에 발생한 것인지 정확히 알 수 없었다. 그녀의 시신이 숲속에 방치된 상태에서 훼손되었음은 분명했다. 일부 뼈는 사라졌고 남은 뼈에는 동물들의 이빨 자국도 있었다. 하지만 손가락에 난 상처는 다른 것들과 달랐다. 씹힌 것이 아니라 베어지듯 단번에 깔끔하게 잘렸다. 우빌레이커는 이런 상처를 낼 수 있는 방법이 무엇인지 밝히기로 했다. 한 가지 가능한 시나리오는 당시 빌마리스가 몰던 핀토Pinto 자동차의 문에 손가락이 끼었으리라는 것이었다. 그는 손가락 뼈 대신 닭뼈를 사용해서 이 이론을 시험했다. 닭뼈는 빌마리스의 손가락과 상당히 비슷한 모양으로 잘렸다. 이 사건은 법정까지 갈 필요가 없었다. 부상을 입은 손가락, 그리고 그 손가락이 차문에 끼여 손상됐을지 모른다는 가능성을 제시하기만 했는데 용의자가 유죄 인정을 하고 나섰기 때문이었다. 이 사건은 아무리 손상되었다고 해도 시신이 사건 수사에 얼마나 큰 도움을 주는지 보여 주었다. 하지만 만약 범죄 현장이 존재하지 않는다면 진실의 퍼즐을 한데 끼워 맞추기 어려워진다. 사건이 일어난 현장에서 너무나도 많은 정보를 얻을 수 있기 때문이다. 이런 이유로, 다음 장에서 이야기할 범죄자 프로파일러들의 주요 활동 무대도 바로 현장이다.

10장

살인자를 잡아라:
범죄자 프로파일러

1970년대, FBI는 행동과학부Behavioral Science Unit를 신설했다. 이후 행동과학부는 살인자의 생각과 행동을 연구함으로써 세간의 이목이 집중되거나 해결이 힘든 살인사건 수사에 헌신해 왔다. 즉, 범죄자 유형 분석을 하여 범인의 윤곽을 그려 내는 방법을 쓴 것이다. FBI 프로파일러는 아마 범죄 현장에서 특정 유형을 찾아 연쇄살인범을 추적하는 일로 가장 잘 알려져 있을 것이다. 사실, 연쇄살인범serial killer이라는 용어는 FBI의 초기 프로파일러 로버트 레슬러Robert Resseler가 만들어 낸 말이다. 하지만 연쇄살인범과 심리 프로파일링은 이미 1세기 가까이 존재해 온 것들이었다. 아마도 영미권에서 가장 악명 높은 연쇄살인범은 서론에서 언급한 잭 더 리퍼일 것이다. 그가 이런 이름을 갖게 된 것은 영영 실체가 밝혀지지 않았기 때문이다.

1800년대 말 런던은 세계에서 가장 부유한 도시였다. 하지만 그 부의 혜택이 이스트엔드East End 지역까지 미치지는 않았다. 이곳은 아일랜드Ireland와 유럽 대륙에서 건너온 가난한 이민자들로 넘쳐 났고, 이들은 기존의 영국 빈곤층과 더불어 세입자들로 북적거리는 공동 주택에 살았다. 인구밀도가 높고 가난과 각종 질병에 시달리며 알코올 중독이 만연한 환경이었다. 게다가 구할 수 있는 직장의 종류가 극히 제한적이었으므로 많은 여성이 매춘으로 눈을 돌렸다. 화이트채플Whitechapel 지역에서만 1천 5백 명의 매춘부가 활동했다. 하지만 이 모든 문제에도 불구하고 무차별적 살인은 별로 일어나지 않았다. 사람들은 분노, 또는 개인적인 이득 때문에 자기가 아는 사람을 죽였다. 그래서 처음 경찰은 리퍼 사건을 이런 식으로 접근했다.

1888년 8월 31일 오전 3시 45분, 화이트채플 입구에서 메리 앤 '폴리' 니콜스의 시신이 발견되었다. 범인은 칼로 그녀의 목을 베고 시신을 훼손했다. 시신을 발견한 남자들의 신고를 받고 현장에 한 경찰관이 출동했을 즈음, 존 닐John Neil이라는 순경Constable은 이미 몇 가지 정보를 알아냈다. 사망 시각은 금방 알 수 있었다. 경찰관 한 명이 30분 전에 화이트채플 입구를 걸어서 지나갔으므로 살인은 시신이 발견되기 직전에 일어났을 것이다. 현장 바로 옆에 위치한 집의 이층 방에서 잠을 자던 여성이 있었지만 비명을 듣지 못했다. 이러한 사실로 보아 범인은 폴리를 기습해서 즉시 살해하고 시신을 훼손한 다음 지체 없이 현장을 떠난 것이 분명했다.

사람들의 눈에 띄지 않고 달아나기란 그리 어렵지 않은 일이었을 것이다. 런던 거리를 밝히는 것이라고는 흐릿한 가스램프뿐이었다. 한밤중에도 화이트채플은 매춘부, 취객, 야간 교대 시간에 맞춰 출퇴근하는 공장 노동자들로 북적였지만 워낙 어두운 데다 검은 옷까지 입었다면 범인에게 피가 묻었더라도 드러나지 않았을 것이다.

시신을 조사하기 위해 한 의사가 호출되었다. 그는 자상이 시신의 왼쪽에서 오른쪽으로 나 있으며, 이는 살인자가 왼손잡이일 가능성이 높다는 의미라고 했다. 범행 무기는 단검이나 그 외 날카로운 칼로 보였고 현장에서는 발견되지 않았다. 다음 단계로 경찰은 희생자의 신원을 파악하는 데 힘을 쏟았다. 희생자의 페티코트에는 스텐실로 '램베스 구빈원Lambeth Workhouse'이라고 쓰여 있었고, 그곳의 직원은 시신의 주인이 폴리라고 확인해 주었다. 얼마 전 그곳에서 나간 폴리는 최근 룸메이트 엘렌 홀랜드Ellen Holland와 함께 하숙집에 거주하며 매춘부로 일하고 있었다. 엘렌은 오전 2시 반, 폴리가 집세라도 내려면 손님을 받아야 한다며 나가는 모습을 본 것이 마지막이었다고 진술했다.

살인사건에서 으레 그렇게 하듯 수사관들은 폴리를 아는 사람들을 심문했다. 폴리는 결혼해서 아이를 다섯 명 낳았지만 막내가 겨우 걸음마를 할 무렵 가족을 떠났다. 그녀의 전남편은 폴리의 음주벽 때문에 결혼 생활이 끝났다고 말했다. 하지만 그녀의 아버지는 전 사위가 바람을 피워 그렇게 되었다고 했다. 이유가 어찌되었든 전남편은 3년이나 폴리와 만난 적이 없었다. 경찰은 전남편도 아버지도 범인이 아니라고 생각했다.

그해 화이트채플에서 잔인하게 살해당한 여성은 폴리가 처음이 아니었다. 4월과 8월, 각각 한 명의 매춘부가 살해당했다. 경찰은 전에 매춘부들을 협박하고 폭행한 전적이 있던 잭 파이처Jack Pizer를 수사했지만 그에게는 알리바이가 있었다. 하지만 자세히 살펴보면 이 세 건의 살인에는 차이점이 있었다. 첫 번째 희생자는 즉시 사망하지 않았고 세 명으로부터 공격을 당했다는 말까지 남겼다. 두 번째 희생자는 반복해서 칼에 찔렸지만 폴리와 달리 시신이 훼손되지는 않았다.

이들이 리퍼의 초기 희생자인지는 오늘날까지 논란이 되고 있다. 어찌되었든 경찰은 곧 연이은 살인이 한 사람의 짓이며, 그가 화이트채플의 매춘부들을 노리고 있다는 사실을 알게 되었다. 1888년 9월 8일 오전 6시경, 한베리가Hanbury Street 뒷골목에서 두 번째 희생자인 애니 채프먼Annie Chapman이 발견된 것이다. 폴리와 비슷한 상처가 나 있었고, 폴리 사건 때와 같이 이번에도 살인은 순식간에 일어났다. 애니는 시신으로 발견되기 불과 몇 분 전에 한 남성과 거리에서 이야기를 나누

화이트채플 살인사건들의 현장 위치를 보여 주는 지도

었다. 목격자에 따르면, 사십 대로 보이는 그 남성은 어두운 색의 옷을 입고 사냥 모자를 썼다. 또 몰락하고도 체면을 차리는 듯한 차림새를 하고 있었다.[1] 시신을 검사한 의사는 칼로 벤 자국을 근거로 살인자가 의학을 공부했거나 의학과 관련한 직업을 지녔을 것이라고 추측했다. 곧이어 의사와 의대생이 조사 대상이 되었다.

1888년 9월 25일, 『센트럴 뉴스 에이전시Central News Agency』 신문사에 한 통의 편지가 도착했다. 수신자란에는 '사장님에게Dear Boss'라고 적혀 있고 '잭 더 리퍼'라는 서명도 있었다. 편지에서 살인자는 다음 희생자의 귀를 자를 것이라고 예고했다. 처음 이것은 악의적인 장난쯤으로 여겨졌다. 하지만 9월 30일 이른 아침, 엘리자베스 스트라이드 Elizabeth Stride와 캐서린 에도우스Catherine Eddowes의 시신이 각기 다른 장소에서 채 한 시간도 안 되는 시간차로 발견되었다. 에도우스의 귀는 완전히 잘려 나갔고 시신은 훼손되었으며 콩팥이 사라진 상태였다.

피에 흥건히 젖은 채 시신 근처에서 발견된 에도우스의 앞치마 조각 위에는 분필로 이렇게 적혀 있었다. "유대인은 죄가 없다The Juwes are the men that Will not be Blamed for nothing."[2] ('유대인은 공연히 비난받아야 하는 사람들이 아니다'로 해석되기도 한다. Juwes는 대체로 유대인jewes을 잘못 적은 것으로 여겨지지만, 프리메이슨Freemason과 관련된 인물을 지칭하는 이름이라는 주장도 있다.—편집자) 평소대로 시신을 안치소로 옮긴 다음 증거 사진을 찍었어야 했지만 당시 런던 경찰청장Metropolitan Police Commissioner 찰스 워렌 Charles Warren 경은 사진사가 도착할 때까지 기다릴 수 없었다. 곧 날이 밝을 것이고, 그렇게 되면 이 글을 본 사람들이 지역의 유대인 이민자들에게 적의를 표출할 수도 있었기 때문이다. 결국 그는 글을 지웠다.

나중에, 현장에 있었던 사람들 사이에서 범인이 'juwes'라고 적은 것인지, 'jewes' 또는 'juews'라고 적은 것인지를 두고 의견이 갈렸다. 앞치마의 메시지는 중요한 단서가 될 수도 있었다. 용의자에게 글씨를 쓰게 하고 살인자의 철자법과 비교하는 방법으로 범죄를 해결하기도 하기 때문이다. 또 잭 더 리퍼라고 주장하는 사람이 보낸 편지의 필적과 비교할 수도 있었을 것이다.

10월 1일, 『센트럴 뉴스 에이전시』는 편지를 한 통 더 받았다. 여기에는 이렇게 적혀 있었다.

> 내가 힌트를 주었지만 당신은 믿지 않았지. 내일이면 이 잘난 재키가 이번에는 두 건의 살인을 저질렀다는 소식을 들을 것이오. 첫 번째 희생자는 비명을 좀 지르는 바람에 즉시 끝장낼 수 없었소. 경찰이 달려와 귀를 자를 시간이 없었거든. 내가 다시 활동에 들어갈 때까지 지난번 편지를 보관해 줘서 고맙소. _잭 더 리퍼[3]

이번에도 형사들은 이 편지가 장난인지 아닌지 판단할 수 없었다. 살인자는 범행의 상세한 부분까지 잘 알고 있었지만 뉴스 기사에서 정보를 모은 것일 수도 있었다. 그리고 약 2주 뒤, 이스트엔드 자경단East End Vigilance Committee 대장인 조지 러스크Geroge Lusk는 무시무시한 소포와 편지 한 통을 받았다. 소포에는 콩팥 반 조각이 들어 있었고 편지에는 다음과 같은 내용이 적혀 있었다.

지옥에서

러스크 씨에게

선생

한 여자에게서 도려낸

콩팥 반쪽을 보내오.

당신을 위해 간직했던 것이오. 나머지 절반은

기름에 튀겨 먹었는데 아주 맛이 좋았소. 잠시만

기다려 보시오. 내가 그 콩팥을 도려낸

피 묻은 칼을 당신에게

보내 줄지도 모르니까

재주가 있으면 날

잡아보시든가

러스크 씨[4]

소포로 보내진 콩팥은 인간의 것이 확실했고 캐서린 에도우스의 남은 콩팥 한쪽과 비슷해 보였다. 배달된 콩팥에서 병원에서 부검을 할 때 사용하는 보존제는 검출되지 않았다. 하지만 의대생들은 보존제를 사용하지 않고 부검을 했다. 편지가 그저 장난이라면 의대생의 소행일 가능성이 있었다. 물론 지금이라면 시신과 콩팥에 대한 간단한 DNA 테스트를 통해 이러한 질문의 답을 얻을 수 있을 것이다. 하지만 그때 는 그런 일이 불가능했기에 편지와 소포의 진위 여부는 결코 밝혀지지 않았다.

경찰은 살인범을 잡기 위해 새로운 방식으로 접근했다. 블러드하 운드 종 사냥개들을 데리고 대기하고 있다가 희생자가 발견되면 즉시 범인의 흔적을 추적하기로 한 것이다. 이렇게 했다면 잠시나마 범인에게 겁을 줘서 살인을 멈출 수 있었을지 모른다. 하지만 실제로 런던 경시청은 필요할 때 이 방법을 사용할 수 없었다. 동원된 사냥개 가운데 하나인 버나비Barnaby를 절도 사건의 범인 추적에 이용하려 했는데, 이 사실을 알게 된 주인이 개를 돌려 달라고 한 것이다. 주인은 주변에 사는 범죄자들이 검거를 피하려고 자신이 아끼는 개를 독살할까 봐 두려워했다. (런던 경시청은 블러드하운드 두 마리를 같은 주인에게서 대여했는데, 그중 한 마리는 당시 다른 지역에 가 있었다.—편집자)

이렇게 하여 살인자는 다시 한번 죄를 짓고도 빠져나가게 된다. 11월 9일, 스물다섯 살의 메리 제인 켈리Mary Jane Kelly가 숨진 채 발견된 것이다. 하지만 이번에는 범행 장소가 길거리가 아니라 그녀의 침실이었다. 그녀는 잭 더 리퍼의 희생자 가운데 가장 젊었다. 시신에 난 상처는 다른 희생자들과 비슷했지만, 한 가지 차이점이 있다면 훨씬 심하게 훼손되었다는 것이었다. 수사관들은 범행 장소가 희생자의 방인 덕에 리퍼가 방해받지 않고 마음껏 시신을 난도질했다고 생각했다. 런던 경시청은 살인사건 현장 사진을 촬영했다. 현장을 직접 촬영한 것은 처음이었다. 또한 메리 제인의 살인사건을 계기로 최초의 범죄자 프로파일링이 이루어졌다.

런던 웨스트민스터Westminster 경찰 소속의 외과의사 토마스 본드Thomas Bond 박사가 불려 와 메리의 시신에 대한 부검을 실시하고, 이전의 리퍼 살인사건들과 관련한 경찰 기록을 살펴보았다. 살인범이 얼마나 많은 '외과적 기술과 해부학적 지식'을 지니고 있는지 알아보기 위해서였다.[5]

본드 박사는 경찰이 알고 싶어 하던 것뿐 아니라 그 이상의 정보를 알려 주었다. 우선 그는 범인이 의학적 기술이나 지식이 전혀 없다고 했다. "내가 보기에 그는 푸줏간 주인이나 말 도축자의 기술적 지식조차 갖추지 못했고 또 죽은 동물을 절단하는 일에도 익숙하지 않다."[6]

본드 박사는 더 나아가 살인범에 대한 범죄자 프로파일도 제공했다. "살인범은 정신력이 강하고 매우 냉정하며 대담한 남성임이 분명하다. 공범이 있다는 증거는 없다. 내 의견으로 그는 주기적으로 충동을 느끼는 성애적 살인광homicidal and erotic mania이다. (…) 그는 중년의 나이에, 전혀 위협적이지 않은 외모를 지녔을 가능성이 높고 옷을 깔끔하고 점잖게 차려입었을 것이다. 그리고 평소에 망토나 코트를 즐겨 입을 것으로 보인다. 그렇지 않고서야 손이나 옷에 피를 묻히고 거리에서 사람들의 눈에 띄지 않은 채 빠져나갈 수 없었을 것이다."[7] 또한 범행이 한밤중에 발생한 점으로 보아 일정한 직업이 없을 가능성이 높으며, 그에게 가족이 있다면 그가 살인자일지 모른다고 의심하고 있을 것이라고 추측했다.

안타깝게도 이 프로파일을 통해 범인을 체포하지는 못했다. 하지만 리퍼의 살인 행각은 멈춘 듯했다. 그 뒤로도 유사한 살인사건이 발생했지만 리퍼에게 희생당한 사람들에게서 찾을 수 있는 명확한 특징들은 없었다. 많은 형사가 메리 제인 켈리가 리퍼의 마지막 희생자이며, 이후 리퍼는 살해되었거나 그의 실체를 간파한 가족에 의해 정신병원에 수용되었을 것이라고 생각했다.

당시 경찰은 용의자 몇 명의 신원을 파악하고 있었다. 1894년, 당대 최고의 수사관 중 하나로 꼽히는 런던 경시청 부청장 멜빌 맥노튼Melville Macnaghten이 작성한 보고서에 따르면 용의자는 세 명으로 좁힐 수 있다.

- 드루이트M. J. Druitt : 가족으로부터 리퍼로 의심받은 의사이다. 1888년 말, 자살한 시신으로 템스강Thames에서 발견되었다.
- 코스민스키Kosminski : 화이트채플 주민으로 매춘부를 증오했고 살인 성향이 있었다. 1889년 3월에 정신병원에 수용되었다.
- 마이클 오스트로그Michael Ostrog : 러시아 의사로, 교도소를 들락거렸으며 조병mania을 앓았다. 1888년 3월 석방되었다가 11월 18일 다시 수감되었다.

잭 더 리퍼의 실체를 밝히겠다는 책과 기사는 아직도 많이 나오고 있다. 그중 일부는 리퍼가 미국이나 호주로 건너가 연쇄살인 행각을 이어 나갔다고 주장하기도 한다. 하지만 그토록 많은 '실존' 범죄자들이 리퍼로 언급되었다는 사실은 오늘날까지도 리퍼가 미스터리한 존재로 남아 있다는 반증이다. 면식범이 아닌 살인자를 추적하는 것은 여전히 어려운 일이다. 희생자와 아무런 연관이 없고 명확한 범행 동기도 없으므로 단서는 부족할 수밖에 없다. 아니, 적어도 살인자는 그러기를 바랄 것이다. 1970년대, FBI는 이렇게 파악하기 어려운 살인범들을 추적하는 방법을 만들어 냈다. 그리고 이들의 노고 덕분에 수많은 살인자가 법의 심판대에 섰다.

1979년 10월 12일, 뉴욕시에서 프란신 엘브슨Francine Elveson이 살해된 채 발견되었다. 구타당하고 사체는 훼손되었으며 물린 자국, 즉 바이트마크가 있었다. 유일하게 발견된 증거는 흑인의 체모로 분류되는 머리카락이었지만 나중에 잘못된 단서로 밝혀졌다. 뉴욕 경찰청은 여섯 달이나 수사를 계속했지만 아무런 성과도 없었다.

이들은 최근 FBI가 행동과학부를 신설했다는 소식을 들었다. 당시 행동과학부 소속의 심리 분석가들은 연쇄적으로 범죄를 저지르는 자들이 어떻게 생각하고 행동하는지 알아내기 위해 교도소로 찾아가 인터뷰를 하고 다녔다. 그 결과로서 오늘날 현장 경험이 없더라도 형사라면 누구나 알고 있는 사실들이 밝혀졌다. 예를 들어, 범죄자들이 증거를 기념품처럼 간직한다든지 살인사건은 주로 범인에게 익숙한 지역을 중심으로 발생한다든지 하는 사실 말이다. 프란신 엘브슨 살인사건 수사에 난항을 겪던 뉴욕 경찰은 FBI 행동과학부의 존 더글러스 John Douglas에게 도움을 청했다.

FBI 행동과학부의 존 더글러스

더글러스는 행동과학부가 과거의 범죄들을 통해 축적한 데이터를 토대로 몇 가지를 추측해 냈다. 그리고 범인이 현장에 머무른 시간을 근거로 살인자는 인근 주민이나 희생자와 아는 사람이라는 가설을 세웠다.

범인은 그 장소에 대해 편안하게 생각할수록 범행 현장에 오래 머무르는 경향이 있다. 또 더글러스는 프란신이 자신의 가방끈으로 교살당했으므로 범행은 우발적으로 일어났을 가능성이 높으며, 이는 범인이 정신질환을 앓고 있음을 시사한다고 말했다. 그의 생각에 의하면, 머리카락 증거와는 반대로 범인은 백인이었다. 이런 유형의 범죄는 주로 살인자와 같은 인종을 대상으로 발생하기 때문이다.

범죄자 프로파일을 통해 드러난 범인은 '단정하지 못하고 직업이 없으며 정신질환을 앓은 병력이 있는 인근 거주자로, 스물다섯 살에서 서른다섯 살 사이의 백인 남성'이었다. 이 내용을 근거로 경찰은 실직 상태에 있던 서른 살의 백인 남성 카마인 캘러브로Carmine Calabro를 찾아냈다. 그의 아버지가 프란신이 살던 건물에 살고 있었으므로, 사건 현장과 연관성도 있었다. 정신질환 병력 또한 있었지만, 바로 그게 문제였다. 캘러브로는 살인이 일어나던 때 정신병원에 수용되어 있었던 것이다. 하지만 수사를 계속하자 그가 병원을 떠나 살인을 저지른 다음 다시 돌아왔다는 사실이 드러났다. 처음 수사에 혼선을 빚었던 머리카락은 시체 운반용 가방이 오염된 탓에 옮겨진 것이었다.

이 사건 덕분에 행동과학부는 명성이 높아졌고 다른 지역 경찰에서도 도움을 구하기 시작했다. 또한 소설가 토마스 해리스Thomas Harris도 행동과학부에 주목하게 되었다. 당시 그는 소설 시리즈를 쓰기 위해 자료 조사를 하고 있었다. 그중에는 「양들의 침묵The Silence of the Lambs」도 포함되어 있었는데,

영화 「양들의 침묵」의
앤서니 홉킨스Anthony Hopkins와 조디 포스터Jodie Foster

해리스는 여성 FBI 요원을 주인공으로 삼을 계획이었다. 하지만 당시 행동과학부에서 활동하던 여성 요원은 없었다. 그래서 그는 대신 다른 부서에 소속된 요원 패트리샤 커비Patricia Kirby 박사를 인터뷰했다. 그녀는 해리스가 클라리스 스탈링Clarice Starling이라는 캐릭터를 만들어내는 데 영향을 미치게 된다.

커비는 실제로 언젠가 행동과학부에서 활동하기를 희망하고 있었다. 연쇄살인범의 절대 다수가 남성이고 희생자의 절대 다수는 여성이므로, 행동과학부에 여성 프로파일러가 필요하다는 것이 그녀의 생각이었다. 게다가 여성 프로파일러에게는 남성 프로파일러가 지니지 못한 이중의 장점도 있었다. 우선 피해자학을 연구할 때 같은 여성인 희생자와 공감할 수 있었다. 또 범죄자를 심문할 때도 유리했다. 그녀의 말에 따르면 "여성들은 비난을 자제하고 상대의 말을 경청하는데, 비난하지 않는 태도는 사람을 더욱 솔직하게 말하도록 유도하기 때문이다." 1984년, 마침내 커비는 행동과학부에서 일하게 되었다.[8]

1988년 출간된 해리스의 소설에는 FBI 요원 클라리스 스탈링이 나온다. 그녀는 추적 중인 연쇄살인범 버팔로 빌Buffalo Bill을 간파하기 위해 사이코패스 범죄자 한니발 렉터Hannibal Lecter 박사를 인터뷰하고, 끝내 버팔로 빌을 체포하는 활약을 한다. 이 캐릭터에 자극을 받아 행동과학부에 지원하는 여성 FBI 요원이 늘어났다. 메리 엘런 오툴Mary Ellen O'Toole 역시 그러한 요원 가운데 한 사람이었다. 그녀의 아버지가 FBI 요원이었던 것은 사실이지만, 실제 그녀가 행동과학부에 관심을 갖게 된 계기는 백화점에서 보안요원으로 일하다가 겪은 일 때문이었다. 근무 중에 그녀는 보석을 삼켜 훔치려던 남자를 목격하고 뒤쪽 보안실로 데려갔다. 그곳에서 다른 직원이 훔친 물건이 있는지 찾으려 그의 가방을 검사하다가 큰 식칼을 발견하였다. 당시 지역 경찰은 연쇄살인범을 쫓고 있었는데, 오툴은 바로 이 남자가 범인일지도 모른다고 생각했다. 사실 그렇지는 않았다. 하지만 그녀는 그 순간 느낀 짜릿함을 잊지 못하고 FBI에 지원했다. 그리고 FBI 요

FBI 행동과학부 요원 메리 엘런 오툴

원으로 활동하며 많은 연쇄살인범을 체포하는 데 공헌하게 되었다.

영화 「양들의 침묵」과 FBI 행동과학부를 다룬 다큐멘터리에서 오툴은 용의자를 심문할 때 여성으로서 지니는 장점에 대해 이야기했다. 그녀는 연쇄살인범은 대부분 여성과 정상적인 관계를 갖지 못하지만 여성에게 관심이 많다고 말했다. "여성 희생자에게 아무리 끔찍한 범죄를 저질렀다 해도 이들 대부분은 여자와 이야기하고 싶어 한다."[9]

오툴은 '그린 리버Green River 살인사건' 수사에서 핵심적인 역할을 했다. 워싱턴주 그린 리버 인근에서 여성의 시신 몇 구가 발견되었는데, DNA 증거상으로 범인은 게리 리온 리지웨이Gary Leon Ridgway였다. DNA 증거가 발견되지 않은 살인사건도 있었지만, 수사관들은 그를 범인이라 확신하여 자백을 유도하려고 했다. 리지웨이는 검찰에 사형을 구형하지 말라는 조건을 걸고 자백을 약속했다. 하지만 그는 병적인 거짓말쟁이였다. 그는 시신을 묻었다는 곳에 수사관들을 데리고 가

게리 리온 리지웨이에게 살해당한 희생자들의 유골을 수색하는 수사관들

서는 갑자기 무덤이 어딘지 기억이 나지 않는다고 발뺌을 했다. 이런 일이 반복되자 수사관들은 점점 지쳐 갔고 마침내 오툴에게 도움을 요청했다. 따뜻하고 다정한 태도로 대화를 나눈 끝에 오툴은 리지웨이의 범행으로 의심되던 살인은 물론 경찰이 미처 파악하지 못한 살인에 대해서도 자백을 받아 냈다. 그녀는 심지어 리지웨이로부터 시신이 묻힌 곳이 정확하게 표시된 지도까지 받았다.

　　행동과학부는 연쇄살인범을 잡는 것으로 잘 알려져 있지만 경찰이 해결하기 힘든 그 밖의 사건을 수사하는 데도 도움을 준다. FBI 프로파일러 그레그 맥크러리는 '불교사원 대학살the Buddhist Temple Massacre'로 알려진 기괴하고 끔찍한 사건 해결을 위해 현장에 투입되었다. (맥크러리 요원은 은퇴 후 샘 리스 셰퍼드 대 오하이오주의 민사소송에서 검찰 측의 전문가 증인으로 나서게 되는 인물이다.) 그리고 우여곡절 끝에 결국 그가 처음 사건 현장에서 파악한 내용이 정확한 것으로 드러났다.

1991년 8월 10일, 피닉스Phoenix시 외곽에 위치한 와트 프롬쿠나람 불교사원Wat Promkunaram Buddhist Temple에서 아홉 명이 살해된 채 발견되었다. 사원 일꾼에 의해 발견된 시신들은 원을 그린 상태로 누워 있었다. 여섯 명의 승려 빠이룻 깐똥Pairuch Kanthong, 수리차이 아누따로Surichai Anuttaro, 보추아이 차이야라Boochuay Chaiyarah, 찰레름 찬따핌Chalerm Chantapim, 시앙 징개오Siang Ginggaeo, 소막 소파Somsak Sopha와 예비승 매튜 밀러Matthew Miller, 비구니 포이 스리빠빠세르뜨Foy Sripanpasert, 그리고 또 다른 사원 일꾼 치라삭 치라퐁Chirasak Chirapong이었다. 이들은 무릎을 꿇고 기도를 하던 중 살해된 것으로 보였다. 범죄 자체가 워낙에 잔인한 데다 미국은 물론 (사원 신자 다수와 희생된 승려들의 고국인) 태국에서도 예의주시하고 있었으므로, 사건 해결을 돕기 위해 FBI가 소환되었다. 맥크러리는 동료 프로파일러 한 명과 함께 비행기에 올랐다.

범죄자 프로파일링의 첫 단계는 범행 현장 분석이다. 사원의 현장을 분석한 결과 살인자는 두 명이었다. 우선 현장에서 두 가지 브랜드의 담배가 발견되었고 두 종류의 총이 발사된 증거를 찾을 수 있었다. 벽에 '피'라는 단어가 새겨져 있었지만 현장에 남은 증거로 보았을 때 범죄조직에 의한 살인은 아니었다. 사원 주변에 소화기가 분사되었는데, 이는 청부살인에서는 일어나지 않을 터무니없는 짓이었다. 또한 22구경 소총, 그리고 주로 새 사냥에 사용되는 20구경 산탄총의 산탄이 발견되었다. 범죄조직원들은 그다지 주말 새 사냥을 즐기지 않으며, 산탄총을 사용한다 해도 12구경을 선호한다.

소총과 권총처럼 산탄총의 크기도 구경을 단위로 사용한다. 구경은 총신의 직경을 가리킨다. 하지만 소총이나 권총과는 반대로 이해해야 한다. 산탄총의 구경은 다 합쳐서 중량 1파운드(약 453그램)가 되는 납 산탄의 개수를 의미한다. 그러므로 20구경 산탄총의 산탄은 스무 개가 모이면 1파운드가 된다. 12구경은 산탄 열두 개가 1파운드다. 산탄은 총신에서 빠져나갈 수 있는 최대한의 크기로 만들어진다. 그러므로 12구경 산탄총이 20구경보다 탄환도 총신도 크다. 즉, 소총이나 권총의 경우 구경이 클수록 총신도 큰 반면 산탄총의 경우 구경이 클수록 총신이 작은 것이다. (산탄총의 총알은 납 산탄 자체가 아니라 산탄으로 채워진 탄환이다.)

맥크러리가 증거를 바탕으로 유추한 사실은 세 가지였다. 무질서함, 젊음, 그리고 어리석음.[10] 그는 인근에 거주하는 젊은 용의자에게 수사의 초점을 맞출 것을 제안했다. 피해자학으로 분석해도 역시 같은

1991년. 승려 여섯 명이 살해당한 와트 프롬쿠나람 불교사원에서 경찰이 시신을 옮기는 모습

결론에 도달했다. 수사관들의 처음 생각과는 달리, 사원에서 희생된 사람들은 마약밀매와 연관되지 않았고 진정으로 경건한 삶을 살고 있었다. 이들이 범죄조직의 살해 목표가 되었을 가능성은 낮았다.

9월 10일, 수사본부는 십 대 청소년인 롤란도 카라타치아 2세 Rolando Caratachea Jr.와 조너선 두비 Johnathan Dooby가 8월 21일에 수상한 행동으로 경찰의 검문을 받았었다는 사실을 알아냈다. 그날 경찰은 조수석에서 22구경 소총을 발견하고 압수했지만 즉시 총기 분석에 넘기지는 않았다.

같은 날 경찰이 투손 Tucson 정신병원에서 걸려 온 전화를 한 통 받았던 것이 그 이유였다. 자신을 마이크 맥그로우 Mike McGraw라고 밝힌 남자가 사원에서 발생한 살인사건의 범인을 안다고 말했던 것이다. 그는 남자 네 명의 이름을 언급했다. 마크 누네즈 Mark Nunez, 리오 브루스 Leo Bruce, 단테 파커 Dante Parker, 그리고 빅터 즈라테 Victor Zarate였다. 전화를 건 맥그로우를 비롯한 이 네 남자는 체포되어 오랜 시간 취조를 받았다. 그리고 비디오테이프 판독으로 알리바이가 확인되어 석방된 즈라테를 제외하고 전원이 범행을 자백했다.

당시 지역 경찰의 살인사건 전담 팀을 맡고 있었던 러셀 킴벌 Russell Kimball은 취조 방식이 잘못됐었다고 시인한다. 살인 등의 중대 범죄를 단 한 번도 다뤄 보지 않은 경찰관들이 용의자를 심문했고, 그 가운데는 용의자에게 사건의 정보를 흘린 사람도 있었다. 게다가 이들은 자신은 범인이 아니라는 용의자의 말은 전혀 들으려 하지 않았다.

킴벌은 『애리조나 리퍼블릭 Arizona Republic』과의 인터뷰에서 이렇게 말했다. "우리는 용의자들의 의지가 꺾일 때까지 잠도 재우지 않고 밀어붙였다. 아주 단순하고 정말 나쁜 방법이었다. 잠시 후 그들은 뭐든 시키는 대로 말할 태세였다."[11]

맥크러리는 용의자들의 자백에 앞뒤가 들어맞는 구석이 하나도 없다고 생각했다. 이들이 외진 곳에 있는 불교사원에서 종교 활동을 하는 사람들을 죽이려고 투손에서 피닉스까지 차를 몰고 올 이유가 없지 않은가? 물론 나중에 네 명 모두 자백을 철회했고, 그중 맥그로우는 경찰에 전화한 사실조차 부인했다. 그는 누군가 자신의 이름을 사칭해서 전화를 건 것이라고 주장했다. 그러나 이들이 자백을 했든 안 했든 경찰은 이제 '투손 4인조'라는 이름이 붙은 이들을 재판에 넘길 계획이었다. 십 대 소년들이 갖고 있던 22구경 소총 분석 결과가 나오기 전까지 말이다. 그들의 총이 사건 현장에서 발견된 탄피와 일치했던 것이다.

롤란도와 조너선, 그리고 조너선의 가장 가까운 친구 알레산드로 가르시아Alessandro Garcia가 심문을 위해 연행되었다. 조너선은 심심해서 알레산드로와 함께 소총을 쐈다고 말했다. 롤란도는 친구들, 즉 조너선과 알레산드로에게서 소총을 빌렸다고 했다. 수사관들은 롤란도를 용의선상에서 제외했지만 나머지 두 십 대 소년들은 투손 4인조 때와 같은 방식으로 취조했다. 처음 알레산드로는 투손 4인조와 함께 살인을 저질렀다고 자백했다. 하지만 곧 그 4인조는 살인과 아무런 상관도 없다는 사실이 밝혀졌다. 이들은 석방되었고 그 가운데 세 명이 강압적인 수사 방식에 대해 마리코파 카운티Maricopa County를 상대로 소송을 제기하여 승소했다. 마리코파 카운티가 손해배상으로 지불한 금액은 모두 수백만 달러에 달한다.

이제 조너선과 알레산드로만 남았다. 이미 알레산드로는 다른 살인 사건에 연루되어 있었다. 불교사원 대학살 사건을 저지른 뒤 그는 여자친구를 공범으로 만들어 캠핑장에서 한 여성을 살해했다. 이전에 이 사건에 대해 거짓 자백을 했던 또 다른 남자는 석방되었다. 알레산드로 는 캠핑장 살인에 대한 사형 구형을 피하는 조건하에 조너선에게 불리 한 증언을 했다.

알레산드로가 수사관들에게 진술한 내용은 이러하다. 그는 조너선 과 함께 고등학교 ROTC 제복을 입고, 빌린 22구경 소총과 자신의 집 에서 들고 나온 20구경 산탄총을 가지고 사원으로 갔다. 이들이 문을 두드리자 사원 사람들이 문을 열어 주었다. 하지만 이들은 안으로 들어 가자마자 희생자들의 머리에 총을 겨눈 채 강도짓을 벌였다. 그런 다음 조너선은 22구경 소총으로 희생자 한 사람 한 사람의 머리를 쏴서 죽였 고, 알레산드로는 그들을 향해 20구경 산탄총을 네 발 발사했다. 알레 산드로는 강도 행각의 목격자를 없애기 위해 사원의 사람들을 살해했 다고 말했다.

조너선의 말은 달랐다. 그는 사원에 있었던 사실은 시인하면서도 사람을 죽이지는 않았다고 했다. 그는 살인에 대한 자백은 결코 하지 않았다. 그리고 법정 증언도 전혀 하지 않았다. 두 십 대 소년은 징역 270년 이상을 선고받았다. 하지만 여기서 끝이 아니었다. 2011년, 조너 선이 항소를 하여 판결이 번복된 것이다. 항소법원은 수사관들이 미란 다원칙을 제대로 고지하지 않은 사실을 들어 조너선의 자백이 유효하 지 않다고 판결했다. 경찰은 조사 당시 조너선에게 범행 사실을 '인정해 야만' 변호사를 부를 권리가 있다고 말했다. 물론 죄가 있든 없든 모든 용의자는 변호사를 부를 권리가 있는데도 말이다. 조너선은 재심을 받았고 그의 자백은 더 이상 증거로 수용되지 않았다. 하지만 알레산드로의 증언은 유효했다. 2014년 1월, 배심원단은 조너선에게 유죄를 평결했다. 살인사건 당시 열일곱 살이었던 그는 판결이 나던 해에 서른아홉이 되어 있었다. 그리고 애리조나는 이 사건을 계기로 용의자 취조 방식을 바꾸게 되었다.

얄궂게도, 미란다원칙은 애리조나주를 상대로 발생한 소송의 이름을 딴 것이다. 1963년, 어네스토 미란다Ernesto Miranda는 성폭행, 납치, 절도에 대해 유죄를 인정했다. 하지만 그는 항소했고, 미국 연방 대법원은 경찰이 변호사를 부를 권리와 묵비권을 행사할 권리를 고지하지 않았기 때문에 그의 자백이 무효라고 판결했다. 미란다는 나중에 재심을 받았지만 역시 유죄를 선고받았다. 하지만 이를 계기로 변호사를 선임할 권리의 고지가 의무화되었고, 덕분에 무고한 사람들이 자신이 저지르지 않은 범행을 자백하는 불상사를 막을 수 있었다.

프로파일링 같은 범죄 과학은 진짜 자백은 물론 거짓 자백까지 명확히 밝혀 왔다. 하지만 완벽한 것은 아니다. 1990년대가 되자, 유죄 판결을 받은 일부 피의자의 무죄 방면을 이끌어 내고, 애초에 이들에게 불리하게 작용한 법의학적 증거가 지녔던 오류를 밝혀낼 정도로 신뢰성이 입증된 새로운 범죄 과학 기법이 나왔다. 바로 DNA 프로파일링이다. 그 이후 DNA 증거를 근거로 피의자에게 유죄 판결이 내려지기도 하고 무고한 사람이 무죄 방면되기도 했다. DNA 증거는 이제 법정에서 범죄 과학을 검증하고 제시하는 방식도 바꾸고 있다.

11장

10^{12}분의 1의 확률:
DNA 증거의 탄생

DNA가 사건 해결에 사용되기 전에는 형사들이 훨씬 기본적인 문제를 해결해야 했다. 바로 채취한 혈액이 인간의 것인지 짐승의 것인지 판명하는 일이었다. 지금은 누군가 옷에 동물의 피를 묻히고 다닌다면 범상치 않은 일로 여겨진다. 방금 전에 사냥이나 요리를 하거나 반려동물에게 응급조치를 취하지 않았다면 말이다. 하지만 옛날에는 사람들이 옷도 몇 벌 없었던 데다 자주 세탁하지도 않았고, 직접 기르던 가축을 도살하기도 했다. 한마디로 피가 난무하던 시대였다. 그러므로 일주일 전에 소시지를 만든 사람이 옷에 묻은 피 얼룩 때문에 살인자로 기소될 수도 있는 일이었다. 그가 결백하다고 해도 말이다. (물론 돼지의 생각은 다르겠지만.)

1887년, 소설 속의 셜록 홈스는 인간의 혈액을 검사하는 새로운 방법을 개발했다. 메리 셸리의 『프랑켄슈타인Frankenstein』에서 튀어나온 것 같은 방식이긴 하지만 인간 혈액에 대해 유효한 실제 검사도 곧이어 개발되었다. 먼저 토끼에게 인간의 혈청(적혈구가 떠다니는 혈액의 액상 부분)을 주사한다. 그다음 토끼 피를 주사기로 채취해서 시험관에 넣어 응고하게 놔둔다. 토끼에게서 채취한 혈액의 혈청이 분리되면, 여기에 검사하고자 하는 혈액을 넣는다. 혈청이 뿌옇게 변하면 이는 인간의 혈액이라는 의미다.

이와 비슷한 시기에 인간의 피가 몇 가지 타입으로 나뉜다는 사실이 발견되었다. 적어도 1600년대부터 의사들은 수혈을 통해 병자와 부상자의 생명을 살리고자 했다. 하지만 수혈은 일부 환자에게만 효과가 있을 뿐 대부분의 환자는 쇼크를 일으켜 사망했다. 과학자들은 인간의 혈액이 때로 동물의 혈액에 보이는 응고 반응을 다른 인간의 혈액에도 보인다는 사실을 알게 되었다. 일부 사람들의 혈액은 다른 사람의 혈액과 조화를 이루지 못하는 것이 분명했다. 오스트리아의 과학자 칼 란트스타이너Karl Landsteiner는 그 원인을 밝혀냈다. 그는 자신의 혈액을 각기 다른 동료의 혈액이 담긴 시험관 여러 개에 몇 방울씩 떨어뜨렸다. 어떤 시험관에서는 응고가 일어났지만 그렇지 않은 시험관도 있었다.

이 실험을 바탕으로 현재 우리가 알고 있는 혈액형이 발견되었다. 혈액형은 각자가 혈액 안에 지니고 있는 항원과 항체에 따라 달라진다. 항원은 적혈구 안에 있는 단백질이다. 항체는 특정한 항원에 반응하는 혈장의 단백질이다. A형 혈액은 A항원과 B항체를, B형 혈액은 B항원과 A항체를 지니고 있다. A형과 B형이 섞이면 항원과 항체가 반응하여 혈액 응고가 일어난다. AB형은 항원 A와 B를 모두 지니고 있는 반면 그에 대한 항체들은 없다. 그래서 A형이나 B형 혈액, 그 어떤 것과 섞여도 응고가 일어나지 않는다. 즉, 가장 드문 혈액형인 AB형은 모든 사람에게서 수혈을 받을 수 있는 만능수혈자universal recipient다. O형은 AB형과 정반대다. O형은 항원이 없다. 그래서 O형은 A형, B형, AB형, 그리고 같은 O형까지 모든 사람에게 혈액을 줄 수 있는 만능공혈자universal donor지만 수혈을 받을 때는 O형에게서만 받을 수 있다. (드라마에서 의사들이 즉시 수혈을 해야 하지만 환자의 혈액형을 모를 때 O형 혈액형을 찾는 이유가 바로 이것이다.) 하지만 이러한 혈액형 분류법은 기초적인 방식에 불과하다. 사실 혈액형은 더욱 광범위한 분류 체계로 나뉘며, 이를 고려하면 ABO식 분류법에 따를 때보다 수혈이 조금 더 까다로워진다.

1915년, 이탈리아 투린Turin 소재 법의학 연구소Institute for Forensic Medicine의 레오네 래티스Leone Lattes 박사는 혈액형을 활용해서 사건을 해결하는 방법이 없을까 궁리했다. 그리고 한 사건에서 그는 용의자가 결백하다는 사실을 증명할 수 있었다. 화려한 전과 기록의 소유자인 알도 페트루치Aldo Petrucci는 코트에 핏자국을 묻힌 채 발견되었고, 이는 살인 도중 묻은 것으로 여겨졌다. 하지만 그는 살인사건에 대해 전혀 아는 바가 없으며 코트의 혈흔은 자기 코피라고 주장했다. 래티스는 희생자와 용의자의 혈액, 그리고 코트에 묻은 혈흔을 채취했다. 검사를 해 보니 페트루치와 코트의 혈액은 동일한 O형이었지만 희생자의 혈액형은 A형이었다. 그 덕에 페트루치는 혐의를 벗었다. 혈액형 비교는 자백을 이끌어 내는 데도 활용되었다. 하지만 실제로 미국 전체 인구 가운데 A형은 40퍼센트, B형은 11퍼센트, AB형은 4퍼센트, O형은 45퍼센트이므로, 가장 드문 AB형을 제외하고는 혈액형을 특정한다 해도 용의자 대상을 많이 좁히지는 못한다.

나중에 눈물이나 타액 등 다른 체액을 통해서도 혈액형을 알아낼 수 있다는 사실이 밝혀졌다. 전체 인구의 80퍼센트를 차지하는 이런 사람들을 분비양성자secretor라고 부른다. 영국 남부 해안의 본머스Bournemouth에서 노년의 남성이 살해된 채 발견된 1939년, 분비양성자의 존재는 이제 막 밝혀진 과학 지식이었다. 희생자인 월터 디니번Walter Dinivan은 재력가였고 손자, 손녀와 함께 살고 있었다. 어느 날 밤, 무도회에 다녀온 이들은 할아버지가 심하게 구타당해 쓰러진 것을 발견했다. 디니번은 즉시 병원으로 옮겨졌지만 곧 사망했다.

증거로 보았을 때는 강도 사건이었다. 손자와 손녀는 도싯Dorset 경찰에게 할아버지가 가끔 매춘부를 불렀다고 말했다. 그렇다면 현장에서 발견된 담배꽁초와 헤어롤이 설명되었다. 사건 해결을 돕기 위해 런던 경시청 소속의 레오나르드 버트Leonard Burt 형사가 불려 왔다. 그는 직감적으로 사건 현장이 조작되었음을 알 수 있었다. 예를 들어, 소파 쿠션 위에서 발견된 담배는 무심결에 떨어진 듯 보이도록 연출되었을 뿐 거기 놓이기 전에 누군가가 신경 써서 불을 끈 것이 틀림없었다. 그렇지 않다면 쿠션은 물론이고 소파를 다 태우고도 남았을 것이었다. 더욱이 이 사건에 대해 심문을 받던 매춘부들은 헤어롤을 보고 나이 많은 할머니가 아니면 요새 누가 이런 걸 쓰느냐며 비웃었다.

영국의 잉글랜드는 비교적 늦게 경찰 실험실을 설립했다. 그래서 1934년이 되어서야 노팅엄Nottingham에 최초로 실험실이 들어섰다. 그런데 이 사건 해결에 실험실이 도움이 되었다. 수사관들은 담배에 묻은 타액으로 혈액형을 검사했다. 운이 좋았는지 담배를 피운 사람은 드문 혈액형인 AB형에다가 분비양성자로 드러났다. 사건 현장을 조작했다는 것은 용의자가 희생자와 아는 사이였음을 의미하므로 경찰은 월터의 친구들을 조사하기 시작했다. 버트 형사는 조세프 윌리엄스Joseph Williams를 조사했지만, 그는 일흔 살이었고 희생자를 그렇게 심하게 구타하기엔 나이가 너무 많았다. 하지만 늘 돈에 쪼들리던 조세프가 갑자기 많은 현금을 갖고 다녔다는 한 매춘부의 진술을 들은 뒤에 생각이 바뀌었다.

경찰은 조세프에게 이와 관련된 심문을 했다. 그는 월터에게 돈을 빌리러 간 사실은 인정했지만 살해 혐의는 결코 인정하지 않았다. 경찰은 결국 다른 방식을 취했다. 버트는 더 이상 용의자가 아니니 걱정하지 말라며 조세프를 안심시켰다. 심지어 조세프와 술집에 가서 맥주를 마시고 담배를 권하기까지 했다. 범죄 드라마를 단 몇 편만이라도 본 사람이라면 이 모든 것이 '작전'임을 알아챌 것이다. 경찰은 조세프가 피운 담배를 검사했고, 예상대로 조세프는 AB형이었다. 경찰은 그의 전처도 추적했는데 그녀는 자신이 현장에서 발견된 것과 같은 종류의 헤어롤을 사용했었다고 말했다. 하지만 법정에서 피고인 측은 타액 증거가 유효하지 않다고 주장했고, 조세프는 무죄로 풀려났다. 그리고 평결이 끝난 뒤 조세프는 자신의 변호인에게 자기가 유죄라고 털어놓았고, 변호인은 의뢰인이 사망한 다음에야 사실을 밝혔다.

이 같은 일은 현대에도 반복될 수 있지만 한 가지 다른 점이 있다. 바로 타액을 이용해서 혈액형 검사가 아닌 DNA 검사를 한다는 것이다. DNA가 수사에 사용된 초기에는 배심원단이 이를 증거로서 쉽게 받아들이지 않았을 수도 있다. 하지만 실제로 DNA 검사는 샘플의 크기만 충분히 크다면 현존하는 것 가운데 가장 신뢰할 수 있는 법의학 증거다. DNA 증거가 존재한다면 용의자가 범행 현장에 있었다는 사실은 거의 의심할 여지가 없다.

DNA의 구조는 1953년 제임스 왓슨James Watson, 프란시스 크릭Francis Crick, 로잘린드 프랭클린Rosalind Franklin, 그리고 모리스 윌킨스Maurice Wilkins가 발견했다. 지구상 모든 생명체를 만드는 '조리법'을 밝혀낸 역사적 사건이었다. 인간의 신체는 수십조 개의 세포로 구성되며 각 세포에는 인간의 전체 게놈, 즉 모든 DNA가 포함되어 있다. DNA는 길고 꼬인 사다리 형태, 다시 말해 이중나선 구조를 지니고 있다. 사다리 가로대에는 알파벳 두 개의 이름이 붙는다. A와 T 또는 C와 G로, 뒤바뀜 없이 언제나 짝을 이루는 이 글자들은 아데닌Adenine, 티민Tymine, 구아닌Guanine, 시토신Cytosine이라는 화합물을 의미한다. 사다리 양쪽으로는 글자 ACT, TGA와 같은 세 글자짜리 영문이 만들어진

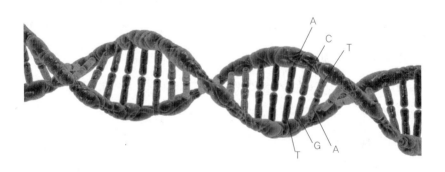

DNA 이중나선의 구조(이해를 돕기 위해 임의로 영문을 추가한 모습)

다. 이런 조합 몇 개가 모이면 유전자가 되는 것이다. 유전자는 단백질을 특정한 방식으로 쌓아 올리라는 명령이다. 그리고 이렇게 특정한 방식으로 단백질을 쌓아 올려 우리의 몸이 만들어진다.

DNA는 발견된 지 몇십 년이 지나서야 범죄 과학에서 제 역할을 하게 되었다. 1980년대, 레스터대학교University of Leicester의 알렉 제프리스Alec Jeffreys는 개인의 DNA 프로파일을 밝힐 수 있는 혈액 검사를 개발한 뒤 이를 범죄 수사에 활용할 것을 제안했다. 검사 방식은 이후 오랜 시간 동안 변화를 거쳐 오늘날의 형태를 갖추게 되었다. 모든 인간 게놈의 99.9퍼센트가 동일하고, 바로 이 때문에 모든 인간은 서로 놀랍도록 비슷한 모습을 지닌다. 하지만 두 명의 사람이 정확하게 똑같지는 않다. 정확하게 똑같은 게놈은 없기 때문이다. 게놈의 같은 구역을 보면, 누군가는 GCAAT와 같은 글자 배열sequence이 다섯 번 반복되는 반면 다른 사람은 열다섯 번 반복된다. 다섯 번 반복되는 일이 스무 명 가운데 한 명 꼴로 생긴다고 가정하자. 두 번째 게놈 구역을 검사했을 때 여기에 그 배열의 특정한 변형이 위치할 확률도 스무 명 가운데 한 명꼴이 되므로, 특정한 두 가지 배열이 연속할 확률은 4백분의 1이 된다. 여기에 세 번째 배열까지 더해지면 8천분의 1의 확률이 나온다. (배열이 추가될수록 전체 인구 가운데 같은 배열을 가진 사람이 더 적어진다는 사실을 보여 주기 위해 이론적으로 예를 든 것일 뿐 실제 수치는 아니다.)

미국에서는 DNA의 열세 개 구역을 검사하는 것이 표준이며, 열세 개 구역이 모두 일치할 확률은 1조분의 1에 해당된다. 1조는 전 세계 인구보다 많은 수다. (FBI는 최근 전보다 많은 스무 개의 구역을 검사할 것을 권장하고 있다.) 이러한 방법으로 수사관들은 DNA 샘플과 단 한 명의 용의자를 연결할 수 있다. 물론 100퍼센트 정확한 검사는 없다. 하지만 DNA 검사는 전체 인구 가운데 45퍼센트로 용의자 대상을 좁히는 데 그치는 혈액형 검사보다 놀랍도록 정확하고 훨씬 특정적이다.

DNA 증거가 처음 살인사건 해결에 사용된 것은 1987년이었지만 이 사건은 그로부터 몇 년 전에 시작되었다. 1983년 11월 21일, 영국 나보로Narborough의 작은 마을에 사는 열다섯 살의 린다 만Lynda Mann은 저녁 7시 반쯤 친구 집에서 자신의 집으로 가기 위해 길을 나섰다. 같은 날 늦은 밤, 린다의 부모는 딸이 집에 돌아오지 않은 사실을 알고 마을을 돌아다니며 딸을 찾았다. 다음 날 오전 5시 20분, 인근 정신병원에 근무하는 직원 한 명이 무언가를 발견했다. 성폭행을 당하고 목이 졸려 살해된 린다의 시신이었다. 경찰은 정신병원의 입원 환자 가운데 한 명이 범인일 거라고 의심했지만 그날 밤 병원 밖으로 나간 환자는 단 한 명도 없었다. 그리고 3년이 지나도 사건은 여전히 해결되지 않았다.

1986년 7월 31일, 비극적 사건이 다시 발생했다. 엔더비Enderby에 사는 열다섯 살의 돈 애쉬워스Dawn Ashworth가 집에서 도보로 인근 마을 나보로에 있는 친구 집으로 갔다. 돈 역시 집으로 돌아오지 못했고 곧 대대적인 수색이 벌어졌다. 그리고 그녀도 성폭행당하고 목이 졸려 숨진 채 텐파운드 레인Ten Pound Lane이라는 도로 인근 벌판에서 발견되었다. 시신에서 발견된 정액은 린다의 사건에서 발견된 것과 같은 혈액형이었다.

경찰은 학습 장애를 앓고 있는 열일곱 살 소년을 용의자로 보았다. 그는 돈이 친구네 집에 가는 길에 잠시 함께 길을 걸었고, 그녀를 해친 기억은 없지만 어쩌면 순간 정신이 나가서 그랬을 수도 있다고 말했다.

소년은 나중에 이러한 가능성을 부인했다. 게다가 애초에 린다를 살해한 일에 대해서는 자백한 적이 없었다. 그의 어머니는 그에게 알리바이가 있다고 말했다. 그의 아버지는 알렉 제프리스와 DNA 검사에 대한 기사를 읽고 아들의 변호사에게 이를 상의했다. 린다를 살인한 혐의까지 증명할 수 있을 것이라고 생각한 경찰은 이 소년 용의자의 DNA 검사에 동의했다.

제프리스는 정액 샘플에서 추출한 DNA와 소년 용의자의 혈액에서 채취한 DNA를 비교 검사했다. 결과는 일치하지 않았다. 하지만 두 사건에서 검출된 정액 샘플의 DNA는 동일 인물의 것이었다. 소년은 살인자가 아니었지만 두 소녀는 같은 사람에게 살해당했다. DNA라는 새로운 법의학 도구를 사용해 수사관들은 다소 파격적인 방법으로 범인을 찾기 시작했다. 이들은 나보로와 인근 마을들에 거주하는 성인 남성 4천 5백 명 모두에게 자진해서 검사를 위한 혈액 샘플을 제공해 달라고 요청했다. 그 가운데 혈액형이 A형인 사람에 대해 추가로 DNA 프로파일 검사를 실시할 생각이었다. 하지만 DNA 검사는 새로운 기법이었으므로 시간이 오래 걸렸다. 8개월 뒤 검사가 모두 끝났지만 일치하는 샘플은 없었다. 하지만 최첨단 검사가 이루어지는 동안 사건의 실마리는 구식 정보 체계에서 나왔다. 바로 '소문'이었다. 이언 켈리Ian Kelly라는 제빵사가 술집에서 동료들에게, 자신이 위조 여권을 사용해서 콜린 피치포크Colin Pitchfork라는 남자를 대신해 검사용 혈액을 제공했다고 말한 것이다. 피치포크는 이언에게 자신이 다른 남자 대신 혈액을 이미 제공했기 때문에 자기 혈액을 제출한다면 자신은 곤경에 빠질 거라고 설명했다. 이언의 동료로부터 이러한 정보를 입수한 경찰은 피치포크에 대해 수사하기 시작했다. 그의 DNA는 범인의 것과 일치했고, 그는 두 건의 살인에 대해 모두 자백했다. 그는 두 번의 종신형을 선고받았지만 가석방 신청 자격은 주어졌다. 하지만 2016년 4월, 피치포크의 가석방 신청은 기각되었고 대신 보안이 덜 삼엄한 교도소로의 이송이 권고되었다.

미국에서도 DNA를 증거로 사용하기 시작했다. 1994년, 연방법에 따라 DNA의 전국적인 데이터베이스인 FBI 통합 DNA 인덱스 시스템, 즉 코디스FBI's Combined DNA Index System, CODIS가 만들어졌다. 성폭행 키트로 채집되는 정액 등의 체액이 범죄 현장에 남겨지면 이를 대상으로 DNA 유형을 검사한 뒤 DNA 프로파일을 코디스에 입력한다. 코디스에는 유죄를 판결받은 모든 사람 혹은 중대 범죄 혐의로 체포되었

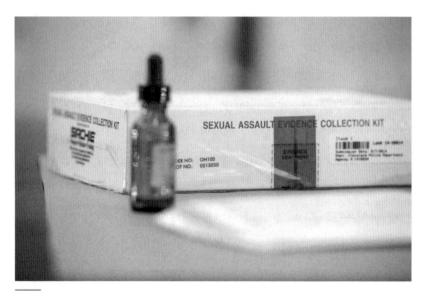

일반적으로 성폭행 키트라고 불리는 성범죄 증거 수집 키트

던 사람들의 DNA 프로파일이 기록되어 있다. 이는 주에 따라 차이가 있다. 연방정부와 스물여덟 개 주는 중대 범죄 혐의로 체포된 용의자의 DNA 검사를 허용하고 있지만, 나머지 스물두 개 주에서는 범죄에 대해 유죄를 판결받은 뒤에만 검사를 허용한다. 별것 아닌 것 같지만 이는 매우 큰 차이다. 용의자에게는 무죄추정의 원칙이 적용되기 때문이다. 하지만 미국 대법원은 최근 유죄를 선고받은 피의자는 물론 중대 범죄의 용의자로 체포된 사람에게서도 DNA 샘플 채취를 할 수 있도록 허용하는 주정부법이 유효하다는 판결을 내렸다. 대법원은 수정헌법 4조Fourth Amendment에 입각하여 보았을 때 지문과 사진 촬영처럼 DNA 검사를 위한 구강 내 세포 채취도 체포의 합리적인 과정이라고 판결했다. 수정헌법 4조는 미국인들은 합리적 이유 없이, 즉 범죄를 저질렀다는 증거 없이 신체나 재산의 수색을 당하지 않을 권리가 있다고 명시하고 있다. 법률 전문가들은 대법원의 판결 이후 다른 주들도 체포한 용의자로부터 DNA 샘플을 수집하게 될 수 있다고 내다보았다.

사건 현장에서 발견된 DNA가 데이터베이스에 기록된 DNA와 일치할 경우 코디스에 의해 수사관들에게 이 같은 사실이 자동적으로 통보된다. 그러므로 어떤 사건의 용의자로부터 채취한 DNA가 미제로 남아 있던 다른 사건 해결의 단초가 되기도 한다. 그렇게 해서 대법원까지 간 사건도 있었다. 2009년 메릴랜드Maryland주 경찰은 알론조 킹 주니어Alonzo King Jr.를 폭행으로 체포하였다. 그의 DNA 샘플을 채취해 보니 이것은 2003년 성폭행 미제 사건의 DNA 샘플과 일치했다. 킹 주니어는 이 혐의로 유죄를 선고받았다. 그는 자신이 범행에 대해 유죄를 판결받기 전에 DNA 샘플 채취가 이루어졌으므로 사생활에 대한 권리가 침해당한 것이라고 주장했다. 물론 대법원은 그렇지 않다고 판결했다. (만약 기존의 판결이 뒤집혀 무죄를 판결을 받을 경우, 만만치 않은 과정을 거쳐야 하기는 하지만 데이터베이스에서 자신의 DNA를 삭제할 수 있다.)

DNA 검사가 수사에 활용되기 시작한 뒤에 많은 미제 사건의 재수사가 이루어졌다. 2005년, 조지아Georgia주 풀튼 카운티Fulton County는 연방정부 보조금 덕분에 성폭행과 관련한 살인사건을 재수사할 수 있게 되었다. 전담 부서인 미제 살인사건 수사과 과장으로는 크리스 하비Chris Harvey가 임명되었다. 여기에 해당되는 사건들의 증거품 중에는 정액 샘플이 포함된 성폭행 키트가 남아 있었다. 당시 샘플은 범인의 혈액형을 검사하기 위해 채취되었고, 그렇게 해서 용의자를 가려낼 수 있었다. 하지만 사건을 담당했던 수사관들은 이 샘플들이 언젠가 훨씬 더 많은 일을 해낼 거라는 사실은 알지 못했다. 이제 하비의 팀은 이 DNA들을 교도소에 수감된 사람들의 것과 비교할 수 있었다. (이들은 유죄 판결을 받은 뒤 DNA 샘플이 채취되었다.) 정액 샘플에 대한 DNA 검사 결과는 네 가지로 나뉘었다. 너무 오래돼서 DNA 샘플이 손상되어 프로파일을 작성할 수 없는 경우, 부분적인 프로파일, 완전한 프로파일, 그리고 완전한 데다 이미 코디스에 올라 있는 프로파일이었다. 가장 바람직한 시나리오는 마지막 경우였다.

수사관들은 우선 용의자를 찾아갔다. 이들은 벌써 다른 범죄 때문에 수감되어 있는 경우가 종종 있었다. 수사관들은 최대한 다양한 방법을 동원해서 그가 희생자와 아는 사이인지 질문했다. 만일 용의자가 부인하면 수사관들에게는 오히려 잘된 일이었다. 현장에서 그의 DNA가 발견된 이유에 대해 달리 설명할 방법이 없기 때문이다. 하비는 용의자에게 DNA 일치 소식을 알리는 순간을 이렇게 묘사했다. "교도소로 가 보면 그들은 내가 왜 그곳에 갔는지 감조차 잡지 못했다. 사실을 말해 주면 그들의 표정은 완전히 변했다. '빌어먹을, 잘 빠져나간 줄 알았는 데'라고 생각하는 게 보였다. 그럴 때면 마치 피해자가 무덤 저편에서 그들을 향해 손을 뻗는 것 같았다."[1]

전체 프로파일은 있지만 코디스에 일치하는 항목이 없을 경우 수 사관들은 당시 주요 용의자를 찾아가 DNA 샘플 채취를 요청했다. 용 의자가 이를 거절하면 수사관들은 수색영장을 발부받거나 스텔스 방식 을 취했다. 즉, 비밀스럽게 용의자를 미행하며 그가 사용한 유리잔이 나 피우다 버린 담배꽁초를 입수한 것이다. 한 사건에서 수사관들은 실 제로 레스토랑까지 용의자를 따라가 웨이트리스에게 그가 사용한 유리 잔을 달라고 했다. 하지만 DNA 검사 결과 한 사람이 아닌 세 사람의 DNA가 발견되었고, 안타깝게도 사건 현장에서 발견된 샘플과 일치하 는 것은 없었다.

다시 재판이 열려 죄인에게 유죄 판결이 내려진다 해도 희생자가 살아 돌아오는 것은 아니었다. 그래도 그 가족은 어떤 식의 해결이라도 보게 된 데 감사했다. 하지만 하비가 지적했듯이 많은 살인사건의 희생 자에게는 가족이 없었다. 남자든 여자든 희생자는 고독한 삶을 살았고, 마약이나 매춘과 연관된 위험한 생활을 하던 경우가 많았다. 하비는 바 로 그 때문에 형사들이 이러한 사건을 해결해 줘야 한다고 말한다. "이 들에게 관심을 갖는 사람은 아무도 없었다. 그런 만큼 누군가 이 사람 들을 위해 나서야 했다."[2]

현재 코디스에는 유죄 판결을 받은 범죄자의 DNA 프로파일 1천 1

십만 건과 체포되었던 사람의 DNA 프로파일 1백 3십만 건이 기록되어 있다. 2013년 한 해에만 코디스 시스템을 통해 2십만 3백 건의 DNA 일치가 발견되었고, 이는 미국 전역에서 19만 2천 4백 건의 사건 수사에 도움을 주었다. DNA 증거가 희생자에게 정의를 가져다주었듯, 무죄임에도 유죄를 판결받은 사람들의 결백을 증명하는 데도 도움을 주었다. 그 가운데 다수가 조니 리 새보리 Johnnie Lee Savory처럼 유죄 판결을 받고 교도소에 수감될 당시 고작 십 대의 나이였다.

열네 살의 조니는 열아홉 살의 코니 쿠퍼 Connie Cooper와 그녀의 열네 살 남동생 제임스 로빈슨 James Robinson을 살해한 혐의로 기소되었다. 두 사람은 1977년 1월 18일, 일리노이 Illinois주 피오리아 Peoria에 있는 자신들의 집에서 칼에 찔려 숨진 채 발견되었다. 처음 경찰은 범인이 코니를 성폭행했고 코니가 자신을 알아볼까 봐 두려워 남매를 살해했다고 생각했다. 코니는 잠옷이 허리 위까지 올라가고 속옷이 찢긴 상태로 발견되었고 침대에는 혈흔이 있었다. 성폭행 키트 검사 결과도 정액 양성반응을 보였다. 하지만 사건 발생 일주일 뒤 경찰은 이 가설을 접고 제임스의 친구 조니에게 수사의 초점을 맞췄다. 조니가 제임스와 가라테를 겨루는 와중에 화가 치밀었고 그 때문에 남매를 살해했다는 것이었다.

조니는 순탄치 않은 삶을 살아 왔다. 조니가 아직 아기일 때 엄마가 죽고 아버지가 그를 키웠다. 경찰은 방과 후 귀가한 조니를 경찰서로 데려가 밤 10시까지 취조했다. 다음 날에도 오전 10시 반에서 오후 10시까지 취조가 계속되었다. 처음에는 사건 발생 전날에 제임스네 집에 갔었다고 말하던 조니가 결국 범행을 자백했다.

그리고 재판이 열렸다. 조니는 자백을 철회했지만 재판에서는 여전히 조니의 자백이 가장 중요하게 다뤄졌다. 하지만 증거가 조니의 자백과 일치하지 않았다. 희생자 두 명의 손에서 발견된 머리카락은 조니의 것과 전혀 달랐다. 조니의 집에서 피가 묻은 바지가 발견되었는데 이 혈액은 코니와 같은 A형이었다. 하지만 바지가 조니의 몸보다 몇 사이즈 컸다. 조니의 아버지 YT 새보리는 그 바지가 자신의 것이고 몇 주 전에 다리를 베였다고 증언했다. YT의 혈액형은 미국 인구 40퍼센트에 속하는 A형이었고 다리를 칼에 베였다는 병원 진료기록도 그의 말을 뒷받침해 주었다. 바지 주머니에서 피가 묻은 주머니칼이 나왔지만 YT는 그 칼을 상처를 봉합한 실을 자를 때 썼다고 말했다. 그럼에도 조니는 유죄를 판결받았다. 하지만 항소심에서 판사는 경찰이 조니에게 자백을 강요했다고 판단하여 새로운 재판을 명령했다.

처음 일리노이주 검사는 사건을 포기하려고 했다. 자백 없이 조니의 유죄 판결을 이끌어 내기에는 증거가 부족했기 때문이다. 하지만 곧 세 명의 증인이 새롭게 등장했다. 아이비Ivy가의 남매인 프랭크Frank. 티나Tina, 그리고 엘라Ella는 첫 번째 재판 전에 경찰 수사에 협조했지만 증언대에 서지는 않았다. 당시 이들은 조니가 제임스와 코니를 살해한 사람을 안다고 했다고만 진술했다. 조니가 범행을 시인하는 말은 듣지 못했던 것이다. 하지만 이제 이들은 조니가 두 희생자를 칼로 찔렀다고 고백했다고 증언했다. (아이비 남매는 나중에 이 증언을 철회했다.)

검사는 조니가 자백하기 전 경찰에 한 말에도 초점을 맞췄다. 조니는 사건이 있기 진날인 1월 17일 제임스와 가라테를 했다고 말했다. 그리고 혹시라도 TV를 망가뜨릴까 봐 바닥에 내려놓고 옥수수와 핫도그를 먹었다는 것이었다. 하지만 경찰은 이것이 17일이 아니라 살인이 발생한 18일에 있었던 일이라고 생각했다. 코니와 제임스의 어머니는 18일 아침 옥수수와 핫도그를 조리해서 가스레인지 위에 놔두고 나갔다고 했다. 또 집에 돌아와서 남매의 시신을 발견했을 때 TV는 바닥에 놓여 있었고 주방은 어지럽혀져 있었다고 진술했다. 경찰은 조니가 17일의 일이라며 설명한 상황이 실제로 18일의 사건 현장과 같다고 말했다. 검사는 가라테를 겨루던 중 조니가 분노에 사로잡혔다고 주장했다. 물론 자백을 이끌어 내는 과정에서 경찰이 조니에게 사건 현장에 대한 정보를 제공했고, 조니는 단지 들은 대로 상세한 내용을 반복해서 말하는 것일 수도 있었다. 하지만 이번에도 조니는 유죄를 판결받았다.

1998년, 조니에게 새로운 희망이 생겼다. 일리노이주에서 새로운 법이 통과된 것이다. 재판 진행 당시 활용이 불가능했던 검사법을 이용하여 물질 증거를 새롭게 검사할 수 있도록 하는 법이었다. 조니는 바지와 희생자들의 손톱 스크래핑에 대한 DNA 검사를 요청했다. 하지만 신청은 기각됐다. 일리노이주 대법원은 조니의 아버지가 이미 바지에 묻은 피가 자신의 것이라고 증언했으므로 검사가 불필요하다고 판결했다. 또 바지에서 나온 혈액 증거만으로는 조니가 범인이 아니라는 사실을 증명할 수 없을 것이라고 했다. 아이비 남매와 조니 자신의 증언이 너무 심중하다는 것이었다. 하지만 손톱 스크래핑에 관해서는 언급하지 않았다.

조니는 수사 과정에서 채집한 DNA 증거를 검사할 권리를 찾기 위해 계속 싸웠다. 그리고 이미 30년 가까이 복역한 뒤인 2006년, 가석방으로 풀려났다. 하지만 자신의 결백을 밝히기 위해 3심을 원하고 있었다. 그러던 중 노스웨스턴 법대의 '청소년에 대한 부당 기소 구제 협회Northwestern University School of Law's Center on Wrongful Convictions of Youth'가 조니의 사건을 담당하게 되었고, 2013년에 피오리아 카운티의 순회 법원 판사는 DNA 증거 검사를 허용했다.

조니 사건을 담당한 팀은 피 묻은 바지, 바지에서 나온 주머니칼, 코니와 제임스의 손톱, 성폭행 키트로 채취한 정액, 그리고 사건 현장에서 수거한 피 묻은 전등 스위치 틀을 검사했다. 유감스럽게도 대부분의 증거에 남아 있던 DNA는 이미 부패되어 있었다. 또한 머리카락 증거는 주에서 보관하던 중 분실되었다. 하지만 사건 현장의 전등 스위치에 남겨진 혈액에서는 DNA를 추출할 수 있었다. 이 혈흔은 중요한 의미를 지니고 있었다. 살인자가 제임스의 피가 묻은 손으로 스위치를 만져 혈흔이 남았다고 재판 당시 검사가 주장했기 때문이다. 스위치에서는 제임스의 DNA뿐만이 아니라 제2의 DNA 프로파일이 발견되었다. 이는 코나나 제임스의 것과도, 가족 누구의 것과도 일치하지 않았다. 가장 중요한 사실은 조니의 DNA와도 일치하지 않았다는 것이다. 조니의 변호를 맡은 조슈아 테퍼Joshua Tepfer는 이렇게 말했다. "이는 살인자의 DNA다. 그리고 이러한 결과는 살인자가 조니 리 새보리가 아니라는 사실을 증명한다."[3] 성폭행 키트로 채취한 정액 역시 조니의 DNA와 일치하지 않았다. 2015년 1월 12일, 이러한 증거를 근거로 조니 리 새보리는 일리노이 주정부로부터 사면되었다. 이미 중년에 접어든 조니는 어릴 적 자신의 무고함을 밝히기 위해 여전히 새로운 재판 청구를 준비하고 있다.

현재까지 DNA 증거는 미국에서 329건의 부당 기소를 증명해 냈고, 그와 동시에 진범 141명의 신원을 밝혀냈다. 이들이 잡히지 않은 채 거리를 활보하는 동안 저지른 범죄는 145건이었다. 이런 사실을 보면 DNA 증거가 과거의 잘못을 바로잡을 수 있는 마술지팡이처럼 느껴질 지도 모른다. 하지만 실제로 DNA 증거가 제공되는 사건은 소수에 불과 하다. 또한 그러한 증거가 제공된다 해도 피고인이 그 증거에 접근하기 는 어려울 수 있다. 미국 50개 주에는 교도소 수감자들이 자기 사건의 DNA 증거에 접근할 수 있도록 허용하는 법규가 있다. 하지만 장애물 도 있다. 피고인이 자백을 한 경우, 또는 형량을 거래하기 위해 유죄를 인정한 경우에는 DNA 증거에 대한 접근이 허용되지 않는다. 때로 사 건의 DNA 증거가 제대로 보존되지 않기도 한다. '이노센스 프로젝트 Innocence Project'는 유죄 판결을 받은 범죄에 대한 결백을 증명하고자 하는 사람들을 돕는 단체이다. 이런 증명에는 DNA 증거가 종종 사용 된다. 이노센스 프로젝트는 증거가 무죄를 뒷받침할 수 있다면 법원이 모든 사건에서 DNA 검사를 할 수 있도록 허용할 것을 권장한다. 또한 다른 범죄자를 발견할 수 있도록 과거에 사건 현장에서 발견된 DNA를 코디스 시스템으로 검색할 것을 권장한다.

이노센스 프로젝트는 애초에 어떤 경위로 부당 기소가 일어나는 지도 검토하고 있다. 많은 경우 인간의 실수, 아니면 단순한 기만행위 가 부당 기소로 이어진다. 325건의 부당 기소 사건을 연구한 결과 그중 235건이 증인이 용의자의 신원을 잘못 확인한 경우였다. 또한 88건은 용의자가 거짓 자백을 한 경우였는데, 이 중에는 경찰의 강압에 못 이 겨 거짓 자백을 한 경우도 적지 않았다. 그리고 48건은 경찰 정보원이 부정확하거나 거짓인 정보를 제공한 결과 발생했다. 범죄 과학이 이러

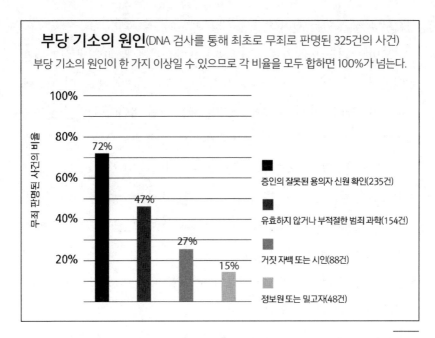

부당 기소의 원인(DNA 검사를 통해 최초로 무죄로 판명된 325건의 사건)

부당 기소의 원인이 한 가지 이상일 수 있으므로 각 비율을 모두 합하면 100%가 넘는다.

- 증인의 잘못된 용의자 신원 확인(235건)
- 유효하지 않거나 부적절한 범죄 과학(154건)
- 거짓 자백 또는 시인(88건)
- 정보원 또는 밀고자(48건)

부당 기소의 원인을 보여 주는 이노센스 프로젝트의 그래프

한 실수와 잘못된 행동을 바로잡을 수 있는 치료제처럼 보일지 모른다. 하지만 연구 대상이 된 325건 가운데 154건의 부당 기소가 잘못된 범죄 과학에서 기인한 것이었다.

범죄 과학을 신뢰할 수 있기는 하지만 그 중요성이 과장된 경우도 있었다. 예를 들어 사건 현장에서 A형 혈액이 발견되었다면 B형 혈액형을 가진 사람을 용의자에서 제외할 수는 있다. 하지만 그렇다고 용의자가 혈액형이 A형인 사람이라고 단정할 수는 없다. 미국 인구 가운데 40퍼센트가 A형이므로 현장의 A형 혈흔은 용의자 이외의 사람의 것일 수도 있기 때문이다. 만일 전문가가 이 혈액 증거가 용의자가 사건 현장에 있었다는 의미라고 말한다면, 그 전문가는 배심원들을 잘못된 방

향으로 이끌고 있는 것이다.

모발 증거도 마찬가지다. 1909년 프랑스에서 발생한 제르망 비숑 살인사건에서는 굵고 긴 금발이 사건 현장에서 발견되었고, 이 때문에 용의자가 자백을 하게 되었다. 하지만 사실 이런 머리카락을 지닌 여성은 매우 많았으므로, 장시간에 걸친 취조로 인해 용의자가 거짓 자백을 했을 가능성도 있다. 오늘날 전문가들은 모발에 대한 현미경 분석과 더불어 DNA 검사를 한다. 범죄 현장 증거와 용의자를 일치시키는 데 전형적으로 사용되는 핵 DNA는 주로 모근이 남아 있을 때만 검사할 수 있고, 모근이 남아 있다 하더라도 모두 검사가 가능한 것은 아니다. 하지만 모근이 없어 핵 DNA를 사용할 수 없을 때도 미토콘드리아 DNA를 사용해서 검사할 수 있다.

세포의 핵 내부에 존재하는 핵 DNA와 달리 미토콘드리아 DNA는 세포핵 외부에 위치한다. 핵 DNA는 부모 양쪽의 DNA가 무작위로 결합하여 만들어지므로 개인마다 매우 독특하다. 하지만 미토콘드리아 DNA는 오로지 어머니로부터 물려받기 때문에 드물게 돌연변이가 일어나지 않는 한 다음 세대로 그대로 전해진다. 그러므로 미토콘드리아 DNA는 모든 모계 친척이 공유하며, 여기에는 어머니와 형제자매, 어머니의 형제자매, 이모의 자식인 사촌들, 심지어 어머니끼리 사촌지간인 오촌 이상의 친척까지 포함된다. 남자 형제와 남자 사촌도 같은 미토콘드리아 DNA를 갖지만 그들의 자식에게 전해 주지는 않는다. 이제 당신도 알겠지만 미토콘드리아 DNA가 같은 사람은 몇 명이나 나올 수 있다. 하지만 이러한 유형의 검사는 용의자 대상을 한 가족으로 좁히는 역할을 한다. (유죄 판결을 받아 코디스 시스템에 기록된 사람들의 DNA 샘플과 검사 결과를 대조할 수는 없다. 코디스 시스템은 실종 사건에 한해서만 미토콘드리아 DNA 샘플을 수집하기 때문이다.)

FBI에서 모발의 미토콘드리아 DNA 검사가 당연한 절차가 된 것은 2000년이었다. 그 전까지는 많은 전문가들이 모발 분석을 오로지 현미경에 의존했고, 그 결과의 특정성을 과대평가하도록 유도하는 증언을 했다. 미 법무부, FBI, 이노센스 프로젝트, 그리고 '미국 형사 전문 변호사 협회National Association of Criminal Defense Lawyers'가 268건의 형사 재판을 검토한 연구에 따르면, 그중 95퍼센트의 재판에서 FBI의 모발 분석 전문가는 모발이 특정 인물과 과학적으로 일치할 수 있는 정도에 대해 과장된 증언을 했다. 그 가운데 32건에서 피고인은 사형을 선고받았다. 현재 모발 분석과 연관된 사건 1천 2백여 건이 검토되고 있으며, 그중에는 피고인의 유죄를 입증하는 다른 증거가 있는 사건도 있다. 어쨌든 당국은 적합한 사건의 경우 유죄 판결에 항소할 수 있도록 검토 대상 사건의 피고인들에게 이 같은 사실을 통보하고 있다.

FBI는 이런 오류에 대해 알게 된 뒤 모발 분석 증언에 대한 재검토에 협조해 왔다. 그리고 이제 현미경 모발 분석과 DNA 검사를 병행하고 있으며, 원칙적으로 모발 전문가가 법정에서 분석 내용을 과장하지 않고 설명해야 한다고 서면상으로 명시하고 있다. 또한 다른 19개 범죄 과학 분야에 대해서도 이와 유사한 기준을 만들고 있다. 이제 시작이다. 하지만 법률 전문가들은 법원 역시 유죄 판결을 받은 사람이 잘못된 범죄 과학에 대응할 수 있는 자원을 제공해야 한다고 말한다. 현재 캘리포니아California와 텍사스Texas 두 개 주에서만 과학 발전에 따라 철회되거나 유효하지 않다고 증명된 법의학적 증언이 채택되었던 사건에 대해 항소할 수 있게 허용하고 있다.

물론 모든 증거가 과학을 바탕으로 하는 것은 아니다. 19세기 초반 살인사건 해결에 사용된 세탁소 표시는 단순히 특정 세탁소와 그곳의 고객 명단을 연결하는 역할을 했을 뿐이었다. 하지만 과학적 증거라는 명목으로 제출되는 증거라면 과학적 근거를 지니고 있어야 한다. DNA 검사는 살인사건 수사에 사용되기 전 이미 과학자들에 의해 수없이 많은 시험을 거쳤다. 시험 결과는 학계에서 보고·검토하는 학회지에 게재되었는데, 이는 동료 과학자들이 검사가 유효하고 결과가 확실하다는 데 동의했다는 의미다. 하지만 다른 범죄 과학 기술은 그와 같은 엄격한 검증을 거친 적이 없었다. 가장 대표적인 예가 바로 바이트마크 분석이다. 바이트마크 분석을 근거로 용의자가 유죄를 판결받았지만, 나중에 바이트마크 주변에서 발견된 타액의 DNA 검사에 의해 판결이 번복된 사건들도 있다.

그러한 용의자 가운데 한 명이 바로 로이 브라운Roy Brown이다. 그는 살인사건 수사에 휘말려 유죄 판결을 받았지만 나중에 그 사건을 직접 해결하게 된다. 1991년 5월 23일, 뉴욕주 오번Auburn의 한 농가가 맹렬히 타오르는 현장에 소방관들이 출동했다. 화재 현장 근처에서 이들은 사비나 쿨라코브스키Sabina Kulakowski의 시신을 발견했다. 그녀는 구타당하고 목이 졸리고 칼에 찔려 사망한 상태였다. 그리고 물린 자국, 즉 바이트마크가 있었다. 처음 경찰은 배리 벤치Barry Bench라는 남성을 수사했다. 사비나는 한때 그의 남동생과 데이트를 했고 여전히 벤치 가족이 소유한 농가 인근에 살고 있었다. 하지만 배리는 살인사건이 발생하던 날 밤 바에 있었다. 오전 12시 30분에 바를 나선 그가 집에 도착한 것은 1시 30분에서 45분 사이였다. 다음 날 화재 현장으로 불려온 그는 사비나의 시신이 발견된 곳 근처를 서성거렸고 그 모습이 목격되었다. 그는 다른 사람들에게 자신이 "증거나 사비나를 찾으려고 했던 것"이라고 말했다.[4] 하지만 배리의 여자친구는 자기 친구에게 이렇게 말했다. "배리가 살펴보던 곳에서 사비나의 시신이 발견되어서 큰 걱정이야."[5] 이렇게 미심쩍은 사실에도 불구하고 경찰은 곧 로이 브라운에게로 눈길을 돌렸다.

사건 발생 1년 전, 로이는 카유가 카운티 사회복지부Cayuga County Department of Social Services에 의해 딸을 보호시설로 보내야 했다. 그 뒤 그는 이곳의 부장에게 협박 전화를 걸었고, 이 때문에 복역하다가 최근 풀려났다. 사비나는 사회복지부 직원이었지만 로이의 딸을 담당한 당사자는 아니었고, 두 사람이 만난 적이 있다는 증거도 없었다. 하지만 로이는 재판에 넘겨졌고 전문가 증인은 시신에서 발견된 바이트마크가 로이의 치아와 일치한다고 증언했다. 변호인 측 전문가는 이 주장에 대해 반박하며 분석 가능한 완전한 바이트마크는 단 한 개에 불과했고 그마저도 로이보다 위쪽 치아가 두 개 많았다고 주장했다. 하지만 배심원단은 검찰 측 전문가의 말을 믿었고 로이에게 유죄를 평결했다. 그는 나중에 이렇게 말하곤 했다. "나는 재판정에서 검찰 측 전문가의 증언을 듣던 배심원단의 모습을 아직도 생생하게 기억한다. 바로 그 순간, 내 인생은 끝났고 나는 감옥에서 평생을 보낼 것이라는 사실을 알게 되었다."[6]

로이는 정말로 오랜 세월을 감옥에서 보냈지만 결백을 증명하는 일을 결코 포기하지 않았다. 먼저 그는 사건 현장에서 발견된 타액에 대해 DNA 검사를 하려고 했다. 하지만 이전 재판을 위한 검사에서 이미 그 타액이 모두 소진되었다는 사실을 알게 되었다. 결국 로이는 수사관들이 하는 대로 사건을 파헤치기 시작했다. 재판 기록 복사본은 계부의 집에 보관되어 있었지만 화재로 소실되었다. 자신의 감방에서 그는 현지 경찰 당국에 새로운 복사본을 요청하는 편지를 썼다. 정보공개법Freedom of Information Law에 따라 경찰은 로이가 요구할 경우 이 복사본을 제공해야 했다. 여기에는 로이와 그의 변호사가 본 적도 없는 진술이 네 건이나 들어 있었다. 그리고 그 모든 진술은 배리 벤치를 용의자로 지목하고 있었다.

로이는 검찰이 중요한 진술들을 숨겼고 이는 텍사스주의 법을 위반한 것이라는 내용의 서신을 법원에 보냈다. 진술 중에는 화재가 일어난 시각의 사건 장소와 배리를 연결시키는 것도 있었다. 배리는 바에서 집으로 곧장 차를 몰고 갔다고 말했는데 그러면 농장도 지나갔을 것이다. 그가 지나갈 때쯤 농장은 화염에 휩싸여 있었을 텐데 당연히 뭔가 조치를 취하려고 하지 않았겠느냐는 말이었다. 하지만 법원은 새로운 재판을 열어 달라는 로이의 신청을 기각했다. 배리

로이 브라운. 그는 결국 사비나 쿨라코브스키를 살해했다는 누명을 벗었다.

벤치와 관련된 진술을 알지 못했다 하더라도 그 정보가 그의 유죄 판결을 뒤집을 정도로 중요한 것은 아니라는 이유였다.

이제 로이는 모든 일의 원흉을 직접 겨냥했다. 그는 배리에게 편지를 보냈다. 그 안에는 DNA 검사를 하면 배리의 유죄가 증명될 것이라는 내용이 담겨 있었다. 그는 이렇게 적었다. "판사들도 속을 때가 있고 배심원단도 실수를 할 때가 있다. 하지만 DNA 검사에서 실수란 없다. DNA는 신의 창조물이고 신은 실수를 하지 않기 때문이다."[7] 로이가 편지를 보낸 지 닷새 만에 배리는 미국철도여객공사Amtrak의 열차에 몸을 던져 자살했다. 2005년, 이노센스 프로젝트가 이 사건을 맡았고, 곧이어 사비나의 셔츠에 묻은 타액은 아직 DNA 검사를 할 수 있는 상태임이 드러났다. 검사 결과 로이의 DNA와 일치하지 않았다. 이노센스 프로젝트의 변호사들은 배리의 딸을 추적했고 그녀는 자신의 DNA 샘플을 제공해 주었다. 그 타액은 사건 현장에서 발견된 타액과 절반이 일치했다. 이는 부모와 자식 간의 DNA 비교에서 흔히 나타나는 양상이었다. 수감 생활 15년 만인 2007년, 로이는 무죄 방면되었다.

이런 비극을 겪은 것은 로이 한 사람이 아니었다. 이노센스 프로젝트에 따르면, 로이 외에도 스물네 명이 바이트마크 분석에 근거하여 잘못된 유죄 판결을 받은 뒤 나중에 DNA 검사를 통해 무죄 방면되었다. 바이트마크 분석은 정확히 어떤 역사를 갖고 있는지 분명하지 않다. 1692년부터 1963년까지 열린 세일럼마녀재판에서 조지 버로스 신부Reverend George Burroughs는 그가 소녀들에게 남겼다는 바이트마크를 근거로 마법을 사용한 죄로 체포되었다. (검사의 주장에 따르면 신부는 소녀들을 마녀로 만들기 위해 물었다.) 검사는 그저 버로스의 입 안을 들여다보며 그의 치아와 소녀들에게 남은 바이트마크를 비교했을 뿐이었다. 하지만 이 증거를 근거로 버로스는 교수형에 처해졌다. 그리고 20년 뒤, 수많은 마녀재판의 희생자들과 더불어 그의 결백이 선언되었다.

세일럼마녀재판에서 그런 엉터리 증거가 통한 것은 당연한 일일지도 모른다. 심지어 한 여성이 고양이로 변신하는 모습을 목격했다는 증언이 인정된 적도 있었기 때문이다. 그런데 3백 년 뒤에도 이렇게 말도 안 되는 증거가 허용되었다. 바로 월터 에드가 막스Walter Edgar Marx가 바이트마크 분석에 근거하여 한 여인을 살해한 혐의에 대해 유죄 판결을 받았을 때다. 항소심이 열렸지만 판사는 1974년에 내려진 원심 판결을 유지한다는 결정을 내렸다. 바이트마크 분석을 뒷받침할 만한 과학

세일럼마녀재판의 한 장면을 담은 판화

적 연구가 존재하지 않는다 하더라도, 1심 판사가 바이트마크 비교를 직접 확인하고 피고인의 것이라고 납득했기 때문에 항소를 허락할 필요성이 없다는 이유였다. 이러한 결정 때문에 바이트마크 분석이 다른 재판에서도 허용되었다. 하지만 훗날 모두 거짓으로 드러났다. 한 사건에서 전문가 증인은 피고인의 치아가 사건 현장에서 발견된 볼로냐 샌드위치에 난 바이트마크와 일치한다고 증언했다. 피고인은 유죄를 판결받았지만 항소했고, 항소심에서 부검 시 희생자의 위 안에서 볼로냐 샌드위치의 나머지 반이 발견되었다는 사실을 변호인 측이 알게 되면서 판결이 뒤집혔다. 이제 바이트마크가 희생자의 것일 가능성이 높아진 것이다. 이렇듯 신뢰하기 힘든 과학이라고 하면 흔히 바이트마크 분석을 꼽을 수 있다. 하지만 지문과 혈흔 분석 등 이 책에서 설명한 다른 방법들도 검토되어야 한다. 이 책에서 소개한 사건 가운데도 잘못된 증거로 잘못된 유죄 판결이 난 경우가 있지는 않을까? 가능한 일이다. (코라 크리펜 살인사건의 경우가 아마도 여기에 해당될 것이다.)

그렇다고 오래된 범죄 과학 기술을 완전히 폐기처분해야 한다는 말은 아니다. 그 이유는 한 가지, 사건을 해결하는 데 필요하기 때문이다. 「CSI」 같은 드라마 때문에 사람들은 DNA 증거가 그 어떤 사건도 해결해 낼 수 있을 거라고 생각하게 되었다. 법률 전문가들은 이를 'CSI 효과'라고 부른다. 배심원들은 심리할 때 다른 견고한 증거가 있는 경우에도 DNA 증거가 없으면 유죄 평결을 꺼린다. 하지만 실제로 슬램덩크처럼 한 방에 모든 것을 해결할 DNA 증거가 사건 현장에 남아 있는 경우는 드물다. 생각해 보라. 범죄자들이 다른 사람이 피를 흘리게 만들지 자신이 피를 흘리는 경우가 얼마나 되겠는가? 그리고 다른 사람이 체액을 흘리게 만들지 자신이 체액을 흘리겠는가? (물론 여기에서 성폭행 사건은 예외다.)

　다시 말해, 범인이 뭔가를 만져서 접촉 DNAtouch DNA라고 알려진 아주 작은 DNA 샘플이 남는 경우는 종종 있어도 완전한 DNA가 남는 경우는 거의 없다. 지난 10여 년 동안 수사관들은 체액과 모발만이 아니라 용의자의 몸에서 떨어진 미세 피부세포까지 DNA 검사를 위해 수집해 왔다. 오늘날 DNA 검사들은 매우 섬세하여 단 한 개의 지문에서 발견된 피부세포에서도 유전자 프로파일을 만들어 낼 수 있다. 하지만 이런 유형의 증거에 대해서는 찬반양론이 존재한다. 검사에서 그렇게 작은 크기의 DNA가 분석된다면, 사건 현장에 간 적도 없는 누군가의 DNA가 검출될 수도 있기 때문이다. 내가 오랜 친구와 악수를 나눴다고 가정하자. 나와 헤어진 다음 그 친구가 은행 강도를 저질렀다. 그 순간 그의 손에 남아 있던 내 피부세포가 은행 금고에 옮겨질 수도 있는 일이다.

　2015년, 인디애나폴리스대학University of Indianapolis 과학자들은 이러한 시나리오가 실현될 가능성을 연구했다. 법과학자 신시아 케일 Cynthia M. Cale과 그녀의 연구팀은 두 명씩 짝을 지운 몇 쌍의 사람들에게 악수를 하게 했다. 그런 다음 각각 깨끗하게 닦은 칼을 쥐게 했다. 그 가운데 85퍼센트의 칼에서 칼을 잡은 사람과 악수를 한 사람의 DNA가 함께 발견되었다. 그리고 칼을 잡은 사람이 아니라 그와 악수를 한 사람의 DNA가 가장 확실하게 검출되거나 유일하게 발견되는 경우도 있었다.

　이러한 현상은 현실에서도 일어날 수 있다. 2013년, 캘리포니아에 사는 루키스 앤더슨Lukis Anderson이라는 남성이 살인사건과 관련하여 체포되어 몇 달이나 구금되었다. 희생자의 손톱 스크래핑에서 그의 DNA가 발견되었기 때문이다. 하지만 루키스는 견실한 알리바이가 있었다. 살인사건이 일어나던 당시 과음 때문에 병원에서 치료를 받고 있었던 것이다. 나중에, 루키스를 병원으로 후송한 구급대원이 살인사건 현장에 출동했고 본의 아니게 그의 DNA를 희생자에게 옮긴 사실이 드러났다. 이 사건과 인디애나폴리스대학의 연구는 접촉 DNA 같은 최첨단 과학에도 한계가 있음을 보여 준다.

구닥다리처럼 들리지만 족적, 지문, 모발, 그 외 기타 물리적 증거들은 여전히 사건 해결에서 중요한 역할을 한다. DNA의 시대가 밝았다고 해서 그 사실이 변하지는 않았다. 하지만 견고한 DNA 증거를 기반으로 무죄 방면되는 일이 생긴다는 것은 범죄 과학 방식이 검증되어야 하며, 각 분야의 과학적 한계가 명확하게 규명되어야 한다는 사실을 보여 준다. 2009년, 미국 과학협회National Academy of Sciences는 법과학적 증거와 기술의 표준을 확립하기 위해 국회가 독립 위원회를 구성할 것을 권장하는 보고서를 배포했다. 이후 미 법무부와 미국표준기술연구소National Institute of Standards & Technology는 미국 범죄 과학 위원회 National Commission of Forensic Science를 설립했다. 이들은 이는 장차 범죄 과학 분야의 통합적 표준을 만들 계획에 있다. 범죄 과학 위원회의 목표는 범죄 과학이 과학적으로 엄격한 방법을 통해 신뢰할 수 있는 증거를 제공하도록 하는 것이다.

연방정부 산하 실험실과 연방 기금으로 운영되는 실험실에서 이러한 권장 사항을 따를지는 미국 법무부 장관이 결정할 것이다. 그리고 이 권장 사항을 어느 선까지 따를지는 주에서 자체적으로 결정할 것이다. 이 표준은 또한 검사와 변호사 모두에게 유용한 도구가 될 것이다. 전문가 증인의 범죄 과학이 표준에 미달할 경우 이를 비판할 수 있을 것이기 때문이다.

범죄 과학에 있어서 지금은 매우 흥미로운 시대이다. 수사관들은 과거보다 더 향상된 기술을 더 많이 사용하고 있다. 이는 희생자와 그 가족, 잘못 기소된 사람들, 폭력으로 인해 충격을 받은 공동체를 위해 정의를 구현하는 데 도움이 될 것이다. 오늘날 범죄 과학은 과거의 노력 위에 쌓아 올린 결과물이다. 과거의 범죄 과학은 불완전했을지 몰라도 깜깜하기만 하던 범죄 해결의 길에 빛을 던져 주었다. 이로써 범죄자들이 달아나거나 숨을 수 없고 누명 쓴 사람들이 죄인이 되어 잊히지 않는 세상이 오게 된 것이다.

DNA 검사DNA testing 아데닌, 티민, 구아닌, 시토신이 이루는 다양한 배열을 바탕으로 특정 DNA 프로파일을 만들고 이를 다른 프로파일과 비교하는 검사

DNA 디옥시리보핵산deoxyribonucleic acid 아데닌, 티민, 구아닌, 시토신의 네 가지 화합물을 일컫는 말이며, 이 네 가지 화합물이 결합하여 유기물이 형성 되고 제 기능을 하게 만드는 명령을 형성한다

FBIFederal Bureau of Investigation 미국 연방방수사국. 두 개 주 이상이 관련 된 연방 범죄와 국내 안보 문제를 다루는 미국의 수사기관

갈취racketeering 불법적인 사업 활동을 통해 돈을 버는 일

거짓 자백false confession 용의자가 자신이 저지르지 않은 범죄를 인정하는 일

검사prosecutor 공동체를 대표해서 형사 사건 피고인의 유죄 판결을 구하는 법률가. 검찰은 관할 내의 검사가 소속된 곳이고 주 검찰, 검찰관 등 주와 지역 마다 다양한 용어로 불린다

검시관coroner 폭력적이거나 원인을 알 수 없는 죽음을 수사하는 공직자

구경caliber 총신의 직경, 100분의 1인치 단위

구경[게이지]gauge 탄도학에서 산탄총의 총신 크기를 의미하는 숫자. 이 숫자 가 클수록 총신의 크기가 작다

구빈원workhouse 과거 영국에서 극빈층이 일하고 거주하던 기관

궁극적 쟁점ultimate issue 평결이 좌우되는 질문

금주령Prohibition 1920년에 시행되어 1933년 폐지된 미국의 헌법 수정안으로 주류의 대량 생산, 운반, 배포를 금지하던 법령

독극물학toxicology 인체에 대한 약물과 독극물의 영향을 연구하는 학문

동기motive 범인이 범죄를 저지른 이유

런던 경시청 Scotland Yard 런던 경찰청 본청, 또는 런던 경찰 자체를 의미한다

루미놀luminol 혈액의 존재를 발견하는 데 사용되는 화학물질

무단이탈AWOL 정식으로 해산하지 않은 상태에서 자리를 비움(absent without official leave의 약자). 법적으로 자리에서 벗어나지 않아야 할 의무가 있는 곳에서 달아남을 의미한다

무정부주의자anarchist 정부 통치의 종말을 지지하는 사람

무죄 방면acquittal 피고인의 무죄를 선언하는 법원의 결정

무효 심리mistrial 예외적인 상황이나 불일치 배심 때문에 평결에 이르기 전에 종결되는 재판

미란다원칙Miranda rights 누군가 구류될 때 경찰관이 고지해야 하는 사항. 기

본적으로 묵비권을 행사할 수 있고 변호사를 선임할 수 있다는 내용이다

미세 증거물trace evidence 범행 과정에서 가해자로부터 옮겨지거나 가해자에게 옮겨진 물질

미제 사건cold case 새로운 단서나 자료가 발견될 때까지 수사를 중지한 상태의 해결되지 않은 범죄 사건

미토콘드리아 DNAmitochondrial DNA 세포 안, 핵 외부에 있는 DNA이며 어머니에게서 물려받는다

밀주업자bootlegger 허가 없이 주류를 대량 생산, 운반, 배포, 판매하는 자 (bootlegger는 특히 미국 금주령 시기의 밀주업자를 지칭)

바이트마크 분석bite mark analysis 물린 자국과 용의자의 치아를 비교하는 방법으로서 현재 대부분 그 효력이 인정되지 않는다

반송remand 사건에서 추가 소송을 위해 하급심으로 사건을 보내는 일

발굴exhume 시신을 무덤에서 꺼내는 일

방어흔defensive wound 공격자에 대항하는 과정에서 입은 부상

배심원단jury 소송에서 증거를 판단하고 유무죄를 판단하는 일반인 집단

범죄 과학, 법과학forensic science 사건을 해결하기 위해 이용하는 다양한 분

야의 기술 과학을 말한다

범죄 될 사실corpus delicti 직역하면 '죄체' 즉 '범죄의 실체'이며 법률 용어로는 범죄가 발생했다는 증거를 말한다

범죄자 프로파일링criminal profiling 범죄자의 생각과 행동 패턴을 고려하는 수사 전략

법의곤충학자forensic entomologist 범죄 수사에서 곤충 증거를 연구하는 과학자를 일컫는다

법의관medical examiner 의학 교육을 받은 공무원. 폭력적이거나 원인을 알 수 없는 사망사건을 수사한다

법의병리학자forensic pathologist 범죄 수사에서 증거를 수집하기 위해 희생자의 시신을 연구하는 과학자

법의인류학자forensic anthropologist 범죄 수사의 일부로서 희생자 유해를 연구하는 과학자

베르틸로나쥬Bertillonage 다양한 신체 부위를 측정하여 범죄자의 신원을 규명하는 시스템. 베르틸롱 측정법이라고도 불린다

부검autopsy 사인을 규명하기 위한 사체의 검시

분비양성자secretor 혈액 이외의 체액에서도 혈액형이 드러나는 사람

불일치 배심hung jury 심의를 마친 뒤에도 배심원단이 합의에 도달하지 못함

비소arsenic 독성 물질의 일종으로 농약이나 의약품의 원료로 쓰인다

사체corpse 죽은 사람의 신체

사후postmortem 사망한 다음

살인homicide 한 사람이 다른 사람을 죽이는 행동

선조rifling 총기의 총신 내부에 난 나선형 홈

성폭행 키트rape kit 성폭행 사건에서 희생자로부터 증거를 수집하는 데 사용되는 도구들을 모아 놓은 것

손톱 스크래핑fingernail scrapings 희생자나 용의자의 손톱과 손가락 사이 틈에서 채취한 물질

스트리크닌strychnine 식물에서 추출한 독극물

시안화합물cyanide 식물성 독극물로 흔히 청산가리라고 부른다

시체 안치소morgue 시신이 보관되고 때로 부검이 이루어지는 장소

시체 없는 살인사건no-body case 희생자의 시신이 발견되지 않은 살인사건

알리바이alibi 용의자가 다른 장소에 있었기 때문에 어떤 범죄를 저지르지 못

했을 것이라는 증거

연쇄살인범serial killer FBI 정의에 따르면 두 번 이상의 범행을 통해 두 명 이상의 사람을 살인한 자

용의자suspect 범죄에 대해 유죄라고 생각되는 사람

일산화탄소carbon monoxide 환기가 제대로 되지 않는 공간에서 가스, 숯, 또는 나무 등의 연료가 연소할 때 발산되는 독성 기체

전문가 증인expert witness 재판에서 증언하기 위해 특정 주제에 대한 지식을 제공하는 사람

접촉 DNAtouch DNA 작은 DNA 샘플. 종종 용의자가 뭔가를 만졌을 때 남겨진다

조작staging 수사관에게 혼동을 주기 위해 사건 현장을 바꾸는 일

증거evidence 어떻게 범죄가 일어났는지를 말해 주는 물건이나 정보

증인witness 직접 보고 들은 내용이나 전문적 지식을 재판에서 증언하는 사람

철회recant 발언이나 생각을 공식적으로 취소하는 일

청부살인업자hit man 누군가를 죽이기 위해 고용된 사람

카데바cadaver 죽은 사람의 신체, 주로 부검을 목적으로 보관된다

코디스CODIS 통합 DNA 인식 시스템Combined DNA Index System의 약자로서 FBI가 보유한 용의자 DNA 데이터베이스

크라우너crowner 왕을 위해 범죄자의 재산을 압류하던 영국 공직자

탄도학ballistics 탄환이 총신, 공기, 목표물을 어떻게 통과하는지를 다루는 과학

평결verdict 판사나 배심원단이 소송에서 내리는 결정

피고인defendant 형사 사건에서 해당 범죄로 검사에 의해 정식으로 기소된 사람

피의자accused 범죄 혐의에 대해 정식으로 입건되었으나 아직 기소되지 않은 사람

피해자victim 범죄, 사고, 기타 작용에 의해 다치거나 사망한 사람

피해자학victimology 범죄 희생자를 위험하게 만드는 요소를 연구하는 학문

항소appeal 상급심 법원에 하급심 법원의 결정을 번복해 달라고 요청하는 정식 주장

현장 파견 법의학자tour man 과거 범죄 현장을 방문하는 법의학자를 표현하던 용어

혈액형Blood type 혈액에 존재하는 항원과 항체의 유형을 근거로 개인의 혈액

을 분류하는 방법

혈청학serology 혈액을 다루는 학문

형 집행 정지stay of execution 수감, 사형 등 형벌의 시행을 연기하라는 공식
명령

1장. 언뜻 스치는 마늘 향: 최초의 독극물 검사

1. Heinzelman and Wiseman, eds., 『Representing Women』, 317페이지

2. 같은 책

3. Heslop, 『Murderous Women』, 61페이지

4. 같은 책 60페이지

5. Livingston, 『Arsenic and Clam Chowder: Murder in Gilded Age New York』, 5페이지

6. 같은 책 6페이지

7. 같은 책 7페이지

8. Fowler, 『Deaths on Pleasant Street』, 39페이지

9. "More Swopes Died by Being Poisoned," Oregonian (Portland, OR), February 13, 1910, http://oregonnews.uoregon.edu/lccn/sn83045782/1910-02-13/ed-1/seq-6/.

10. "Swope Poison Case Must Be Retried," New York Times, April 12, 1911, http://query.nytimes.com/mem/archive-free/pdf?res=9403EFDE1031E233A25751C1A9629C946096D6CF.

11. 같은 기사

12. Benedetta Faedi Duramy, "Women and Poisons in 17th Century France," Chicago-Kent Law Review 87:2 (April 2012): 353, http://scholarship.kentlaw.iit.edu/cgi/viewcontent.cgi?article=3837
&context=cklawreview.

2장. 실제 증거: 부검과 법의학자의 부상

1. Stratmoen, 『Murder, Mayhem, and Mystery』, 51페이지

2. 같은 책

3. 같은 책 168페이지

4. David Leafe, "Solved: How the Brides in the Bath Died at the Hands of Their Ruthless Womanising Husband," Daily Mail (London), April 22, 2010, http://www.dailymail.co.uk/femail/

article-1267913/Solved-How-brides-bath-died-hands-ruthlesswomaniser.html.

5. Kate Colquhoun, review of 『The Magnificent Spilsbury and the Case of the Brides in the Bath』, by Jane Robins, Telegraph (London), June 7, 2010, http://www.telegraph.co.uk/culture/books/7590183/The-Magnificent-Spilsbury-and-the-Case-of-the-Brides-in-the-Bath-by-Jane-Robins-review.html

6. Burney and Pemberton, "Bruised Witness," under "Spillsbury's Spell and Thorne's Martyrdom."

https://www.ncbi.nlm.nih.gov/pmc/articles/PMC3037214/

7. 같은 논문 서론

8. 같은 논문

9. Marten, 『The Doctor Looks at Murder』, 274페이지

10. "Six Deaths Result from Arsenic Pie," New York Times, August 2, 1922,

http://query.nytimes.com/mem/archive-free/pdf?res=940DEFD71239EF3ABC4A53DFBE668389639EDE.

11. 같은 기사

12. Marten, 『The Doctor Looks at Murder』, 176페이지

13. 같은 책 177페이지

14. 같은 책

15. 같은 책

3장. 간단하지, 왓슨: 최초의 수사관

1. Vidocq, 『Memoirs of Vidocq』, 31페이지

2. "Scotland Yard to Use Women Sleuths," Lewiston (ME) Daily Sun, (AP), August 18, 1933, http://news.google.com/newspapers?nid=1928&dat=19330818&id=CM0gAAAAIBAJ&sjid=2WoFA

AAAIBAJ&pg=3932,3334279.

3. Doyle, 『A Study in Scarlet』, 6페이지

4. 같은 책 10페이지

5. 같은 책 20페이지

6. 같은 책 25페이지

7. Liebow, 『Dr. Joe Bell』, 4페이지

4장. 흔적은 남게 마련이다: 범죄 현장 증거

1. Gross, 『Criminal Investigation』, 2-3페이지

2. Dunphy and Cummins, 『Remarkable Trials of All Countries』, 404페이지

3. Bell, 『Encyclopedia of Forensic Science』, 234페이지

4. Thorwald, 『Crime and Science』, 254페이지

5. 같은 책 255페이지

6. 같은 책 268페이지

7. David J. Krajicek, "Snagged by a Cord in Killing of Novelist," New York Daily News, October 31, 2009, http://www.nydailynews.com/news/crime/snagged-cord-killing-novelist-article-1.418391.

5장. 지문은 영원하다: 초기 지문 증거

1. Henry Faulds, "On the Skin-Furrows of the Hand," Nature 22, 605-605 (28 October 1880) | http://www.nature.com/nature/journal/index.html

2. H. O. Thompson, "Schwartz, Slayer, Suicide, Led Double Life; To Women He Was Harold Warren, War Hero," Independent(St. Petersburg, FL), August 11, 1925, https://news.google.com/ newspapers?nid=950&dat=19250811&id=fOFPAAAAIBAJ&sjid= h1QDAAAAIBAJ&pg=1594,6864764&hl=en.

3. Associated Press, "Man Who Faked Death Caught; Ends His Life," Southeast Missourian, August 10, 1925, https://news.google.com/newspapers?nid=1893&dat=19250810&id=KXdFAA AAIBAJ&sjid=N8cMAAAAIBAJ&pg=4904,952091&hl=en.

4. Nickell and Fischer, 『Crime Science』, 136페이지

6장. 빵빵! 너는 죽었어!: 총기 분석의 탄생

1. Jim Fisher, "The Stielow Firearms Identification Case," January 7, 2008, http://jimfisher.edinboro.edu/forensics/stielow.html

2. Nickell and Fischer, 『Crime Science』, 103페이지

3. Frankfurter, "The Case of Sacco and Vanzetti."

4. 같은 책

5. 같은 책

6. 같은 책

7. 같은 책

8. Doug Linder, "Sacco-Vanzetti." http://law2.umkc.edu/faculty/projects/ftrials/SaccoV/SaccoV.htm

9. 같은 웹페이지

10. Jim Fisher, "The St. Valentine's Day Massacre in the History of Forensic Ballistics," Jim Fisher True Crime (blog), February 14, 2015, http://jimfishertruecrime.blogspot.com/2013/07/the-stvalentines-day-massacre-in.html.

11. Marten, The Doctor Looks at Murder』, 198페이지

12. "Crowley Indicted Quickly for Murder; Girl Aids the State,"
New York Times, May 9, 1931.

13. "Police Slayer Captured in Gun and Tear Gas Siege; 10,000 Watch in W. 90th St.," New York Times, May 8, 1931.

14. 같은 기사

15. "Crowley Dies Blaming Girl for Execution," Brooklyn Daily Eagle, January 2, 1932, http://bklyn.newspapers.com/newspage/57286602/

16. Kate Wells, "New Chapter in Bizarre Detroit Murder Case," Here & Now (WBUR Boston), radio transcript, August 13, 2013, http://hereandnow.wbur.org/2013/08/13/detroit-murder-case.

17. Marten, 『The Doctor Looks at Murder』, 266페이지

18. 같은 책 267페이지

7장. 생각보다 피는 진하다: 최초의 혈흔 분석 사건

1. Thorwald, 『Crime and Science』, 130페이지

2. 같은 책 130-131페이지

3. 같은 책 131페이지

4. Doug Linder, "Dr. Sam Sheppard Trials."
http://law2.umkc.edu/faculty/projects/ftrials/sheppard/samsheppardtrial.html

5. 같은 웹페이지

6. "Why Isn't Sam Sheppard in Jail?" The Cleveland Press.

7. Sheppard 재판 기록 중 샘 쉐퍼드의 증언, 6269-70.

8. 같은 기록 6272-73.

9. Doug Linder, "Dr. Sam Sheppard Trials."
http://law2.umkc.edu/faculty/projects/ftrials/sheppard/samsheppardtrial.html

10. 같은 웹페이지

11. McCrary and Ramsland, 『The Unknown Darkness』, 275페이지

12. Ragle, Larry, 『Crime Scene』, 211페이지

13. Associated Press, "Ex-Dancer Booked in Mansion Slaying," Tuscaloosa (AL) News, January 6, 1964, https://news.google.com/newspapers?nid=1817&dat=19640106&id=nSUeAAAAIBAJ&sjid=_ZoEAAAAIBAJ&pg=6155,613664&hl=en

14. Thorwald, 『Crime and Science』, 226페이지

15. 같은 책 228페이지

16. 같은 책 229페이지

8장. 무덤이 중요하다: 숨겨진 시신

1. Zugibe and Carroll, 『Dissecting Death』, 19페이지

10장. 살인자를 잡아라: 범죄자 프로파일러

1. Evans and Skinner, 『Ultimate Jack the Ripper Companion』, 98페이지

2. 같은 책 184페이지

3. 같은 책 192페이지

4. 같은 책 187-188페이지

5. 같은 책 360페이지

6. 같은 책 361페이지

7. 같은 책 361-362페이지

8. "The Silence of the Lambs," The Real Story, Smithsonian Channel, May 2, 2010.

9. 같은 웹페이지

10. McCrary and Ramsland, 『Unknown Darkness』, 137페이지

11. William Hermann, "Temple Massacre Has Had Lasting Impact." Arizona Republic, August 14, 2011, http://archive.azcentral.com/arizonarepublic/local/articles/20110814buddhist-temple-murders-west-valley-impact.html

11장. 1012 분의 1의 확률: DNA 증거의 탄생

1. Chris Harvey, in discussion with the author, November 2014.

2. 같은 기록

3. Hilary Hurd Anyaso, "Savory Files Court Documents as Proof of Innocence," Northwestern University News, January 22, 2015, https://news.northwestern.edu/stories/2015/01/savory-files-court-documents-as-proof-of-innocence

4. Roy A. Brown 판결무효소송 증언 기록 4페이지
www.nytimes.com/packages/pdf/nyregion/20061221BROWN_MOTION.doc

5. 같은 기록

6. "National Academy of Sciences Urges Comprehensive Reform of U.S. Forensic Sciences," Innocence Project, January 18, 2009, https://www.innocenceproject.org/national-academy-of-sciences-urges-comprehensive-reform-of-u-s-forensic-sciences/

7. Roy A. Brown 판결무효소송 증언 기록 7페이지
www.nytimes.com/packages/pdf/nyregion/20061221BROWN_MOTION.doc

Page 9: ⓒ Popperfoto/Getty Images

Pages 29 & 30: ⓒ Jackson County Historical Society

Page 35: ⓒ DEA Picture Library/Getty Images

Pages 40, 82, 90, & 118: ⓒ ullstein bild/Getty Images

Pages 46, 50, 176, & 214: ⓒ Hulton Archive/Getty Images

Page 48: ⓒ Topical Press Agency/Getty Images

Page 52: ⓒ Banks/Getty Images

Page 54: ⓒ Corbis

Pages 58 & 61: ⓒ New York Daily News/Getty Images

Pages 63, 110, 112, 113, 171, 175, 178, & 204: ⓒ Bettmann/Getty Images

Page 71: Courtesy of Bridget Heos

Page 79: ⓒ Office of the Chief Medical Examiner of Maryland

Page 101: ⓒ JARNOUX Maurice/Getty Images

Pages 111, 148, 153, & 162: ⓒ New York Daily News Archive/Getty Images

Pages 125, 130, 134, & 234: ⓒ Getty Images

Page 126: ⓒ Keystone/Getty Images

Page 132: ⓒ Acey Harper/Getty Images

Page 137: ⓒ Ed Maker/Getty Images

Page 138: ⓒ Portland Press Herald/Getty Images

감사의 말

학교를 방문하면 어린 학생들은 종종 내게 책을 어떻게 만드는지 묻는다. 실제로 종이로 만든 책 말이다. 나는 이렇게 대답한다. "실제 책을 만드는 것은 다른 사람들이며, 내가 하는 글쓰기는 그저 책 만드는 작업의 일부란다." 이런 점을 잘 알고 있기에 나는 이 사람들에게 감사의 말을 전하고 싶다.

켈리 소낙Kelly Sonnack, 애초에 이 프로젝트에 대해 내게 알려 주고 참여할 수 있도록 나를 추천해 주었다.

도나 브레이Donna Bray, 이 책을 위해 기가 막힌 아이디어를 생각해 내고 그것이 교정과 편집의 모든 단계를 거칠 수 있도록 해 주었다.

비아나 시니스칼치Viana Siniscalchi, 이 책에 실린 모든 사진을 입수하고 모든 과정에서 도움을 주었다.

그 외 하퍼 콜린스Harper Collins의 교정·교열자, 감수자, 디자이너, 마케터, 영업자 등등의 많은 분들이 원고가 책이 되어 독자의 손에 이르도록 해 주셨다.

크리스 하비Chris Harvey, DNA 증거를 이용한 미제 사건 수사 과정에 대해 알려 주고 설명해 주었다.

케이 시리아니Kay Sirianni, 이 책에서 다룬 몇 가지 분야의 범죄 과학에 대해 이해하는 데 도움을 주었다.

부모님, 내게 스토리에 대한 애정을 불어넣어 주셨다.

남편 저스틴Justin, 집필 과정에서 내 기분이 들쑥날쑥할 때도 언제나 나를 지지해 주었다.

브리짓 허스

범죄 과학,
그날의 진실을 밝혀라

1판 3쇄 발행   2020년 1월 13일

글쓴이   브리짓 허스
옮긴이   조윤주
펴낸이   이경민

펴낸곳   ㈜동아엠앤비
출판등록   2014년 3월 28일(제25100-2014-000025호)
주소   (03737) 서울특별시 서대문구 충정로 35-17 인촌빌딩 1층
전화   (편집) 02-392-6903   (마케팅) 02-392-6900
팩스   02-392-6902
전자우편   damnb0401@naver.com
SNS   ￼ ￼ ￼

ISBN 979-11-87336-97-6   03400